検証 トヨタグループ不正問題

技術者主導の悲劇と再生の条件

日経BP 編集委員
近岡 裕

日経BP

はじめに　―世界に尊敬される日本企業の条件―

トヨタグループが世間を騒がせている。不正の連鎖が起きたからだ。トヨタ自動車による車検不正に始まり、日野自動車のエンジン不正、豊田自動織機のエンジン不正、ダイハツ工業の衝突試験不正、愛知製鋼の公差不正と、大手企業5社で立て続けに不正行為が見つかった。その後の調査で、いずれも当初の発表から不正の範囲や数が拡大し、問題の根深さが明るみに出た。

そして、ついにはグループを牽引《けんいん》するトヨタ自動車で2度目の不正が発覚した。しかも本業である「クルマづくり」において、乗員保護試験不正やエンジン出力試験不正などに及んでいた事実が明らかになったのだ。２０２４年6月19日現在、同社による調査は続いており、不正が拡大する可能性もある。

日本最大の企業であり、世界一の自動車メーカーであるトヨタ自動車。同社を含むグループ企業で次々に起こった事件にメディアは飛びつき、報道は過熱している。そして、世間には次のようなイメージを抱く人が出てきた。

「グループ企業で不正が相次ぐ理由は、トヨタ自動車が利益を優先して下請け叩《たた》きをしているからだ」

「不正を行っているから、トヨタ自動車はあれほど稼げるのだ」

どの世界にもいわゆる「アンチ」はいる。その存在は人気の裏返しでもある。グループで不正が立て続けに発覚し、それがトヨタ自動車にまで及んだことで、同社を不正の黒幕として断罪したい人はさぞかし溜飲《りゅういん》を下げたことだろう。

だが、トヨタ自動車が利益を優先してグループ企業に不正を強要したという事実も、不正を知りながら見逃したという事実も見つかっていない。トヨタ自動車自身も不正行為に及んだが、その動機が利益の獲得にあると見るのはさすがにうがち過ぎだ。

むしろ、トヨタ自動車は、エンジンの開発プロセスに不正が起きにくい仕組みを織り込むなど、グループ企業にとって模範となり得るものづくりを展開していることが取材で分かった。

歴史を振り返ると、これまでトヨタ自動車は顧客に乗用車を販売し、時には厳しいクレームを受けながらクルマづくりを鍛えて会社を成長させてきた。日本企業でＥＳＧ（環境・社会・ガバナンス）が話題になる前から、そうした領域まで先取りしてカバーした経営上の信念や価値観として「トヨタウェイ」を世界中の社員に浸透させ、不正とは無縁の企業になるように努めてきた。

一方で、グループ企業は本当の意味での「ウェイ」を根付かせることができず、トヨタ自動車ほど企業を成長させられなかった。つまり「普通の日本企業」にすぎないというわけだ。

ところが、グループにおけるリーダーであり優等生だったはずのトヨタ自動車もまた、不正の誘惑には抗《あらが》えなかった。これにより、同社は一連の不正問題と無関係とは言えなくなった。トヨタグループをリードする企業として、自身の不正はもちろん、グループ企業の不正を許したことに対して、しかるべき責任を負わなければならない。グループ企業はトヨタ車やそれに搭載する部品も造っているからだ。トヨタ自動車が不正を行えば、当然自社の看板に傷が付く。一方で、グループ企業の不正を許した場合もまた、トヨタ自動車のブランドを著しく傷付ける恐れがある。法規を満たさない部品を組み込んだ製品を顧客に売ることになるためだ。

一方で、世間には「大した問題ではない」という見方もある。ダイハツ工業が起こした不正に対し、国土交通省が法規（道路運送車両法）の定める基準への適合性を改めて検証したところ、問題は見つからなかった。「結局は車両の安全性などに問題はなかったのだから、メディアが騒いでいるだけ」という主張だ。

だが、この見方は明らかに間違っている。まず、日野自動車と豊田自動織機のエンジンには、型式指定を取り消されて量産できない製品がある（2024年6月19日時点）。環境性能が法規を満たしていないからだ。ダイハツ工業にも型式指定を取り消された小型トラックがある（同年同月同日時点）。つまり、トヨタグループの不正の中には、今なお問題を抱えている製品が存在するということだ。

　企業として最も大切な顧客からの信頼を失う可能性もある。不正は国を欺き、顧客を裏切る行為だからだ。顧客は日本企業のクルマに高品質であることはもちろん、「安全・安心」であることも求める。にもかかわらず、少なくとも日野自動車と豊田自動織機、ダイハツ工業の3社は長年不正を継続し、隠蔽してきた。その分、製品および企業に対して顧客からの信頼を損なうのは当然だ。

　不正は正常な競争環境も破壊する。不正に手を染めた企業は、本来は必要な工程を省いて利益を手にしたということだ。その一方で、きちんと法規を満たすために、人・物・金といった経営リソースを十分に投じている競合企業があることを忘れてはならない。つまり、不正を許せば、法規を満たすべく真面目に取り組んだ企業がばかを見ることになり、国民の安全や環境を守るために作られた法規を順守しようとする企業が消えていく。最終的には、そのしわ寄せを国民が受けることになるのだ。

　そして何より、トヨタグループによる一連の不正は法規違反である。告訴する人間がいないため刑事事件にはなっていないが、そうなってもおかしくはない事件なのだ。実際、２０１５年に発覚したドイツＶｏｌｋｓｗａｇｅｎ（フォルクスワーゲン）の排出ガス不正事件「ディーゼルゲート」では民事に加えて刑事責任も問われ、有罪判決を受けて億円単位の罰金を科されたグループ企業幹部もいる。

不正が与え得るこうした負の影響を知れば、企業として不正に手を染めたことが、いかに重大な問題かを認識できるはずだ。

トヨタグループの不正を取材し続けて分かったのは、不正の真因（問題を引き起こした本当の原因）の追究とその再発防止がいかに難しいかだ。不正行為が見つかった企業は、外部の弁護士などのメンバーで構成された調査委員会を立ち上げて調査を行っている。ところが、真因に切り込んだと評価できるものは皆無だ。直接不正行為に及んだ法規認証（以下、認証）業務を担当する部署に責任を押し付け、再発防止についてはコンプライアンス（法令順守）の再教育程度でお茶を濁している。

ものづくり、中でも開発設計に関係する部分の不正は「技術者主導」と見るべきだ。法規に沿った認証試験を行ってその合否を判定することだけを求められる部署が、なぜ自発的に不正を行おうとするのか。何より、どうして不正をしなければ認証試験をクリアできないと分かるのか。この不自然さを指摘しない調査委員会の調査には疑問符を付けざるを得ない。

不正は動機まで追究しなければ、その真因は決して見えてこない。そして、真因にたどり着いていなければ、再発防止策を講じることはできない。こんなことでは、何らかのプレッシャーを感じた際に、再び不正に手を染めてしまう恐れがある。

本書は特定企業に対する糾弾や非難を目的とはしていない。問題を正しく理解するために不正の実態を詳《つまび》らかにし、真因を追究して、本当の意味で再発を防ぐために必要な情報を提供したいという思いで筆を執った。

トヨタグループで発覚した不正は、他の日本企業で起きたとしてもおかしくはない。本書に記したのは確かにトヨタグループの不正事例だが、不正の撲滅を誓う多くの日本企業にとって参考になる普遍的な内容だと確信している。

目次

第1章

トヨタグループに衝撃

「お客様第一」と「安全・安心」――。これらはトヨタ自動車が最も大切にしている価値観だ。この2つを押さえているからこそ、世界中の顧客が同社のクルマを高く評価し、絶大な信頼を寄せていると言ってよいだろう。

ところが、その信頼を裏切る行為が発覚した。トヨタ自動車の100％子会社である直営販売会社であるトヨタモビリティ東京（東京・港）の販売店「レクサス高輪」が車検不正に手を染めていたのだ。2021年7月20日、トヨタ自動車とトヨタモビリティ東京がオンラインで緊急会見を開いて謝罪した。今から振り返ると、これがトヨタグループにおける不正連鎖の第1弾だった。

不正から最も遠いと思われていた日本最大の有名企業で起きた意外性と話題の身近さで、この問題は大きく報じられた。トヨタ自動車は直ちに全国の販売店を総点検し、結果的に販売店11社の12店舗で不正車検を行っていた事実を公表。再発防止を誓った。

お客様第一の最前線で起きたこの車検不正は、トヨタ自動車にとっては、クルマづくりに負の影響を及ぼしかねない大きな事件だ。ただ、世間は比較的冷静に受け止めた。これには、不正はあったものの、あくまでもアフターサービスである車体の点検にすぎず、クルマ自体の安全・安心には影響がなかったこと。加えて、メーカーであるトヨタ自動車本体は直接不正には関わっていないことが大きかった。

この車検不正1件で終われば、しばらくして事態は沈静化しただろう。ところが、そうはならなかった。トヨタグループとして2社目の不正が発覚したからだ。

日野自動車のエンジン不正が発覚

それは、日野自動車である。2022年3月4日、トヨタグループでトラックやバスといった商用車を担う同社が、その心臓部とも言われるディーゼルエンジンの排出ガスおよび燃費に関して法規認証（以下、認証）不正を行っていた事実が判明し、緊急会見を開いたのだ（**図1**）。

世間に与えた驚きは大きく、自動車業界には激震が走った。日野自動車の商用車は運送業界で高い需要があり、更新需要も多い。にもかかわらず、

図1　日野自動車の小木曽聡社長（左）と同社の下義生会長（当時、右）
2022年3月4日、エンジン不正が発覚して謝罪した。（写真：筆者）

必ずしも望む通りの商用車を顧客が購入できなくなったからである。国土交通省が、不正が見つかったディーゼルエンジンの型式指定を取り消したため、それらのディーゼルエンジンを搭載した商用車は生産・販売ができなくなったのだ。加えて、排出ガスの規制値の超過が見つかったディーゼルエンジンを搭載した車種は、当然ながらリコールを余儀なくされた。

「トン・トン・トン・ヒノノニトン」と俳優らが歌うコミカルなテレビのコマーシャルも功を奏し、世間の知名度は以前よりも高まっていた。そして何より自動車メーカーがものづくりにおいて、しかも、よりによってその根幹を成す開発設計の部分で不正に手を染めていたという事実は、日野自動車が世間からの信頼を失うには十分過ぎるものだった。

この時、トヨタ自動車の関係者は怒ったりあきれたりしていた。日野自動車は経営不振から２００１年にトヨタ自動車の子会社になった経緯がある。はっきり言えば、トヨタ自動車が資本を投入して日野自動車を助けたのだ。それだけではない。トヨタ自動車から副社長を務めた優秀な経営者を送り込み、経営改革を断行。日野自動車を「Ｖ」字形回復に導いた。トヨタ自動車の後ろ盾を得て、日野自動車の市場評価は高まった。その恩を仇《あだ》で返すかのような仕打ちに、トヨタ自動車関係者のある者は怒りの声を発し、ある者はあきれて言葉を失っていた。

同社の関係者のうち、世間の反応に敏感な人は焦りを見せていた。車検不正の波紋がようやく収まってきた時に、日野自動車の不正が見つかったからだ。実際、トヨタグループで不正が連続して発覚したことで、グループを牽引《けんいん》するトヨタ自動車の責任を問う声がメディアなどで上がり、トヨタ車への評判に傷が付く恐れも出てきた。

その後、５カ月がたった２０２２年８月２日、ようやく外部の弁護士などから構成された特別調査委員会が調査報告書を発表した。結果、トラックやバス向け車両用ディーゼルエンジン（以下、エンジン）と建設機械など向け産業用エンジンにおいて、排出ガス性能および燃費性能に関する不正に手を染めていたことが発覚した。幅広い機種で様々な不正行為が見つかり、不正の対象車両は64万台に上った。

驚くのは、不正を継続・隠蔽していた期間の長さだ。日野自動車は少なくとも２００３年から不正に手を染めていた。従って、不正の期間は20年近くということになる。

そして、２０２２年９月９日、日野自動車は国土交通省から「メーカー失格」を意味する是正命令を受けた。

だが、それでもこの時点ではまだ全体的にはトヨタ自動車の危機感は薄かった。子会社とはいえ、上場して独立で経営している企業である上、トヨタ自動車が扱う乗用車と日野自動車が担う商用車とでは、顧客も市場も車両の造り方も大きく異なっているという認識だったからである。「トラックメーカーがやったことだから」「経営者は送り込むが、トヨタ自動車の技術者はほとんど日野自動車の仕事には関与していない」といった、どこか余裕のようなものすら感じた。「所詮は、別の会社の話である」といった具合だ。

ところが、トヨタ自動車のこうした余裕の構えを吹き飛ばす事件が１年後に起きる。

豊田自動織機でもエンジン不正が発覚

２０２３年3月17日、豊田自動織機が不正の事実が見つかったとして緊急会見を開いたのだ。この時、同社が公表したのはフォークリフト向けディーゼルエンジンおよびガソリンエンジンにおける不正。エンジンの認証試験の１つである排出ガス性能の「劣化耐久試験」における法規違反と、排出ガスの規制値に対する超過が見つかったと同社は説明した。

この事態を受けてトヨタ自動車は「昨年（２０２２年）の日野自動車での認証不正に続いてグループ会社で信頼を裏切るような事案が発生したことは誠に遺憾で、重く受け止めている」と、直ちにコメントを発表した。

トヨタグループにおける3社目の不正発覚である。これでさすがにトヨタ自動車も世間からの批判をかわせなくなった。なにしろ、豊田自動織機はトヨタ自動車を生み出したトヨタグループの源流の企業だからである。

現在は資本的には異なるものの、歴史的に見てトヨタ自動車の「親」に相当する名門企業であり、実際、現在はトヨタグループのトップに位置するトヨタ自動車も豊田自動織機に対しては忖度《そんたく》していると述べるトヨタ自動車関係者は多い。「豊田自動織機はトヨタ自動車よりも明らかに格上の扱い。豊田自動織機に物申せるとしたら、トヨタ自動車でそれができるのは創業家直系の豊田章男会長ぐらいだろう」（元トヨタ自動車の技術者）という声があるほどだ。

確かに、豊田自動織機の自負心は強かったようだ。かつて時代の流れで織機の事業が縮小に向かう一方、モータリゼーションに乗ったトヨタ自動車は成長を加速させていた。そうした中、トヨタ自動車はディーゼルエンジンの業務を豊田自動織機に委託することになった。トヨタ自動車が開発設計を行い、鋳物部品の設計まで手掛けたエンジンの機械加工や組み立ての業務を豊田自動織機に任せることにしたのだ。

ところが、豊田自動織機の技術者がトヨタ自動車の技術者に対し、「あれを見せろ、これを見せろ」「こっちが点検する」などと上から目線で言ってきたのだという。トヨタ自動車は仕事を発注している側だ。しかも、造っているのはトヨタ自動車のエンジンなのである。この時、担当していた元トヨタ自動車の技術者は、豊田自動織機の技術者の目に余る言動が許せず、けんかになったそうだ。もちろん、これは昔話だが、「トヨタ自動車よりも立場は上。トヨタ自動車の考え方など採用できるかという姿勢は今でも残っている部分がある」と元トヨタ自動車の技術者は語る。外部からは理解しにくい両社の間のこうしたいびつな力関係が、不正が起きる一因となり、不正の再発防止を難しくする要素にもなっている。

いずれにせよ、この豊田自動織機の不正により、トヨタ自動車の「親（豊田自動織機）」も「子（日野自動車）」も不正行為に及んでいた事実が発覚した。しかも、不正の対象はどちらもエンジンである。２０１５年、ドイツＶｏｌｋｓｗａｇｅｎ（フォルクスワーゲン、ＶＷ）のエンジンの排出ガス不正事件

「ディーゼルゲート」が発覚し、世界的な大問題となった。これにより、エンジンに対する世間の目は厳しくなり、それまで欧州が推していたディーゼルエンジン車はシェアの急減に見舞われて、今なおその傾向は続いている。仮にもトヨタグループでエンジンを量産するメーカーがこの大事件に背を向け、対岸の火事として自身の不正には目をつぶって隠蔽を続けたのだ。この事実を知ったトヨタ自動車関係者の中には怒声を上げて非難する人もいたほどである。

そして、ショックを受けたトヨタ自動車に追い打ちをかけるかのように、トヨタグループにおいて4社目の不正が発覚する。しかも、豊田自動織機が不正を発表してからわずか1カ月ほどしか時間が空いていなかった。まさに立て続けに起きた印象を世間に与えることとなった。

ダイハツ工業で衝突試験不正が発覚

ゴールデンウイーク前日の２０２３年4月28日、ダイハツ工業は不正が見つかったとして緊急会見を開いた。海外市場向け4車種の側面衝突試験において不正が発覚したのだ。ダイハツ工業の奥平総一郎社長（当時）は「顧客をはじめとするステークホルダーの信頼を裏切ったことは痛恨の極みであり、非常に重く受け止めている。真因（問題を引き起こした本当の原因）を究明し、信頼回復に向けて全力を挙げる」と頭を下げた（**図2**）。

不正が見つかった側面衝突試験は、車両に対して側方から衝突用の台車（ムービングバリアー）を50㎞／ｈで衝突させた際の衝突用ダミーに対する傷害値や危害性、脱出性を総合的に評価するもの（**図3**）。ダイハツ工業はこの認証を取得する際に、ドアトリム（ドアの内側に貼る樹脂製パネル）に切り込み（スリット）加工を不正に施した状態で側面衝突試験を行っていたことが発覚した。

ボディーの強度にはばらつきがある。本来の開発設計では、強度のばらつきに関して上限値と中央値、下限値を評価し、最も不利な下限値であっても側面衝突試験が通るように十分な余裕度（マージン）を確保する。そのために、通常は開発設計段階で側面衝突試験を繰り返し、下限値でも合格できるようにボディーを造り込んでいく必要がある。

問題は、本番の側面衝突試験が「一発勝負」で

図2　ダイハツ工業の奥平総一郎社長（当時）

2023年4月28日に衝突試験不正の事実が見つかったとして謝罪した。（写真：筆者）

あることだ。当局の基準を満たさなければ、問答無用で不合格（以下、NG）となる。「技術者の心理として、どれほど造り込んだと思っても、不安を完全には払拭できない」（元トヨタ自動車の技術者）。技術者のこうした不安心理が不正の温床になる場合もあるという。

　側面衝突試験でNGになると、当然ながら開発設計部門は設計変更を余儀なくされる。側面衝突試験を含む衝突試験はクルマを仕立ててから、すなわち完成車両に近い形になってから実施する。そのため、衝突試験でNGになると設計変更が大掛かりになるケースもある。その分、時間と開発費用を浪費する。それを避けるために、ダイハツ工業は1回の試験で確実に合格を手にすべくドアトリムに不正なスリットを加工したというわけだ。

　この時のトヨタ自動車の危機感は、それ以前とは

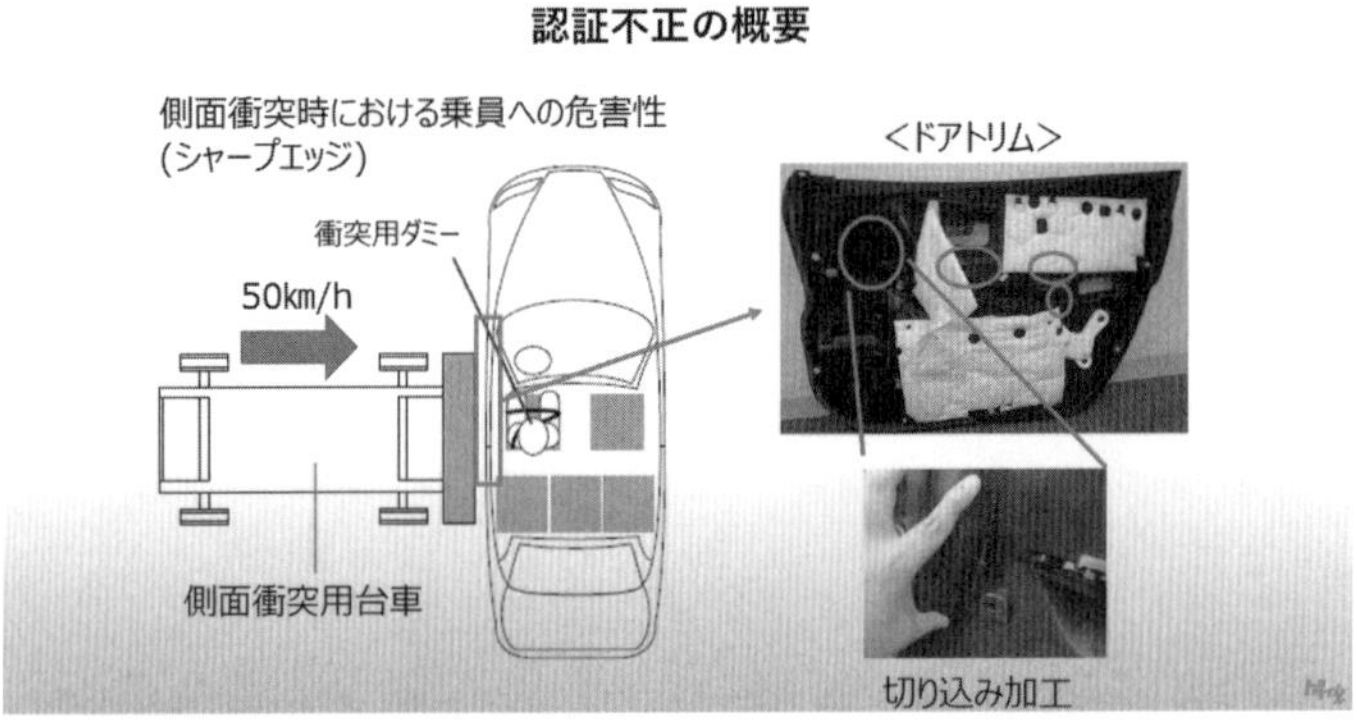

図3　ダイハツ工業による側面衝突不正の概要

該当する法規は国連法規である「UN-R95」と、中近東のGSO（湾岸標準化機構）法規。これらは側面衝突時における乗員への危害性などを評価するもの。ドアトリムに不正に切り込み加工を施して側面衝突試験を行った。（出所：トヨタ自動車のオンライン会見の動画を筆者がキャプチャー）

全く異なっていた。その証拠に、同社は素早い広報対応を見せた。ダイハツ工業が緊急会見を行った直後に、トヨタ自動車もオンライン会見を開いたのだ。登壇したのは同社の豊田会長と佐藤恒治社長。豊田会長は「クルマにとって、最も大切な安全に関わる問題であり、顧客の信頼を裏切る絶対にあってはならない行為」と述べて陳謝した。佐藤社長は「なぜこのようなことが発生するのか、エンジニアと本音で話し合える環境をつくりながら真因を究明したい」と語った。

トヨタグループによる一連の不正でトヨタ自動車の経営トップ（会長もしくは社長）が会見したのはこれが初めてだった。同社が覚えた危機感がいかに大きなものだったかが分かる。

これは不正が連続して起きたことに加えて、トヨタブランドを付けたクルマ、すなわちトヨタ車が不正の対象車となっていることが大きい。トヨタ自動車は国内外の小型車について、ダイハツ工業との間でＯＥＭ（相手先ブランド、すなわちトヨタブランドによる生産）供給契約・共同開発契約を結んでいた。平たく言えば、海外向けを中心に小型のトヨタ車の開発・生産をダイハツ工業に丸投げしていたのだ。不正に手を染めたのはダイハツ工業だが、販売はトヨタ自動車が担う。すなわち、いい加減な認証試験を行ったクルマを顧客に売った責任は、トヨタ自動車が負わなければならないのである。

そして何より、世間に与えた負の印象が、先に不正の事実を公表した日野自動車と豊田自動織機の2社よりもはるかに大きかったことが、トヨタ自動車に焦りをもたらしたと思われる。これには2つの理由がある。1つは、ダイハツ工業は「国民車」とも表現される軽自動車を中心とした小型車を造っており、ダイハツ車の知名度が極めて高いからだ。同社の軽自動車は２００６年度から17年間連続でシェア1位を獲得しており、国内だけでダイハツ工業の保有車は１０００万台程度あるという。ユーザー数が多い分、報道が多くなって負の印象も拡散するというわけだ。

もう1つは、この不正が発覚したきっかけが「内部告発」（豊田会長）だったからである。「これは根が深い問題だ。内部告発がなければ、そのままずっと不正が続いていた恐れがある」（トヨタ自動車関係者）。日野自動車の不正も豊田自動織機の不正も、社員が見つけて社内の正式なルートを経て社内調査に進んでいる。これに対し、ダイハツ工業で不正の事実を見つけた人物が内部告発を選んだのは、そうした形でなければ社内のどこかで圧力を受けてもみ消されてしまうと考えたからだ。

内部告発で発覚したという事実が報じられると、世間は「ダイハツ工業は隠蔽体質だ」と受け止める。すると、ダイハツ工業が造ったクルマは本当に大丈夫なのかと疑うようになる。これはすなわち、トヨタ車が前面に押し出しているクルマの「安全・安心」が揺らぐということを意味するのだ。

しかも、最悪なことにトヨタグループにおける不正はこれで打ち止めではなかった。

愛知製鋼の公差不正が発覚

ダイハツ工業の衝突試験不正が発覚してから3週間もたっていない２０２３年5月17日、愛知製鋼が不正の事実を公表した。トヨタグループで5社目の不正である。

愛知製鋼は自動車向け特殊鋼大手。クランクシャフトなどエンジン部品の材料に多く使われる丸棒鋼材において、寸法公差が規定から外れた製品（公差外れ品）を顧客に納品していた。

愛知製鋼は不正があったという事実を、トヨタ自動車が２０２３年5月12日に開いた会合で報告した。トヨタ自動車を含むグループ17社（トヨタ自動車、豊田自動織機、愛知製鋼、ジェイテクト、トヨタ車体、豊田通商、アイシン、デンソー、トヨタ紡織、トヨタ不動産、豊田中央研究所、トヨタ自動車東日本、豊田合成、日野自動車、ダイハツ工業、トヨタホーム、トヨタ自動車九州）の社長や会長が出席したこの会合で、愛知製鋼の藤岡高広社長（当時）が伝えたという。

なお、ダイハツ工業は、同年5月19日にも、ポール側面衝突試験でも不正が見つかったとして会見を開き、ここでも同社の奥平社長が謝罪した。

世間の非難が爆発

トヨタグループの不正に対する世間の非難の声がピーク近くに達したのは、２０２３年の年末から２０２４年の2月ごろにかけてだ。ダイハツ工業および豊田自動織機の調査報告書が公表され、不正の全体像が詳《つまび》らかになった時である。両社とも最初の緊急会見で説明した不正だけにとどまらず、不正は拡大した。そして何より、顧客に直接迷惑を掛けた点が大きい。

２０２３年12月20日、ダイハツ工業の第三者委員会が調査報告書を公表した。驚くのは、「不正のデパート」（自動車系アナリスト）という声が識者から上がるほど、幅広い範囲で数多くの不正行為に手を染めていた事実が判明したことだ。最も古い不正は１９８９年。実に34年間も不正が継続・隠蔽されていた。不正が見つかった試験は25項目に及び、既に公表済みだった側面衝突試験とポール側面衝突試験の不正とは別に、１７４個の不正が発覚した。不正が行われた対象は64車種にも及んだ。

しかも、第三者委員会の調査には漏れがあり、ダイハツ工業から報告を受けた国土交通省が同社に立ち入り検査を実施した結果、２０２４年１月16日に同省から14件の追加の不正を指摘されるという失態まで犯した。

第三者委員会からの報告を受け、国土交通省の指示によってダイハツ工業は即日（２０２３年12月20日）で、国内外で生産している全車種の出荷を停止した。その後は出荷停止だけではなく、国内にある全ての完成車工場（４工場）の稼働を止めた。ダイハツ工業は自動車メーカーでありながら、本業である新車の生産も販売もできなくなったのだ。

ダイハツ工業の不正は安全性に関する試験項目が多かった。しかも、同社の軽自動車ユーザーは多いため、「ダイハツ車は安全なのか」「走行中に危険に陥ることはないか」といった世間の声がたくさん上がった。つまり、市場にダイハツ車の「安全・安心」に関する不信感が広がったのだ。顧客は安全で安心して乗れるクルマを求めている。自動車メーカーとして、その期待に背く最悪の状態になってしまったのである。

この事態を重く見たトヨタ自動車は、国土交通省がダイハツ工業に是正命令を発出した2024年1月16日に、トヨタ自動車の佐藤社長がこの件に関して報道陣の取材に応じた。そして、「クルマづくりの現場における関与が足りなかったと反省している」と述べるとともに、ダイハツ工業の「事業スキームも開発体制も見直す」と宣言した。

「ランクル」など10車種が出荷停止

そして、2024年1月29日、今度は豊田自動織機の特別調査委員会が調査報告書を公表した。こちらもやはり、豊田自動織機の当初の説明よりも不正は拡大した。フォークリフト向けエンジンだけではなく建設機械向けを含む産業車両用エンジンが11機種、これらに加えて、自動車用エンジン（ディーゼルエンジン）でも3機種で不正が見つかった。しかも、産業車両用エンジンでは16年間、自動車用エンジンでは6年間も不正が継続・隠蔽されていたことまで明るみに出た。

これにより、世間ではトヨタグループの不正体質を批判する声がさらに強まるとともに、トヨタ車の「安全・安心」を不安視する声も上がった。これには、豊田自動織機が、トヨタ車に搭載するエンジンで不正を犯した影響が大きい。

不正の報告を受け、トヨタ自動車は即日（2024年1月29日）、世界で10車種の出荷を停止した。この中には大型ＳＵＶ（多目的スポーツ車）「ランドクルーザー」やピックアップトラック「ハイラックス」、商用車「ハイエース」など、世界的な人気車種が含まれていた。その影響は国内で7000台。海外分まで含めると合計3万6000台に及んだ。

そして、この時もトヨタ自動車は素早い広報対応を見せた。豊田自動織機が調査報告書に基づく緊急会見を開いた2024年1月29日の夜、トヨタ自動車の佐藤社長は報道陣の取材に対応した。質問はなぜトヨタグループで不正が続くのかに集中。この問いに佐藤社長は、「組織上の課題に手を打ててこなかった」「業務の負荷が高まる中で、足元で正しい仕事をする大切さに関してバランスを崩していった」と説明した。

その後、海外当局の許可を受け、2024年2月13日から徐々に出荷を再開した。これらのエンジンは出力性能だけではなく、「燃費・排出ガスに影響は及んでいない」（トヨタ自動車の佐藤社長）ため、比較的早い出荷再開となったようだ。

トヨタ自動車で6つの認証不正、3車種が出荷停止

2024年3月中旬からは少しずつだがダイハツ工業が新車の新規受注を再開するなど、トヨタグルー

プは再生に向けた動きを見せ始めた。これを受けて、国土交通省の検証で結局は安全性に問題がなかったのだから、大した問題ではないのではないかという見方も世間に広がりつつあった。

ところが、その矢先の２０２４年6月3日、事態をさらに悪化させる事件が発生した。トヨタ自動車が認証不正に及んでいたことが発覚したのだ。冒頭の車検不正に加えて、今度はクルマづくりにおける不正である。

販売店側が行った車検不正は別として、メーカーとしてのトヨタ自動車はそれまで不正とは無縁と思われてきた。それも無理はない。同社自身がそう思わせるような言動を世間に見せてきたからだ。

まず、トヨタ自動車はグループ企業で不正が発覚するたびに、また調査報告書が公表されるたびに、親会社やグループ企業のトップとしての立場からコメントを発表してきた。それらはいずれもトヨタ自動車自身は不正とは無縁という前提で、グループ企業が不正行為に及んだことを謝罪する形をとっていた。

そして、トヨタ自動車に不正はないと世間を思わせるのに決定的に作用したのが、豊田会長の言葉だ。２０２４年1月30日、トヨタ自動車はグループビジョン説明会を開き、豊田会長が1人で登壇。「次の道を発明しよう」というビジョンを発表し、5つの心構え（「誰かを思い、力を尽くそう」「仲間を信じ、支えあおう」「技を磨き、より良くしよう」「誠実を貫き、正しくつくろう」「対話を重ね、みんなで動こう」）を説明した。だが、その後の質疑応答では不正に関する質問が集中した。先述の通り、前日に豊田自動織機が調査報告書を公表したからだ。

ここで豊田会長は、グループ企業3社は「絶対にやってはいけないことをやってしまった」、「認証において不正を働くということは、顧客の信頼を裏切り、認証制度を根幹から揺るがす重いことだと受け止めている」などと語った。その上で、経営陣の責任について「会社を造り直すぐらいの覚悟で（変革を）やらざるを得ないと思っている」と説明した。そして、グループ内で他に不正はないかとの質問に豊田会長が明言したのは、「私が知っている限りは、ない」というものだった。

だが、結局、こうした豊田会長の言葉は大きなブーメランとなってトヨタ自動車に戻ってきた。ダイハツ工業などの不正を受けた国土交通省が、2024年1月26日に不正行為の有無に関する調査・報告を指示。これに対し、トヨタ自動車は同年5月末に「中間報告」として、6つの認証不正が見つかったと報告したのである**（図4）**。不正が見つかった試験項目は（1）前面衝突時の乗員保護試験、（2）オフセット衝突時の乗員保護試験、（3）歩行者頭部および脚部保護試験、（4）後面衝突試験、（5）積み荷移動防止試験、（6）エンジン出力試験——の6つ。対象は7車種だ。

この報告を踏まえて、国土交通省は同年6月3日にトヨタ自動車に対して現行生産車の出荷停止を指示した。「カローラ フィールダー」と「カローラ アクシオ」、「ヤリス クロス」の3車種である。カローラ フィールダーと同アクシオは歩行者頭部および脚部試験において、ヤリス クロスは積み荷移動防止試験において同社は不正行為に及んでいた。

痛恨の極みとはこのことだろう。トヨタ自動車と足並みをそろえるかのように、ホンダとマツダ、スズキ、ヤマハ発動機も同日に不正発覚の事実を公表したこともあって、メディアの報道は過熱。中でも、不正行為の事実がついにグループのトップ企業にまで及んだトヨタ自動車の不正に報道が集中した。

悪意のなささを強調するあまり、会見で認証試験を軽視するかのような発言を豊田会長らがしたために、国土交通省を刺激する事態にまで発展した。しかも、あくまでもこれは中間報告であり、最終報告は同年6月末となる見込みだ。つまりは、不正が拡大する恐れもあるということだ（2024年6月19日時点）。

「不正の病」に罹患

これでトヨタグループは、「親（豊田自動織

図4　トヨタ自動車の豊田章男会長
2024年6月3日、6つの認証不正が発覚して謝罪した。（写真：筆者）

機)」も「子(ダイハツ工業)」も、そして「本人(トヨタ自動車)」まで不正に手を染めていたという皮肉な結果が明るみに出た。しかも、少なくとも日野自動車と豊田自動織機、ダイハツ工業には、型式指定の取り消し処分を受けたままの製品がある(２０２４年6月19日時点)。

企業が長年続けて染まりきった不正体質を一掃するのは、生易しいことではない。組織全体、そして社員の１人ひとりを不正とは無縁の健全な体質にまで改善するには年単位の時間がかかる。何かのきっかけで不正が再発するという可能性は否定できないのだ。しかも、「不正はどんな小さなものでも許してはならない。ささいな不正だからといって目をつぶると、どんどん大きくなっていつかは会社の存続が危ぶまれるほどの事態を引き起こす危険性があるのだ」とトヨタ自動車ＯＢは警鐘を鳴らす。

足元の業績はトヨタ自動車だけではなく、不正問題を抱えている豊田自動織機も極めて好調だ。だが、そうした好業績の裏で、トヨタグループは「不正の病」に罹患《りかん》し、蝕《むしば》まれつつあると危機感を持つべきだ。

第2章

トヨタ自動車の認証不正の真相

「正直、残念な気持ち。そして、ブルータスよ、お前もかという思いだ」――。トヨタ自動車が法規認証（以下、認証）試験において不正行為に及んでいた事実が明るみに出た。トヨタグループでは、それまで日野自動車と豊田自動織機、ダイハツ工業の3社で不正行為が見つかっていた。トヨタ自動車の不正はダイハツ工業の不正発覚から1年以上、日野自動車のそれから2年以上が経過して、ようやく発覚したのだ。この事態をどう受け止めるのかと聞かれたトヨタ自動車の豊田章男会長は、古代ローマの英雄カエサルの名言を使って、自身が率いる会社に裏切られた思いを表現した（**図1**）。

図1　トヨタ自動車の豊田章男会長

同社で不正行為が見つかったことをどう受け止めるかという報道陣からの質問に「ブルータスよ、お前もか」と表現した。（写真：筆者）

トヨタ自動車の歴史にはもちろん、日本の自動車業界の歴史にも刻まれる不祥事となることだろう。2024年6月3日、同社はこの件に関して緊急会見を開き、同社の豊田章男会長が謝罪した。冒頭の発言はこの時の質疑応答における一場面だ。

品質、安全、環境、顧客志向、法令順守（コンプライアンス）、そして業績。いずれをとってもトヨタ自動車はグループ企業の中で優等生であり、日本の製造業においてロールモデル（模範）的な存在だ。そのため、日野自動車、豊田自動織機、ダイハツ工業とグループ企業で次々と不正が見つかる中でも、「トヨタ自動車には不正はない」と見る向きが多く、「トヨタ自動車がグループ企業の不正体質を正していく」とメディアも世間も捉えていた。

ところが、現実はそうではなかった。しかも、不正発覚によって国土交通省から出荷停止処分まで受けた。これにより、人気車種である「カローラ フィールダー」と「カローラ アクシオ」、「ヤリス クロス」の3車種を同省による基準適合性が認められるまでトヨタ自動車は生産・販売できなくなった（**図2**、2024年6月19日時点）。さらに、国土交通省は2024年6月4日、不正行為の事実関係などを確認するためにトヨタ自動車に対して立ち入り検査を開始した。

理想と現実のギャップが大きいほど人は高い関心を寄せ、またショックを受ける。

図2　国土交通省から出荷停止処分を受けたトヨタ車

左が「カローラ アクシオ」、中央が「カローラ フィールダー」、右が「ヤリスクロス」。（写真：トヨタ自動車）

それ故に、トヨタ自動車による認証不正はグループの中でも最大級のニュースとなった。

だが、注目すべきはニュースの扱いの大きさではない。この不正の発覚により、トヨタ自動車がいくつかの深刻な問題を抱えていることが浮き彫りになったことだ。

認証不正とは何か

ここで、トヨタ自動車をはじめ日野自動車と豊田自動織機、ダイハツ工業の4社が行った「認証不正」について整理しておこう。

自動車には「型式認証制度」がある。この型式認証制度は、道路運送車両法（車両法）に基づき、自動車メーカーがクルマを生産もしくは販売する場合に、あらかじめ国土交通大臣（国）に申請または届け出を行い、保安基準への適合性などについて審査を受ける制度だ。

この型式認証制度の中に、新規検査の合理化を目的とした「型式指定制度」がある。この型式指定制度は、現車による各種試験（認証試験）によって基準への適合性の審査と品質管理（均一性）の審査の結果、指定された型式（モデル）のクルマについて、新規検査時の現車提示が省略される制度である。主に、同一モデルが大量生産される乗用車に利用される。

簡単に言えば、型式指定制度とは、国が自動車メーカーに対してクルマを量産して販売してもよいと認める免許制度のようなものだ。クルマを量産・販売するには型式指定を取得しなければならず、この型式指定の申請には認証試験を行う必要がある。この認証試験では「手順」と「基準」が定められており、安全と環境に関する認証試験において自動車メーカーは基準を満たさなければならない。

トヨタ自動車を含むグループ4社は、この認証試験で不正を行った。各種の試験を定められた手順で実施し、要求された基準を満たす必要があるのにもかかわらず、そのルールに背いたのである。

6つの試験で6種類の不正

トヨタ自動車が不正に及んだ試験項目は6つある。（1）前面衝突時の乗員保護試験、（2）オフセット衝突時の乗員保護試験、（3）歩行者頭部および脚部保護試験、（4）後面衝突試験、（5）積み荷移動防止試験、（6）エンジン出力試験――だ。これらの試験において、同社は同じく6種類の不正を行っていた。具体的には、①エアバッグのタイマー着火による開発試験データの使用、②規定と異なる衝撃角度の使用、③選定と左右逆の打点の使用および左右片側試験の両側への代用、④規定と異なる質量の台車の使用、⑤規定と異なるブロックの使用、⑥エンジン出力点の制御の操作――である（**表**）。

6つの試験項目のうち、（1）の前面衝突時の乗員保護試験と（2）のオフセット衝突時の乗員保護試験で見つかった不正は、①のエアバッグのタイマー着火による開発試験データの使用だ（**図3**）。

シートベルトとエアバッグによる乗員保護性能を確認するための開発試験において、確実にエアバッグを展開させるためにタイマーで作動させる方法を使った。認証試験ではエアバッグ電子制御ユニット（ECU）による自動着火、すなわち衝突を感知して自動的に開くエアバッグを使う決まりになっている。にもかかわらず、タイマー着火に頼った理由について、トヨタ自動車は「認証試験の基準よりも厳しい衝突条件を作り出すため」だと主張した。

　加えて、第3章で詳述するダイハツ工業が行ったエアバッグのタイマー着火との違いについては、ダイハツ工業がエアバッグの性能そのものを試験する際に不正行為に及んだのに対し、トヨタ自動車はシートベ

表　不正が見つかった試験項目と不正の内容、対象車種

（出所：筆者）

試験項目	不正の内容	対象車種（試験年）
(1) 前面衝突時の乗員保護試験	①エアバッグのタイマー着火による開発試験データの使用	クラウン（2014年） アイシス（2015年）
(2) オフセット衝突時の乗員保護試験	①エアバッグのタイマー着火による開発試験データの使用	アイシス（2015年）
(3) 歩行者頭部および脚部保護試験	②規定と異なる衝撃角度の使用	カローラ アクシオ（2015年） カローラ フィールダー（2015年）
	③選定と左右逆の打点の使用および左右片側試験の両側への代用	カローラ アクシオ（2015年） カローラ フィールダー（2015年） シエンタ（2015年） クラウン（2015年）
(4) 後面衝突試験	④規定と異なる質量の台車の使用	シエンタ（2015年） クラウン（2014年）
(5) 積み荷移動防止試験	⑤規定と異なるブロックの使用	ヤリスクロス（2020年）
(6) エンジン出力試験	⑥エンジン出力点の制御の操作	レクサス RX（2015年）

ルトの性能を確認する際に、その試験条件を厳しい方向に整えるために使用したと説明した。

なお、これら2つの試験において開発試験で得たデータを認証申請のデータとして使うことは認められている。

対象の車種は、2014年に試験を行った「クラウン」と2015年の「アイシス」である。

続いて、(3) 歩行者頭部および脚部保護試験で発覚した不正は2つある。②規定と異なる衝撃角度の使用と③選定と左右逆の打点の使用および左右片側試験の両側への代用である。

まず、②の規定と異なる衝撃角度の使用についてはこうだ（**図4**）。歩行者

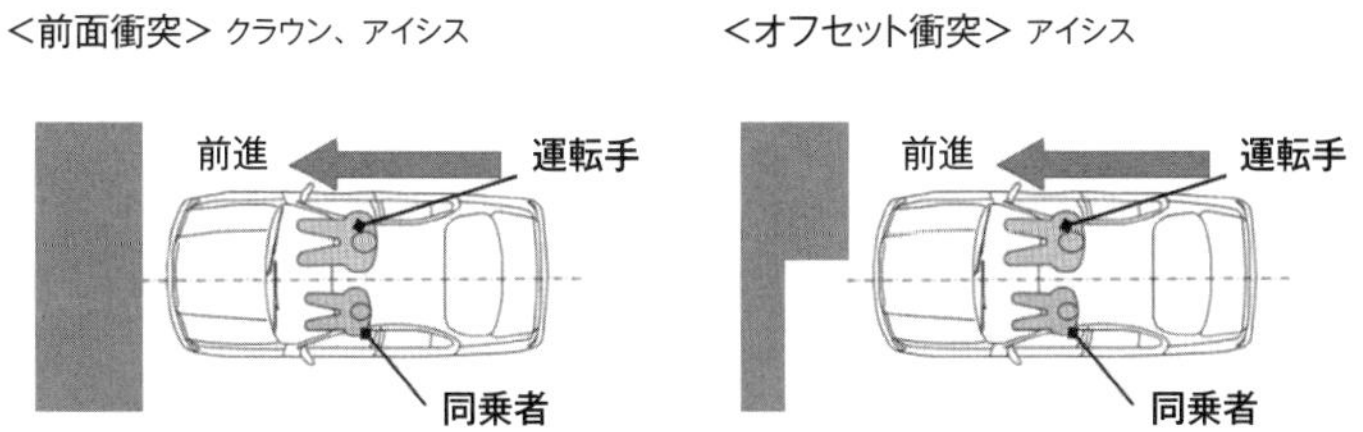

図3　不正①エアバッグのタイマー着火による開発試験データの使用

(1) 前面衝突時の乗員保護試験と (2) オフセット衝突時の乗員保護試験で見つかった。(出所：トヨタ自動車)

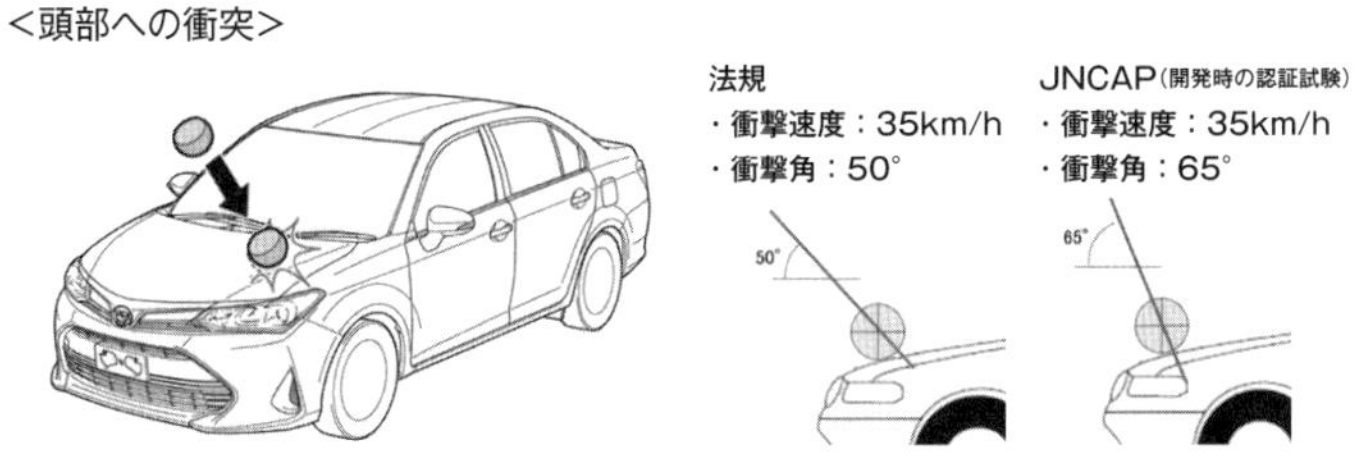

図4　不正②規定と異なる衝撃角度の使用

(3) 歩行者頭部および脚部保護試験で発覚した。(出所：トヨタ自動車)

頭部保護試験はクルマが一定の速度で歩行者をはねた後、歩行者の頭部がクルマのフロントフードに衝突することを想定して行う試験である。人間の頭部を模したダミー（頭部インパクター）を試験機からフロントフードに向けて発射し、頭部インパクターが受ける衝撃を測定。その頭部傷害値（ＨＩＣ）を評価する。

この開発試験において、トヨタ自動車は頭部インパクターを発射する角度（衝撃角）を65°に設定。そして、そのデータを認証申請のデータとして使用した。認証試験では衝撃角を50°と定めている。にもかかわらず、65°を採用したのは「より厳しい条件」（トヨタ自動車）だからだという。なお、この試験において開発試験で得たデータを認証申請のデータとして使うことは認められている。

対象の車種は、2015年に試験を行ったカローラ アクシオとカローラ フィールダーである。

続いて、③の選定と左右逆の打点の使用および左右片側試験の両側への代用では、歩行者とクルマが衝突した際に、頭部や脚部が受けるダメージを確認するための開発試験を行った（**図5**）。ここで

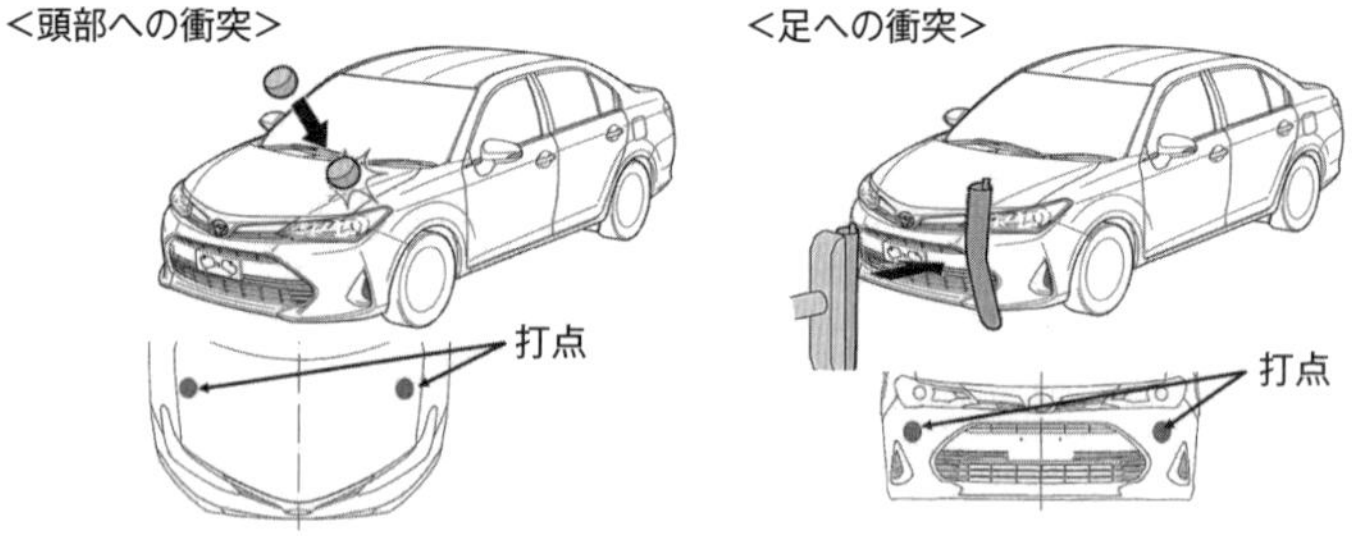

図5　不正③選定と左右逆の打点の使用および左右片側試験の両側への代用

(3) 歩行者頭部および脚部保護試験で見つかった。(出所：トヨタ自動車)

トヨタ自動車は、実際にダミーをぶつけた打点の位置が左右で異なる測定データを認証申請に使用した。例えば、左の打点で得たデータを右の打点のデータとして使ったというイメージだ。加えて、片側のデータを両側分のデータとして使い回して認証申請を行っていた。

本来は当然、選定された測定位置で認証試験を実施して得られたデータを使用すべきだった。そうしなかった理由について、トヨタ自動車は左右で結果に差が出ない試験項目であることに加えて、認証機関（国土交通省）とのコミュニケーション不足を挙げている。測定位置の決定については、事前に認証機関に申請して合意を得るプロセスを採っていたが、開発の途中で構造変更や技術的な検証が進む中で、測定点の変更に関する申請を行わなかったというのである。なお、この試験においても開発試験で得たデータを認証申請のデータとして使うことは認められている。

対象の車種は、先のカローラ アクシオとカローラ フィールダーに加えて、「シエンタ」とクラウンである。全て２０１５年に試験を実施した車両だ。

（4）の後面衝突試験で見つかった不正は、④の規定と異なる質量の台車の使用である**（図6）**。後面衝突試験における燃料漏れなどを確認する

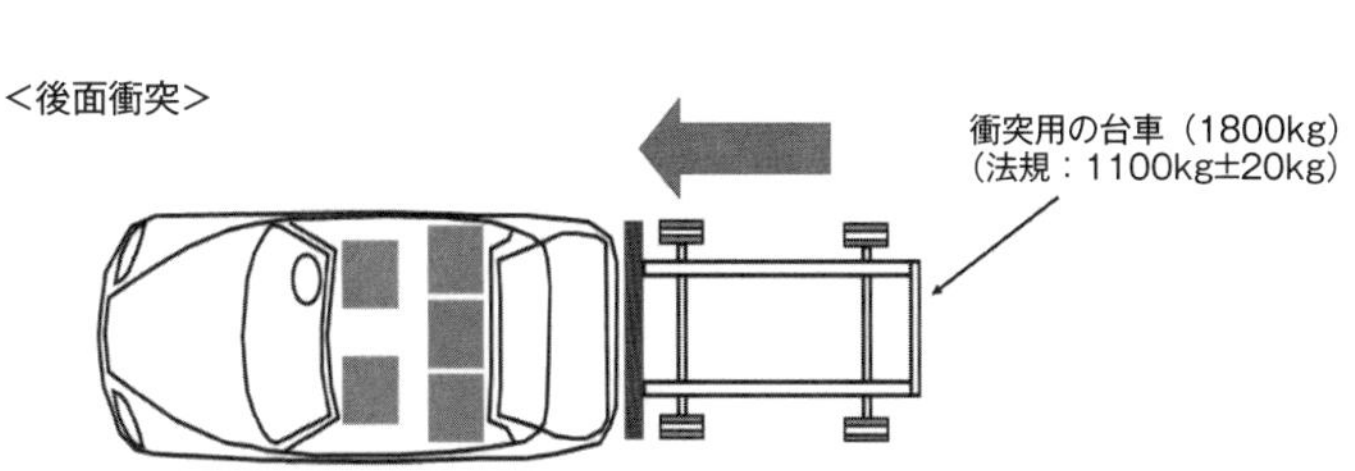

図6　不正④規定と異なる質量の台車の使用

(4) 後面衝突試験で発覚した。(出所:トヨタ自動車)

ための開発試験において、トヨタ自動車は質量が１８００kgの衝突用の台車（ムービングバリアー）を使用して、そのデータを基に認証申請を行った。認証試験では１１００±20kgのムービングバリアーを使うように定められている。

１８００kgのムービングバリアーを使用した理由について、トヨタ自動車はより重いムービングバリアーを使ってより大きな衝撃で評価するためだったと説明した。なお、この試験においても開発試験で得たデータを認証申請のデータとして使うことは認められている。

対象の車種は、２０１５年に試験を行ったシエンタと２０１４年のクラウンである。

続いて、（５）の積み荷移動防止試験で発覚した不正は、規定と異なるブロックの使用である（**図7**）。衝突時の移動による後部座席へのダメージを確認する試験において、法規が変更される前の積み荷ブロック（古い積み荷ブロック）を使用し、そのデータを使って認証申請を行った。法規に変更があり、「衝突時におけるブロックの転がりやすさ」という要件が追加されていたのだが、それを忘

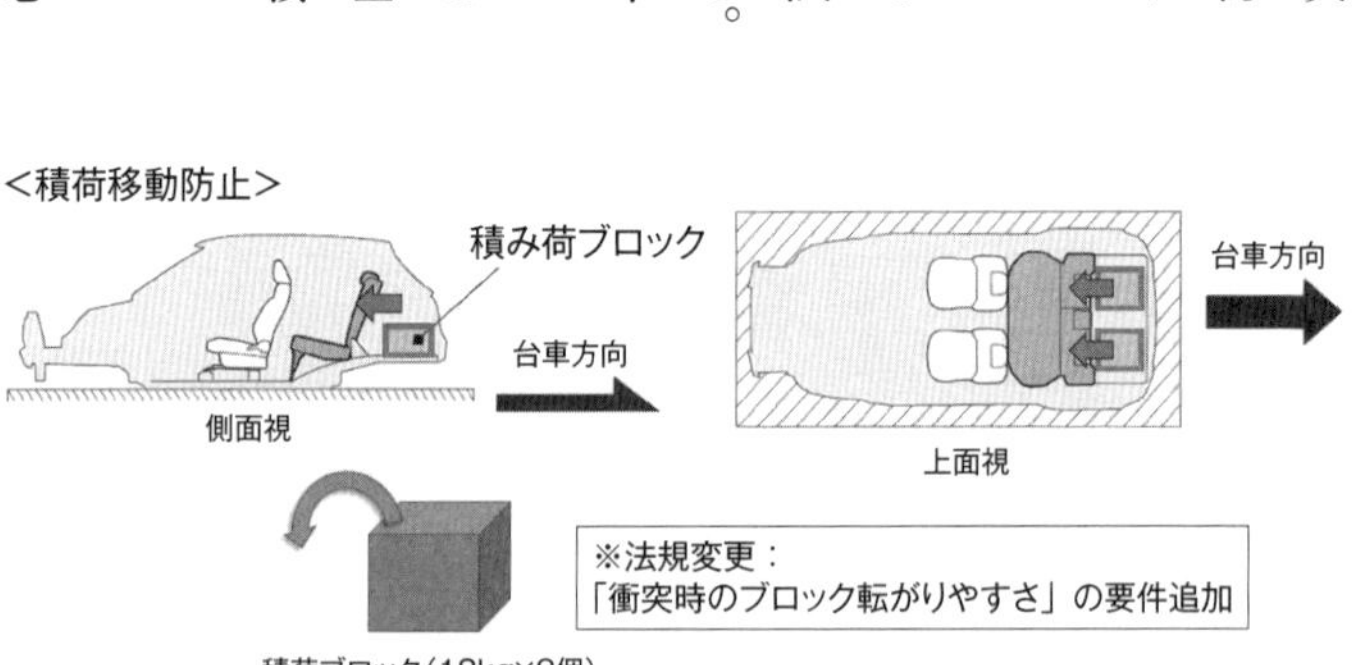

図7　不正⑤規定と異なるブロックの使用

(5) 積み荷移動防止試験で見つかった。（出所：トヨタ自動車）

れていたのだ。本来はこの要件を満たす新しい積み荷ブロックを使って認証試験を行うべきだった。なお、この試験においても開発試験で得たデータを認証申請のデータとして使うことは認められている。

対象の車種は、２０２０年に試験を実施した「ヤリスクロス」だ。

そして、最後に（6）のエンジン出力試験である。この試験は自動車メーカーが自ら実施する認証試験であり、（1）から（5）までの試験とは違って、開発試験で得たデータを認証申請のデータとして使うことは認められていない。この試験においてトヨタ自動車は、⑥のエンジン出力点の制御の操作を行った。

「悪質」な不正

トヨタ自動車で発覚した6つの不正のうち、（6）のエンジン出力試験で行った⑥のエンジン出力点の制御の操作という不正は、他とは分けて考えるべきものだ（図8）。その理由は、この不正には、不正だと分かっていながら手を染めた「悪質性」が感じられるからである。

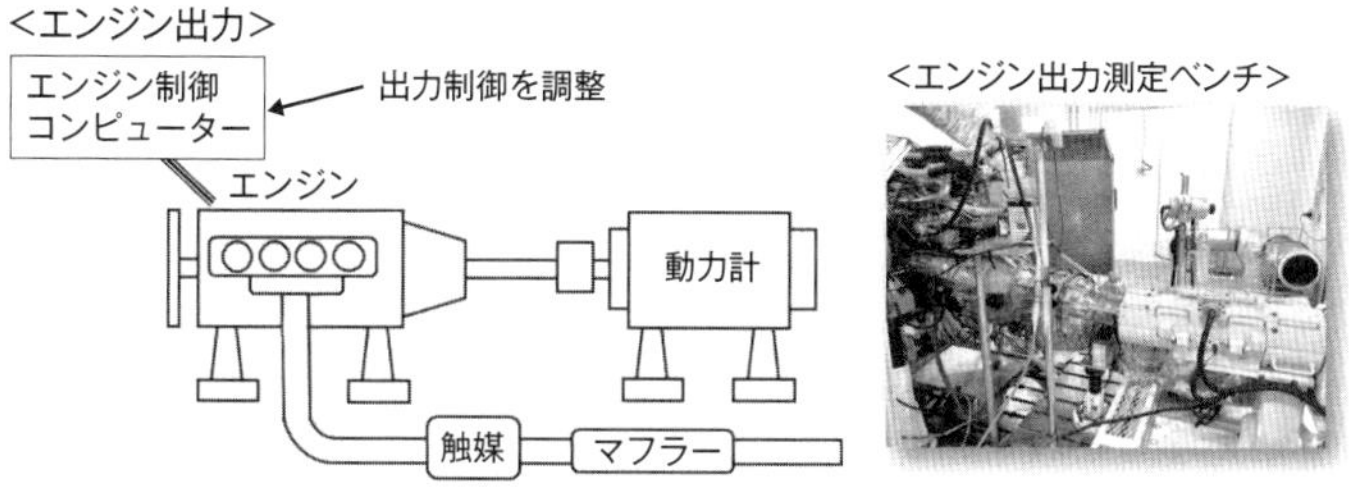

図8　不正⑥エンジン出力点の制御の操作

(6) エンジン出力試験で発覚した。(出所：トヨタ自動車)

明白なコンプライアンス違反だ。これが、浮き彫りになった問題点の１つ目である。
（１）から（５）までの試験で行った①～⑤の不正については、悪質性はあまり感じられない。①と②と④の３つの不正が見つかった各試験については、認証試験よりも厳しい条件で開発試験を行い、定められた基準を超えているように思える。また、③と⑤の２つの不正が見つかった試験については、過失による不正と見ることもできる。

実は、トヨタ自動車は認証試験が定める基準よりも高い基準を満たすように各種性能の開発を行う。そのために認証試験よりも厳しい条件で開発試験を実施している。従って、通常なら認証試験は楽にクリアできるはずなのだ。従って、実質的な性能に問題はないのだが、認証試験では法規が定めた手順や条件の通りに試験を行わないと不正と判断される。すなわち、これら５つの試験項目は認証試験が求める性能値（基準）は超えているのだが、手順や条件が異なるために不正と判定されたというわけである。

だが、（６）のエンジン出力試験は「悪質」と指摘されても言い逃れができない不正だ。意図的に不正な操作を施したものだからである。

牽制機能が働かず

このエンジン出力試験は、２０１５年における高級車「レクサスＲＸ」のエンジンの開発において、出力を確認した認証試験だ。ここでトヨタ自動車の開発部門は認証試験において狙った出力が得られなかった。そこで、エンジン制御コンピューターを操作し、狙った出力が出るようにした。その上で再度試験して得られたデータを認証申請に使用した。

出力を妨げた原因は「排気管の潰れ」だった。ところが、それが分かったのは認証申請を済ませた後だったという。

トヨタ自動車ではエンジンの認証試験を品質保証部門が行う。このエンジンでは出力が規準に満たなかった。そこで、同部門は出力に関して「不合格」であるとして開発部門に突き返した。本来はここで原因を追究して対策すべきだったが、開発部門はそれを怠った。そして結局、エンジン制御コンピューターを操作するという最も安直な方法を選んだ。

その理由としてエンジンの専門家は「エンジンの出力を測定するベンチ（試験装置）使用の予約が埋まっていて、時間が限られていたのではないか」と推測する。いずれにせよ、開発部門は操作を加えて得たデータで認証試験をクリアしたように見せ掛けた。

注目すべきは、牽制《けんせい》機能が満足に働かなかったことにある。これが浮き彫りになった問題点の2つ目だ。（1）から（5）までの試験項目における不正も、エンジンの開発と同じく品質保証部門が試験を実施したり、データの中身を確認したりすれば防げたはずの不正である。

そして、それ以上に深刻な問題は（6）のエンジン出力試験で不正が起きたことである。先の通り、エンジン開発は強い牽制機能が働くように組織を構築してきた。品質保証部門でエンジンの認証試験を行う部署は、「決して開発部門側のデータをうのみにせず、必ず自ら試験を行って自分たちの責任で判断する」（トヨタ自動車の関係者）といわれてきた。

にもかかわらず、その品質保証部門が、開発部門によるエンジン制御コンピューターの操作を見抜けなかったか、もしくは再試験を怠って開発部門のデータを丸のみしたのだ。

いずれにせよ、「不正を許さない仕組み」としてエンジン開発において取り入れた牽制機能という「砦《とりで》」が破られたのである。強固な牽制機能を構築していたはずが、それでも抜け道や抜け穴があったというわけだ。

浮き彫りになった問題点の3つ目は、③と⑤の不正で判明した法規解釈のミス、もしくはその浸透の徹底不足である。③の不正では打点を左右で取り違えたり、片側のデータを両側のデータとして使ったりした。⑤の不正では、法規に変更があったのを知らずに従来の積み荷ブロックを使用した。これらは法規の解釈を間違えたり、開発現場に対して法規内容を十分に浸透させられなかったりしたために起きた過失による不正と捉えることもできる。だが、過失だからといって、法規違反の事実は変わらない点に注意が必要だ。

認証制度への批判は筋違いと国土交通省

そして、浮き彫りになった問題点の4つ目は認証制度を軽視する姿勢だ。この問題点は、国土交通省への取材で浮かび上がった。同省はトヨタ自動車の認証不正の会見内容と、この会見後に一部で展開された認証制度に対する批判について、「トヨタ自動車は正攻法で対応すべきではないか」と違和感を表明した。

先述の通り、トヨタ自動車は6種類の不正を行っていたが、そのうちの3種類は認証試験が定める基準よりも厳しい基準を満たすように開発を行い、その試験データを認証申請に使った。これに対し、豊田会長と共に会見に臨んだ同社カスタマーファースト推進本部長の宮本眞志氏は「不正の意識がないと言えば言い過ぎだが、お客様に本当に良いクルマを届けたいという気持ちがまずある」「より厳しい条件でクルマの開発をしているという自負もある」と説明した。

加えて、認証制度の課題について問われた豊田会長は「今、私が言うべきではないが」と断った上で、「やっぱり、日本の自動車メーカー、特にトヨタ自動車は世界中で販売しているため、日本で認可できたクルマは世界で一番厳しいので大丈夫ですよとなっていたほうが非常にシンプルになると思う」と回答した。より厳しい条件で行った開発試験のデータで認証を通してほしいという意味だろう。

こうした発言から、一部で湧き上がったのが認証制度批判である。「形式的には不正かもしれないが、認証試験の基準を実質的には満たしているのだから問題ない。むしろ、認証制度のほうが遅れている」といったものだ。実際、トヨタ自動車の会見では不正に対する悪意のなさを訴えるあまり、開発試験の基準の高さを強調する一方で「少し認証という意識が低かった」（宮本氏）など、認証制度の軽視ともとれる発言があった。

会見でこうした主張を聞いた筆者は違和感を覚えた。そこで、会見の翌日にトヨタ自動車の会見内容とそれに端を発する認証制度批判をどう捉えているかについて国土交通省を取材した。

その結論を先に言えば、国土交通省の主張のほうに説得力がある。一方で、トヨタ自動車の主張や認証制度批判は、同制度の本質から外れている上に、国土交通省から「筋違いだ」と指摘される可能性が高いと感じた。

国土交通省の見解は次の通りだ。

しかるべきステップを踏むべし

国土交通省：認証試験の基準は国連の（国際的な）基準として作られており、日本の認証制度もほとんどそれと調和している。基本的に認証試験が求める手順や基準は国際ルールである。当然、基準なのでこれをクリアすればよい。そのため、各自動車メーカーがより厳しいと思われる基準で開発したり評価したりすることが通常は行われていると思う。

忘れてはならないのは、認証が求める基準に対しては、しかるべき理由があって試験の条件や手順が定められていることだ。従って、例えば認証試験が求める条件よりも厳しい条件にして、「こちらのほうが何kg重い。だから問題ない」などとは、技術的にそう単純に言えないものもあるというのが（国土交通省の）前提である。

にもかかわらず、「より厳しい条件で試験しているのだから問題ない。もう一度楽な条件で試験するのは手間だから省いた」というのが、今回のトヨタ自動車の言い訳だと思う。

もしもそうしたいのであれば、「正攻法」として、しかるべきステップを踏む必要がある。（1）国際的な理解を得ること、（2）各国・地域の認可当局の理解を得ること――である。これらのステップを踏んでいないのは、自動車メーカーの勝手な言い分だ。不正は前提だなどと説明していたが、（トヨタ自動車は）それほど胸を張って言えることだろうか。

国際的な理解を得るべし

国土交通省：まず、（1）の国際的な理解を得ることというのは、より条件が厳しいほうに国際基準を変えたらよいというものだ。認証試験の基準が緩いというのだから、より厳しい基準にルールを変える。そうすれば、トヨタ自動車の主張する通り、より厳しい条件が新たな基準になる。

国際ルールである認証は、国土交通省だけではなく、自動車メーカーと共に国連で作っている。なぜそこに正攻法で提案しないのか。国連では、参加した各国と話し合う。技術に詳しい専門家が集まって基準を決めているのである。すなわち、しかるべき妥当性があるわけだ。

こうして決めた国際ルールから逸脱したのに、「より条件が厳しいから構わないだろう」と言いたいのなら、より厳しいルールに変えようと提案し、各国・地域の政府や他の自動車メーカーなどに対して説明し、合意を取ればいい。

こうしたステップを踏まずに「勝手にやってばれたけれど、仕方がない（と開き直る）」というのは違和感がある。

各国・地域の認可当局の理解を得るべし

国土交通省：もう1つの（2）各国・地域の認可当局の理解を得ることというのは、「基準で決まっている中でも、人によって言うことが違う」とトヨタ自動車が説明していたことに対するもの（回答）だ。この点については、日本はもちろん、欧州でもアジアでも各試験機関などに対し、「厳しい条件で試験した。技術的に妥当だから、これを使わせてほしい」という説明をして、各認可当局の了解を取ればよい。

その説明が「技術的に納得できる」となれば、認められる場合もある。もちろん、さすがにそれでは厳しい（認められない）からやり直しとなるケースもある。技術的な妥当性があると言いたいのであれば、なぜトヨタ自動車はそれを堂々と認可当局に言わなかったのか。

やるべき事をきちんとやらずに自分勝手な解釈でやっておいて、「技術的に正しいのだ」と胸を張って言うのなら、その前に認可当局に自主的に説明し、さらには世界の自動車メーカーにも説明して、了解を得て基準を変えたらよいだろう。

スズキの燃費不正と同じ構図

国土交通省：２０１６年にスズキが燃費不正を起こした。ルールでは、実際に試験場でクルマを走らせて計測する「惰行法」の使用を定めていた。ところが、スズキは「技術的に妥当性がある」と主張して「積み上げ法」〈＊〉を使った。

この一件と今回のトヨタ自動車の言い分は、まさに同じ構図だ。技術的には正しいのかもしれない。だが、

＊ 積み上げ法：試験室内で測定した自動車空気抵抗値と、自動車構成部品単体の抵抗値を積み上げることにより、路上での惰行法測定による走行抵抗値の代わりとする方法。

ルールはそれをやってよいとは認めていない。使いたいのならルールを国際ルールとして変えるように動けばよいのだ。「技術的に妥当性があるのだから問題ない」という話は当時もあった。だが、結局、（当時スズキの会長だった）鈴木修氏は謝罪した（図9）。

技術開発における妥当性の検証は、当然自動車メーカーの社内で行われているだろう。ただ、豊田章男氏も語っていたように、認証というものに対する意識が低い。「技術的に妥当だから、これでいいだろうとなっていました」と。

だが、基準を国際ルールで決めているのは、どの国のどの自動車メーカーでも、同じルールでの計測によって比較できるからだ。燃費も排出ガスも同じ試験法で計測してこそ、初めて比較できる。

認証試験の基準に対して技術的な妥当性があるのだからそれで構わないと、もしも思っているのなら、社内での法令順守の意識が低いと言わざるを得ない。教育されていないのではないか。あるいは教育されているのに法令を順守しなくてもよいと思っているということなら、それは改ざんであり、虚偽だ。そのどちらかは、

図9　2016年の燃費不正問題で謝罪する鈴木修会長（中央）
（写真：日経クロステック）

今後の国土交通省による立ち入り検査で見ていくことになるだろう。
トヨタ自動車は、開発における技術的な妥当性と認証試験というものにギャップがあるなどと語っていた。あたかも認証の制度が悪いというニュアンスで言っていたが、逆であろう――。

不良と不正の混同

最後に、浮き彫りになった問題点の5つ目は「不良」と「不正」の混同だ。これは豊田会長の発言で浮かび上がった。会見で筆者が豊田会長に「どうしたら不正を撲滅できるか」と質問したところ、同会長は「不正の撲滅は無理だと思う」と回答した。

大量に生産し、ばらつきもある工業製品では、不良率をゼロにすることはできないというのは常識だ。仮に不良を撲滅するとなれば、莫大なコストや時間がかかり、到底ビジネスとして成立しない。

一方で、不正は撲滅しなければならない。不正には2種類ある。1つは法規違反だと分かっていながら、あえて行う不正だ。もちろん、これは悪質なものであって論外である。もう1つは過失による不正だ。こちらは確かに悪質性が薄い。だが、それでも企業はゼロにすべく努力しなければならない。なぜなら、法規違反であることに変わりはないからである。過失なら法規に背いても構わないというわけにはいかないのだ。

従って、豊田会長は「不正は撲滅する。故意による不正はもちろんなくすが、過失による不正もゼロにするように努めていく」と宣言すべきではなかったか。不正の撲滅は無理だと言ってしまうと、下手をするとトヨタ自動車は不正を許容する会社だと捉えられかねない。そんなことになれば、トヨタ車やトヨタ自動車のブランドを傷付ける可能性も出てくる。

実際、トヨタ自動車は熟練作業者が1台ずつ丁寧に造り上げる高級車というイメージを展開しているレクサスＲＸのエンジンにおいて、故意による不正を起こしているのだ。性能に問題はないから、あるいは生産を終了した車種だからと言い訳しても、日本の認可を取っていないことを不愉快に思う顧客はいるはずだ。ブランドを信じて購入したのに、けちが付いた気分になる顧客もいることだろう。

豊田会長は「トヨタも完璧な会社ではない」と会見で語った。だが、少なくとも不正に関しては完璧に無縁の企業を目指さなければならないはずだ。

第3章

ダイハツ工業の不正の真相

日本において「国民車」とも呼ばれており、一般の人々にとって身近なクルマである軽自動車。その軽自動車を含む小型車で不正を起こしたことから、世間を驚かせ、かつ大きな非難を浴びたダイハツ工業の不正問題。第三者委員会が調査報告書を公表後、国内の全工場が稼働停止に陥り、２０２３年度におけるトヨタグループの世界販売台数の見込みを下方修正させた。２０２４年2月9日には再発防止策を、同月13日には社長交代人事を発表したが、その後も、２０２４年4月19日まで国土交通省の検査は続いた。

ダイハツ工業はなぜ、不正に手を染めたのか。その不正の真相に迫る。

1　ダイハツ工業の不正、10の追究

ダイハツ工業は一体、どのような不正を犯したのか。まずは次の10の疑問に答える形で分かりやすく解説する。

Ｑ１：不正の中身は？

Ｑ２：不正を行った車両は？

Q３：不正が発覚した経緯は？
Q４：悪質性の有無は？
Q５：いつから不正を行っていたのか？
Q６：不正が与える影響は？
Q７：なぜ不正を行ったのか？
Q８：他に不正はないのか？
Q９：出荷の再開はいつか？
Q10：経営陣の責任は？

→Q１：不正の中身は？

ダイハツ工業で見つかった不正は全部で１９２件ある。２０２３年４月28日に同社が公表し、一連の不正問題の口火を切った側面衝突試験の不正が３件。これに続いて同年５月19日に同社が公表したポール側面衝突試験の不正が１件。その後、第三者委員会が同年12月20日にダイハツ工業に提出した調査報告書の中で、１７４件の不正が見つかったと報告した。そしてさらに、この報告を受けてダイハツ工業に立ち入り検査を行った国土交通省が、２０２４年1月16日に14件の不正を指摘した。

内容はまさに「不正のデパート」（自動車系アナリスト）。実際、ありとあらゆる不正行為を同社は行っていた。最初に明るみに出た側面衝突試験の不正とその直後に見つかったポール側面衝突試験の不正だけでは済まなかった。さらには、衝突試験関連の不正にとどまらなかった。騒音試験から制動装置試験、ヘッドランプ関連の試験、デフロスター関連の試験、速度計試験、そしてエンジン関連の試験まで、ダイハツ工業が幅広い領域で不正を行っていたことが判明したのだ。エンジンの排出ガス・燃費試験の不正にまで手を染めていたのだから、日野自動車や豊田自動織機以上の悪質さだと言わざるを得ない。

調査報告書によれば、不正を行った試験は25項目もあり、不正の種類は3つに分けられる。（1）不正操作：意図的に車両や実験装置などに不正な加工や調整などを施したもの、（2）虚偽記載：意図的に虚偽の情報を試験成績書に記載して法規認証（以下、認証）申請を行ったもの、（3）データ偽装：意図的に虚偽の情報（ねつ造データや流用データ、改ざんデータ）を実験報告書などに記載したもの——である。

その後、国土交通省による立ち入り検査により、試験車両に加工を施した不正が9件、規定とは異なる試験装置を使用していた不正が5件見つかっている。これらはいずれも不正操作に相当する。

要は、第三者委員会とダイハツ工業の調査に抜けや漏れがあったというわけだ。しかも、検証結果およびプロセスの妥当性については第三者機関である「テュフ・ラインランド・ジャパン」が確認したという。にもかかわらず、国土交通省から新たに不正を指摘されたのだから、調査の信頼性にひびが入る形となった。従って、一連の調査でダイハツ工業が過去に行った不正の全てを洗い出したのかどうかについては疑問が残る。

→Q2：不正を行った車両は？

ダイハツ車はもちろんだが、同社はトヨタ自動車とＯＥＭ（相手先ブランド、すなわちトヨタブランドによる生産）供給契約・共同開発契約を結んでいたため、トヨタ車やＳＵＢＡＲＵ車、マツダ車、マレーシアのＰｅｒｏｄｕａ（プロドゥア）車にも不正問題は波及した。そのため、不正の対象車種は64車種（エンジンは3種類）と大きく広がった。その内訳については生産・開発中の車種が44車種（国内：28車種、海外：16車種）で、生産終了車種は20車種と第三者委員会は報告している。

最初に見つかった側面衝突試験の不正を行った車両は、東南アジア市場向けのトヨタ車「ＹＡＲＩＳ ＡＴＩＶ」と「ＡＧＹＡ」、プロドゥア車「ＡＸＩＡ」、そして開発中の車種（1車種）だった。

続いて発覚したポール側面衝突試験の不正を行った車両は、小型多目的スポーツ車（ＳＵＶ）の「ロッキー」と「トヨタ ライズ」のハイブリッド車だった。

これらの車種の他に第三者委員会が不正があったと指摘した車両は、まずダイハツ車が「ＣＵＯＲＥ」「ＸＥＮＩＡ」「アトレー」「アトレー デッキバン」「アプローズ」「オプティ」「キャスト」「グランマックストラック」「コペン」「タフト」「タント」「トール」「ハイゼット カーゴ」「ハイゼット デッキバン」「ハイゼット トラック」「ブーン」「ミラ」「ミラ イース」「ミラ トコット」「ムーヴ」「ムーヴ コンテ」「ムーヴキャンバス」など。

トヨタ車が「AVANZA」「RUSH」「VELOZ」「VIOS」「WIGO」「トヨタ コペン」「サクシード」「タウンエース トラック」「タンク」「パッソ」「ピクシス エポック」「ピクシス ジョイ」「ピクシストラック」「ピクシス バン」「プロボックス」「ヤリス」「ヤリスクロス」「ライズ」「ルーミー」など。

SUBARU車が「サンバートラック」「サンバー バン」「シフォン」「ジャスティ」「ステラ」「プレオプラス」「レックス」、マツダ車が「ファミリア バン」「ボンゴ トラック」など。そして、プロドゥア車が「ALZA」「ARUZ」「ATIVA」「BEZZA」「MYVI」などである。

→Q3：不正が発覚した経緯は？

ずばり、「内部告発」（トヨタ自動車の豊田章男会長）だ。ダイハツ工業の社員と思われる人間の勇気ある行動が、大きな不正問題に発展する引き金を引いた。

ダイハツ工業は内部通報制度として「社員の声」というシステムを設けていた。ところが、形骸化しており、満足に機能していなかった。調査報告書にはこうある。「内部通報を行っても、監査部が直接事実確認することはなく、当該部署の部長・室長・GL（グループリーダー）に確認の連絡がいくのみで、隠ぺいされるか、通報者の犯人探しが始まるだけです」「今回、不正を明るみに出すことができたのは、開発車種の関係上（＝トヨタ車を開発しているため）、トヨタ自動車の介入が大きかったのではないかと思います。ダイハツ工業のみでは隠ぺいされていた可能性がなきにしもあらずかと思います」と。

　実際、ダイハツ工業は内部通報制度に通報があった事案の約6割を、その事案が発生している部署に調査を依頼するなど、ずさんな運用を行っていた。

　こうした背景から、告発者は社内の内部通報制度を利用することはなく、外部機関に衝突試験の不正の事実を通報。この外部機関がダイハツ工業に連絡したことで、同社は不正行為の疑いを把握した。

　その後、社内調査によってポール側面衝突試験の不正が発覚した。

　なお、ダイハツ工業はこのずさんな内部通報制度について、2024年1月19日に消費者庁から行政指導を受けた。公益通報者保護法に基づく内部通報制度の運用に不備があるので改善せよという指導である。

→Q4：悪質性の有無は？

　不正件数が190以上で、25項目にわたる認証試験で不正に及んでおり、対象車種は60車種を超えている。ダイハツ工業のクルマづくりにおける「安全・安心」に対する信頼を根本から揺るがすという点で、悪質だと言わざるを得ない。

中でも悪質性が高いのは、意図的に車両や実験装置などに不正な加工や調整を施した「不正操作」にまで手を染めている点だ。このうち、世間を最も驚かせたのは「エアバッグのタイマー着火」である。これは側面衝突試験などにおいて、衝突時におけるエアバッグの作動をエアバッグＥＣＵ（電子制御ユニット）ではなく、タイマーで作動（タイマー着火）させる不正だ。

「ドアトリムへの切り込み」も世間の耳目を引いた。これはダイハツ工業の一連の不正が明るみに出るきっかけとなった不正である。認証試作車のフロントドアトリム（ドアの内側に貼る樹脂製パネル）の裏面に切り込み（スリット）を入れ、衝突時にシャープエッジ（鋭い突起やとがった先端）が生じないように細工したのだ。その上、審査官の目を盗む行為も行った。具体的には、審査官が確認する前にスリットを入れたドアトリムを通常の仕様のものに交換し、確認を経た後で再びスリットを加工して不正を隠蔽する行為である。

エンジンでは、出力を引き上げるために不正な加工である「吸気ポート研磨」を行っていたことが自動車業界を驚かせた。吸気ポートは、吸気バルブ直前にある混合気（ガソリンと空気）の通路。この吸気ポートを研磨すると、混合気の圧力損失が減って出力や効率の向上につながる。このポート研磨について「実施したのは確信犯だ。誰か1人の思いつきでできるものではない」（自動車系コンサルタント）という声が専門家から上がっている。すなわち、複数の部門が関わらないと実行が不可能な組織的な不正というわけだ。

このように、組織的に不正を行っているという点を踏まえても、やはり悪質と判断せざるを得ない。

Q5：いつから不正を行っていたのか？

第三者委員会は、最も古いもので1989年に不正行為が見られたと報告している。実に34年間も不正を継続し、かつ隠蔽し続けてきたということになる。

しかも、この期間はあくまでも今回の調査で判明した年数だ。今回の調査には「任意調査の限界や証拠の散逸などに伴う限界」（調査報告書）があるため、もっと以前からダイハツ工業は不正に手を染めていた可能性もある。

なお、同委員会は不正が増加したのは2014年以降であるとも報告している。トヨタ自動車から国内外で販売する小型車やエンジン、バンタイプの登録車の開発まで請け負い、業務が急増した期間だ。この業務量に対して、実力や能力が追い付かなかったにもかかわらず、ダイハツ工業はトヨタ自動車に対して「できない」と言えずに不正を選んだ。結果、不正が増加した。

→Q6：不正が与える影響は？

不正の発覚後、「いったん立ち止まる」（ダイハツ工業）という判断により、2023年5月から車両の開発業務がストップした。その後、親会社であるトヨタ自動車は事業領域を含めたダイハツ工業の経営の立て直しに動き、この影響で商品計画も白紙となった。

クルマの出荷および生産も止まった。第三者委員会が調査報告書をダイハツ工業に提出した2023年12月20日、同社は一連の不正行為の事実を国土交通省に報告。これを受けた国土交通省の指示により、同社は国内外で生産している全車種の出荷を停止した。その後、出荷停止だけではなく、国内にある全ての完成車工場（4工場）の生産を停止した。滋賀工場（滋賀県竜王町）と京都工場（京都府大山崎町）、ダイハツ九州の大分工場（大分県中津市）は同月25日に、本社工場（大阪府池田市）は同月26日に稼働を停止した。

さらに、国土交通省はダイハツ工業から報告を受けた翌日（同月21日）から2024年1月9日までダイハツ工業に立ち入り検査を実施した。ダイハツ工業はこの時、46車種で142件の不正を報告したが、先述の通り、国土交通省は新たに14件の不正を確認した。結果的に同省は、46車種で合計156件の不正行為に対して、法規（道路運送車両法）基準に適合しているか否かを確認するための試験を開始した。

ただし、ダイハツ車「グランマックストラック」とトヨタ車「タウンエーストラック」、マツダ車「ボンゴトラック」の3車種については、「特に悪質な不正行為が行われた」(同省)ため、国土交通省は2024年1月26日に型式指定を取り消した。国土交通省が悪質と見た不正は「エアバッグのタイマー着火」である。

そして、2024年1月16日に国土交通省はダイハツ工業に是正命令を発出。1カ月以内に再発防止策を報告することを求めた。

当然ながら販売台数は激減。2024年1月の国内新車販売台数は前年同月比で62・6%減、翌2月は同じく82・0%減を記録した。2023年度の軽自動車のシェアは首位から転落。トップの座を18年ぶりにスズキに譲った。

そして、2024年3月期(2023年度)の決算は営業損失が50億円と赤字転落。ダイハツ工業は生産および出荷の停止に伴う部品メーカーへの補償などで700億円の特別損失の計上を余儀なくされた。

→Q7:なぜ不正を行ったのか?

第三者委員会は、スピード開発である「短期開発」を推進した経営の問題を挙げた。「過度にタイトで硬直的な開発スケジュールによる極度のプレッシャー」(調査報告書)によって追い込まれた従業員が不正行為に及んだと指摘した。

加えて、２０２４年3月1日付でトヨタ自動車から転じたダイハツ工業の桑田正規副社長は、不正の原因をこう見ている。「生産台数が相当伸びている一方で、リソースはそう変わらなかったため、かなり無理をした計画であり、規模の拡大だったのではないか」と。同じく同日付でトヨタ自動車から転じたダイハツ工業の井上雅宏社長は、「(ここ10年の)成長過程で各職場が果たすべき業務の質と量が拡大し、その中で現場の声や困り事を吸い上げきれず、課題を残したまま業務遂行をさせてしまったことが原因だと理解している」と同年2月13日の新社長就任会見で語った。

だが、短期開発とリソースの逼迫は不正の真因(問題を引き起こした本当の原因)とは言えない。リソースが限られている中で、開発期間の短縮を目指してスピード開発を進めているのは、どの自動車メーカーも同じだからだ。「短期開発とリソースの逼迫が不正を生む」というのなら、世界中の自動車メーカーが不正に手を染めることになる。だが、現実にはそうはなっていない。

これはすなわち、第三者委員会もダイハツ工業もトヨタ自動車も真因を追究できていないことを意味する。

では、なぜダイハツ工業は不正を犯したのか。真っ先に挙げられるのは「技術力不足」だ。たとえプレッシャーがかかっていたとしても、法規を満たすのに十分な技術力が備わっていれば、リスクを冒してまでわざわざ不正行為に及ぶ必要がないと考えられる。

→Q8：他に不正はないのか？

ダイハツ工業や第三者委員会としては当然、真摯に調査した結果であり、「他にはない」と言いたいだろう。恐らく、ほとんどの不正は表に出てきたとは思うが、断言はできないというのが本当のところだ。なぜなら、この種の調査報告書は、社員へのアンケートがベースになっているからだ。不正を行った人、もしくは不正を見聞きした人の全てが第三者委員会や会社側に正直に告白しているかどうかは分からない。結局は本人次第だ。何らかのペナルティーやリスクを恐れて、不正を隠蔽しているケースがないとは言い切れない。おまけに、そもそも退社した人には調査の範囲が及ばない。

たとえデータや資料、図面などの形で不正の証拠が残っていたとしても、クルマづくりや製造業に関して門外漢である第三者委員会のメンバーが、それらを自力で見つけ出すことは不可能に近い。

自覚がないまま社員が不正行為に及んでいるケースも考えられる。例えば、長年不正行為が続いている場合だ。最初は法規違反と分かっていて不正行為に及んでいても、いったん箍《たが》が外れると法令順守（コンプライアンス）の意識は希薄になっていく。そのうち、不正行為であることを忘れて、ルーチンワークとして代々の担当者に引き継がれていくケースがあるのだ。この場合、本人は全く身に覚えがないのに、実は不正に手を染めていたということもあり得る。

気になるのは、国土交通省の立ち入り検査を受けて、新たに14件の不正行為が見つかった点だ。第三者委員会による調査報告書を受けて、ダイハツ工業が同省に報告した後のことである。これはすなわち、調査が甘かったということを意味する。ダイハツ工業側の法規解釈が、国土交通省が求める水準に達していない証拠だ。実際、ダイハツ工業はまともな法規解釈プロセスを持っておらず、これが不正の発生を許したことが分かっている。

→Q9：出荷の再開はいつか？

第三者委員会が調査報告書を公表した２０２３年12月20日の2日後に、安全性に問題がないことが確認されたとしてインドネシアで出荷を再開した。

日本では国土交通省が法規基準への適合性を確認し、出荷停止の指示を解除した車種からダイハツ工業は徐々に生産を再開させた。生産再開の第1弾は２０２４年2月12日のトヨタ車「プロボックス」とマツダ車「ファミリア バン」だった。

ただし、生産を再開させたのは新規受注ではなく、２０２３年12月20日時点で受注残だった約6万台についてである。なお、ダイハツ工業が新規受注を開始したのは２０２４年3月中旬からだ。世間を刺激しないためか、ほとんど広報せずに再開した。

その後、出荷を再開させた車種は徐々に増えていった。2024年4月19日には「ムーヴ キャンバス」と、「ロッキー」のハイブリッド車およびトヨタ車「ライズ」のハイブリッド車について、国土交通省が出荷停止の指示を解除した。

なお、2024年1月26日に型式指定を取り消された小型トラック3車種（「グランマックス トラック」とトヨタ車「タウンエース トラック」、マツダ車「ボンゴトラック」）についても、型式指定の再取得については未定のままだ（同年6月19日時点）。他に、海外向けのごく一部の小型車で法規への適合性が認められていない車種があったが、同年4月末に出荷停止の指示が解除された。

→Q10：経営陣の責任は？

ダイハツ工業の奥平総一郎前社長（**図1**）および松林淳前会長が2024年3月1日付で退任した。奥平前社長はトヨタ自動車出身。車両開発の責任者であるチーフエンジニア（CE）経験者で、同社

図1　ダイハツ工業の奥平前社長
トヨタ自動車出身の経営者の1人。2024年3月1日付で退任した。引責辞任と見られる。（写真：日経クロステック）

専務を経てダイハツ工業に転じた。松林前会長はダイハツ工業のプロパー（生え抜き）だ。

この2人の退任に関して、トヨタ自動車の佐藤恒治社長は、同年2月13日に開いた井上雅宏新社長をはじめとするダイハツ工業の役員人事の発表会見で「ダイハツ再生のための人事」と説明した。だが、実質的に引責辞任と見てよいだろう。なお、会長職は廃止した。

2 ダイハツ不正は「設計が主導」

では、一体なぜ、ダイハツ工業はこうした不正に手を染めたのか。ここからは詳細な取材から突き止めた不正の真相について明らかにしていく。

不正問題についてダイハツ工業は組織防衛に入った――。ダイハツ工業の不正を調べた第三者委員会が２０２３年12月20日に公表した調査報告書。その中身を自動車業界の人間が読めば、ダイハツ工業の思惑が見えてくる（図2）。同社が考えているのは不正への反省でも真因の追究でもなく、ただ会社を守ることである。そう捉えざるを得ない。

調査報告書の指摘はこうだ（図3）。「短期開発」と呼ぶスピード開発設計の納期を順守するために時間が逼迫。外観デザインと設計変更に時間をかける分、認証業務に割ける時間がなくなったので不正を行った。「不正行為に関与した担当者は、やむにやまれぬ状況に追い込まれて不正行為に及んだごく普通の従

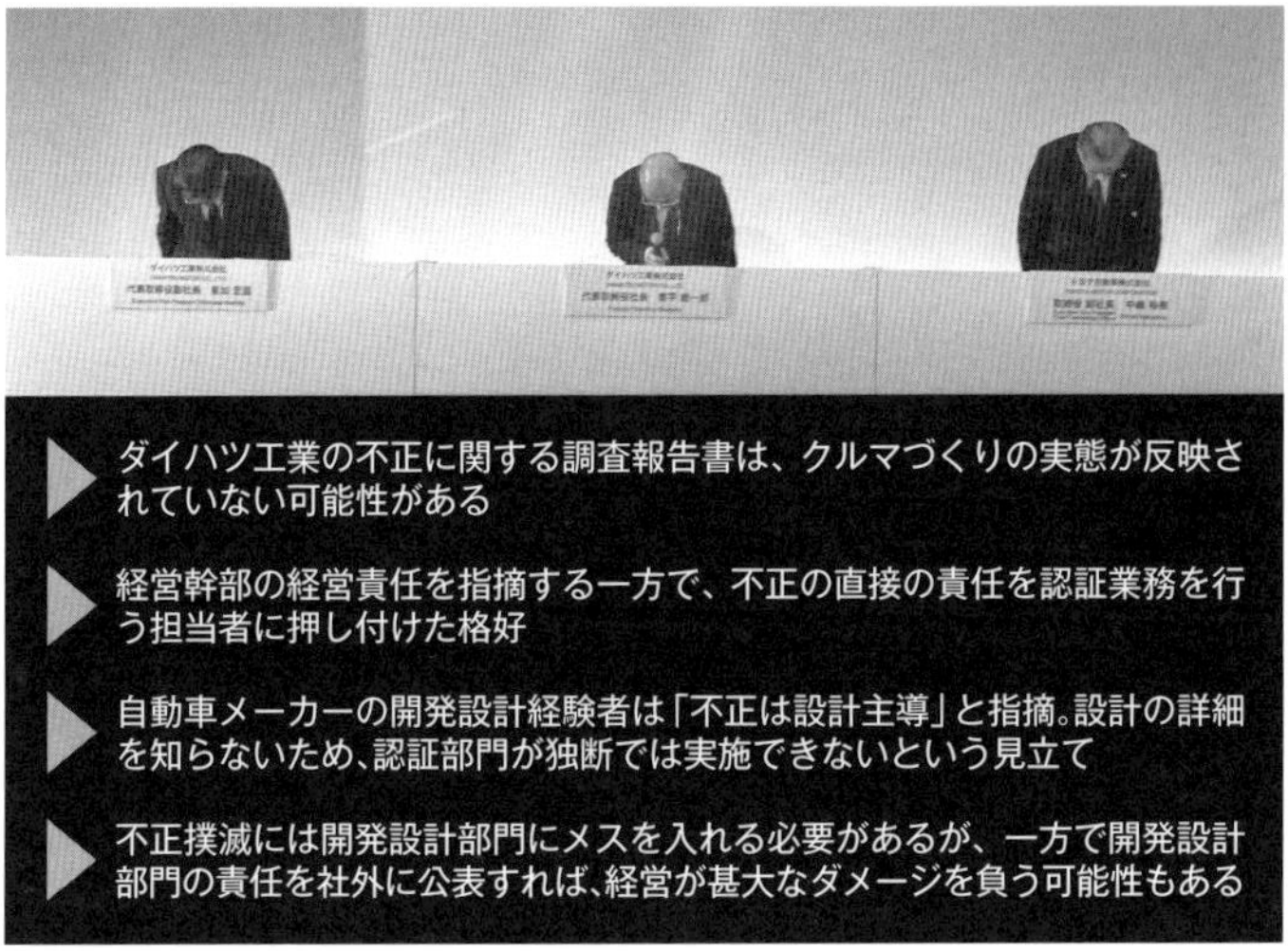

図2　ダイハツ工業が直面した深刻な問題

自動車メーカーで開発設計を担った技術者の目には調査報告書が真因を追究できていないと映る。（出所：筆者）

図3　ダイハツ工業の不正に関する調査報告書

1989年から不正行為が見られ、特に2014年以降に不正が増加していることが判明した。不正の原因については「短期開発の強烈なプレッシャーの中で追い込まれた従業員」にあると分析した。（写真：筆者）

業員である」（調査報告書）。

総論では対策を講じなかった経営幹部の経営責任を指摘しながらも、不正に手を染めた直接の責任については、認証業務を担う従業員に押し付けた格好だ。

だが、この調査報告書の内容を「自動車メーカーで仕事をしたことがある人間なら誰も信じない」と自動車メーカーで開発設計者（以下、設計者）を経験したコンサルタント（以下、自動車系コンサルタント）は語る。「技術検証力が不足した調査報告書」と断じるのは、同じく自動車メーカーの開発設計出身のアナリスト（以下、自動車系アナリスト）だ。

第三者委員会は調査に約７カ月もかけていながら、生々しいクルマづくりの現場の実態を知らないため、不正の本丸に切り込めなかった。同委員会の貝阿彌誠委員長が自ら、調査には「限界がある」と認めている。そして、ダイハツ工業はそれをよいことに、「本当の事」を言わずに隠蔽を決め込んだ。こうして出来上がったのが、「ダイハツ工業の言い分を表層的になぞっただけの調査報告書」というのが、クルマづくりの専門家の見立てである。

「不正のデパート」

ダイハツ工業の不正体質は重篤の域に達している。調査報告書は最も古いもので１９８９年に不正行為があったと記述した。実に34年間も不正を継続・隠蔽してきたということになる。しかも、この期間はあくまでも今回の調査で判明した年数だ。今回の調査には「任意調査の限界や証拠の散逸などに伴う限界」（調査報告書）があるため、もっと以前からダイハツ工業は不正に手を染めていた可能性も考えられる。

驚くのは、あらゆる不正を同社が行っていた事実だ。一連の不正問題が発覚するきっかけとなり、「内部告発」（トヨタ自動車の豊田章男会長）によって明るみに出た側面衝突試験の不正（２０２３年４月に発覚）と、その直後に見つかったポール側面衝突試験の不正（同年5月に発覚）だけでは済まなかった。さらには、衝突試験関連の不正だけに絞られてもいなかった。騒音試験から制動装置試験、ヘッドランプ関連の試験、デフロスター関連の試験、速度計試験、そしてエンジン関連の試験まで、ダイハツ工業は幅広い領域で不正を行っていたことが判明したのである。エンジンの排出ガス・燃費試験の不正にまで手を染めていたのだから、日野自動車や豊田自動織機以上の悪質さだ。

不正を行った試験は25項目もあり、不正の種類は３つに分けられる。不正操作と虚偽記載、データ偽装である。同社の繰り出した手練手管の数々に「まるで不正のデパートだ」と自動車系アナリストは嘆息する。

最大の問題は、不正の全てを認証業務を担う従業員に押し付けたことである。具体的には、安全性能担当部署の試験実施担当者や試験成績書作成者、法規認証室の試験成績書作成者、排出ガス・燃費試験担当部署の試験実施担当者、エンジン開発担当部署の試験実施担当者が行ったと調査報告書は指摘している。

この指摘を自動車系コンサルタントは「あり得ない」と一刀両断する。では、真に責任を負うべきは誰なのか。同コンサルタントと自動車系アナリストの意見は一致する。「不正は設計主導だ」と。一体、どういうことか。

うまく不正できるのは「設計者だけ」

答えはシンプルだ。「試験実施担当者や試験成績書作成者だけでは不正ができないから」（自動車系アナリスト）である。そのことは自動車の開発設計プロセスを見れば分かる。

開発設計プロセスを直接担う部署は3つある。［1］開発設計部門、［2］評価部門、［3］認証部門——だ。自動車メーカーでは新技術を盛り込んだ製品の開発を開発設計部門が担う。設計目標値を満たし得る技術を設計者が考え、造った試作品の性能試験を評価部門が担当する。評価部門はその試験結果を開発設計部門にフィードバックし、それを基に開発設計部門が試作品を改良して、再び評価部門に渡して評価するといった具合に、両部門は協力し合って新たな製品の開発を進めていく。

そして、評価部門が「性能が設計目標値に達しており、量産化が見込める」と判断したら、開発した製品（試作品）を認証部門に渡す。それを受け取った認証部門は、国の認可を得るために必要な試験を行ったり書類を作成したりと認証作業を進めていく。

ところが、こうした認証業務を認証部門に丸投げすることはないというのだ。認証部門は、渡された製品の設計内容の詳細までは分からないからである。「技術的に何をどう工夫すれば、性能がどれくらい変わるのかを把握しているのは設計者しかいない」と自動車系アナリストは証言する。

誤解を恐れずに言えば、「うまく不正を行うには高度な技術力が必要」というわけだ。技術の詳細を知らずにいいかげんな方法で不正すれば、おかしな性能値が出て国土交通省側にばれたり、操作した性能値が法規の求める合格値に達しなかったり、不正作業のために時間を浪費して納期に間に合わなかったりする恐れがある。国土交通省側に不正だと認識させずに、「ちょうど良い具合の性能値」に抑え込むことができるのは、設計者だけという指摘である。

そもそも「インチキをしないと合格しないことを、なぜ認証部門は知っているのか」と、自動車系アナリストはこの問題の核心を突く。設計者が教えなければ、本来、認証部門は不正の必要性すら分からない。言うまでもなく、認証部門の本業は認証取得のための業務であり、性能未達の責任も出荷責任も負う必要はない。「自動車メーカーで開発した人間であれば、開発設計部門と評価部門、認証部門の3つの部門が合意した上で不正に手を染めていると分かる」（同アナリスト）。

組織的な不正を隠す思惑か

自動車系コンサルタントも「この不正は組織的だ」と見る。そのことは不正の中身を見れば明らかだ。例えば、原動機車載出力認証試験における不正では、ダイハツ工業はエンジンに次のような不正な加工を行っている。

（1）シリンダーヘッドの下部を面研磨して燃焼室の容積を縮減した
（2）スロットルボディーのボア径を拡張した
（3）作動角が大きいカムシャフトを特注して使用した
（4）シリンダーヘッドの吸気ポートおよび排気ポートを研磨した
（5）ハイオクガソリンを使用した
（6）電子制御燃料噴射装置のロムを書き換えた

これらは全てエンジンの出力を引き上げるための不正工作である。このうち（4）について、「まさに認証を取得するためのスペシャル仕様だ。ポート研磨はスーパーカーに採用するかしないかといった技術。量産エンジンで採用したというケースは聞いたことがない」と同コンサルタントは驚く。

吸気ポートは吸気バルブ直前にある混合気（ガソリンと空気）の通路だ。この吸気ポートを研磨すると、混合気の圧力損失が減少して出力や効率の向上につながる。このポート研磨について「実施したのは確信犯だ。誰か1人の思いつきでできるものではない」と同コンサルタントは指摘する。

その理由は、認証部門にポート研磨は不可能だからである。この加工を施す場合、試作部に加工を依頼する必要がある。そのためには、理由を管理職である上司に相談し、許可を得なければならない。そうしなければ、試作部に依頼する費用を確保できないからだ。つまり、課長級以上の管理職が承認しなければ、ポート研磨は実現できないということなのである。以上から、次のことが見えてくる。

不正は開発設計部門（設計者）が立案し、考えた不正な工作を認証部門に指示して実施させた――と。これが自動車メーカーの開発設計経験者の見立てである。

なぜダイハツ工業は認証部門に責任を押し付けたのか。「設計者を守るためだろう。自動車メーカーの競争力の源泉は技術力。それを生み出せるのは技術者だ。その本丸とも言える設計者が不正を主導したとは、とても言えないのだろう」と自動車系アナリストとコンサルタントの意見はここでも一致する。

もし、「本当の事」を言ったらどうなるのか。「会社が甚大なダメージを負う可能性がある」と自動車系コンサルタントは語る。「ダイハツ工業の経営が傾けば、地域経済に与える影響も大きい。ここは認証部門の問題にとどめておこうという社内力学が作用したと考えてもおかしくない」と見るのは自動車系アナリストだ。ダイハツ工業としては会社を守るためにも、社内にはともかく、社外に向かっては認証部門が不正を犯したとしか言えないのかもしれない。

だが、不正の責任を開発設計部門に負わせなければ真因を追究できず、ダイハツ工業のクルマづくりの本丸に巣くっている不正体質は治らない。そんなことでは「安全・安心なクルマ」はいつまでたっても期待できない。

不正の撲滅か組織防衛か。ダイハツ工業を率いることになった井上雅宏新社長は経営トップとして究極の難題を抱えている（図4）。

3　スピード開発への「技術力不足」

結論を言えば、ダイハツ工業が不正に手を染めた真因は「技術力不足」にある。それを許したのは管理職の機能不全およびリスクに対する経営陣の機能不全だ。そして、少なくとも34年間、不正を継続し隠蔽し続けても問題にならなかったとい

図4　ダイハツ工業の新社長に就任した井上雅宏氏

2024年2月13日の緊急会見で社長交代が発表された。トヨタ自動車の中南米本部長からの抜てき。会見の2週間ほど前に社長就任を打診されたという。（写真：日経クロステック）

う現実が、同社の不正行為を正当化した――。これが専門家への取材を通じて得た、ダイハツ工業の不正問題の真相である（図5）。

既に述べた通り、第三者委員会による調査報告書の見方は表層的なものにすぎないと専門家は指摘する。というのも、社員が「本当の事」を言えない点を見抜けなかったからだ。自動車を開発する企業としては、技術力が不足しているという現実を直視する、あるいは公にするのは難しいのだろう。この点を第三者委員会は見落としている。

ダイハツ工業に限らず、この種の調査報告書は社員へのアンケートが主体となっている。すなわち、自分が不正を犯した、もしくは誰かの不正行為を目の当たりにしたという正直な告白がベースとなって調査が行われる。社外の人間が自力で不正を見いだすのは極めて難しい。ましてやクルマづくり

- ダイハツ工業の不正の真因は「技術力不足」
- スピード開発である「短期開発」を強制した結果、現場が不正を行ったと調査報告書は指摘。だが、当時の自動車業界でスピード開発は珍しくなかった
- 問題は、短期開発をこなす技術力を開発設計の現場が十分に備えていないにもかかわらず、そこに手を打たずにダイハツ工業に導入したこと
- 歴代のトヨタ自動車出身経営トップの「現地・現物」の不足と、現実を隠し通すダイハツ工業の「不正体質」が長期の不正を生んだ

図5　ダイハツ工業の不正の真相

スピード開発である「短期開発」をこなし切れない開発設計部門の「技術力不足」が不正を招いた。厳しい開発日程による「時間不足」によって短期開発ができずに認証部門が不正を行ったという調査報告書の見方を、自動車の開発設計の経験者は否定する。（出所：筆者、「ミラ イース」の写真：ダイハツ工業）

の門外漢であればなおさらだ。不正の証拠となり得る試験データや試験成績書、技術報告書、図面などを見るだけでは、不正を見抜くことはまずできないからである。

だが、クルマづくりの現場の実態に詳しい専門家の目はごまかせない。彼らの知見を踏まえて分析すれば、ダイハツ工業が不正を行った動機から管理職や経営陣の思惑までが見えてくる。

「短期開発」が原因との見方に疑問符

調査報告書は不正の直接的な原因として、「短期開発」の存在を挙げている。これが「過度にタイトで硬直的な開発スケジュールによる極度のプレッシャー」（調査報告書）を生み、それが不正につながったという（**図6**）。社員からも「短期開発プロセスの納期順

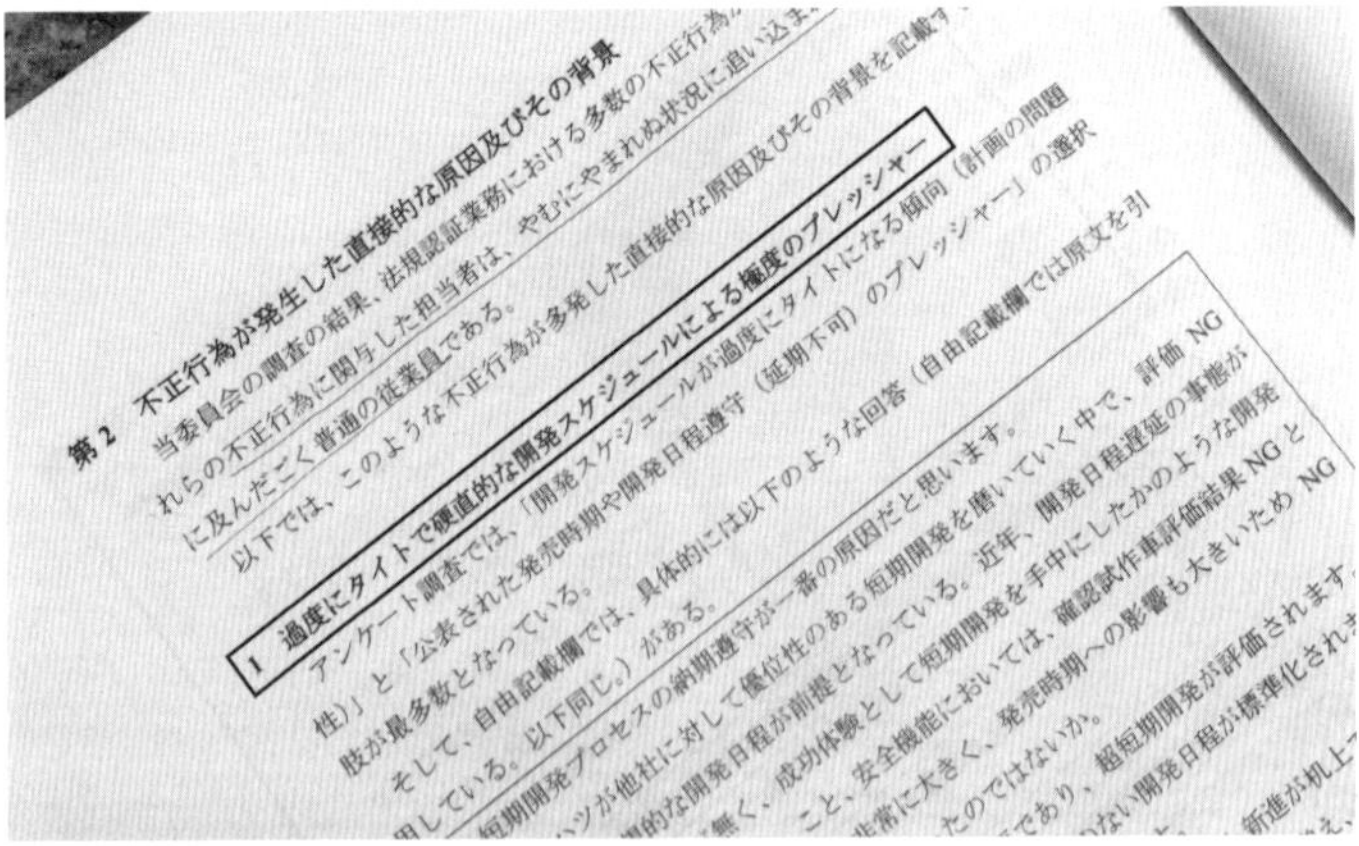

図6　調査報告書のうち不正行為の直接的な原因を示した箇所（枠）
短期開発の日程の厳しさが認証業務の担当者を追い込み、不正を行ったと指摘している。（写真：筆者）

守が一番の原因」（同報告書）という声が上がっている。調査報告書の見方はこうだ。

２００５年に当時トヨタ自動車の副社長だった白水宏典氏がダイハツ工業の会長に就任。恒常的な赤字体質に苦しむ軽自動車事業の収益性の改善を目指し、構造改革を打ち出した。その施策の１つが「短期開発 予算制思想の定着（以下、短期開発）」だった。

そして、この施策に基づいて同社は軽自動車「ミラ イース」を開発し、２０１１年９月に市場投入する。開発リードタイムを大幅に短くしつつ、燃費をＪＣ０８モードで30km／Ｌにまで高めながら、価格を79万５０００円からと安価に仕上げた。ハイブリッド車（ＨＥＶ）並みの低燃費でありながら、最廉価グレードが80万円を切るという低価格でミラ イースはヒット（図７）。

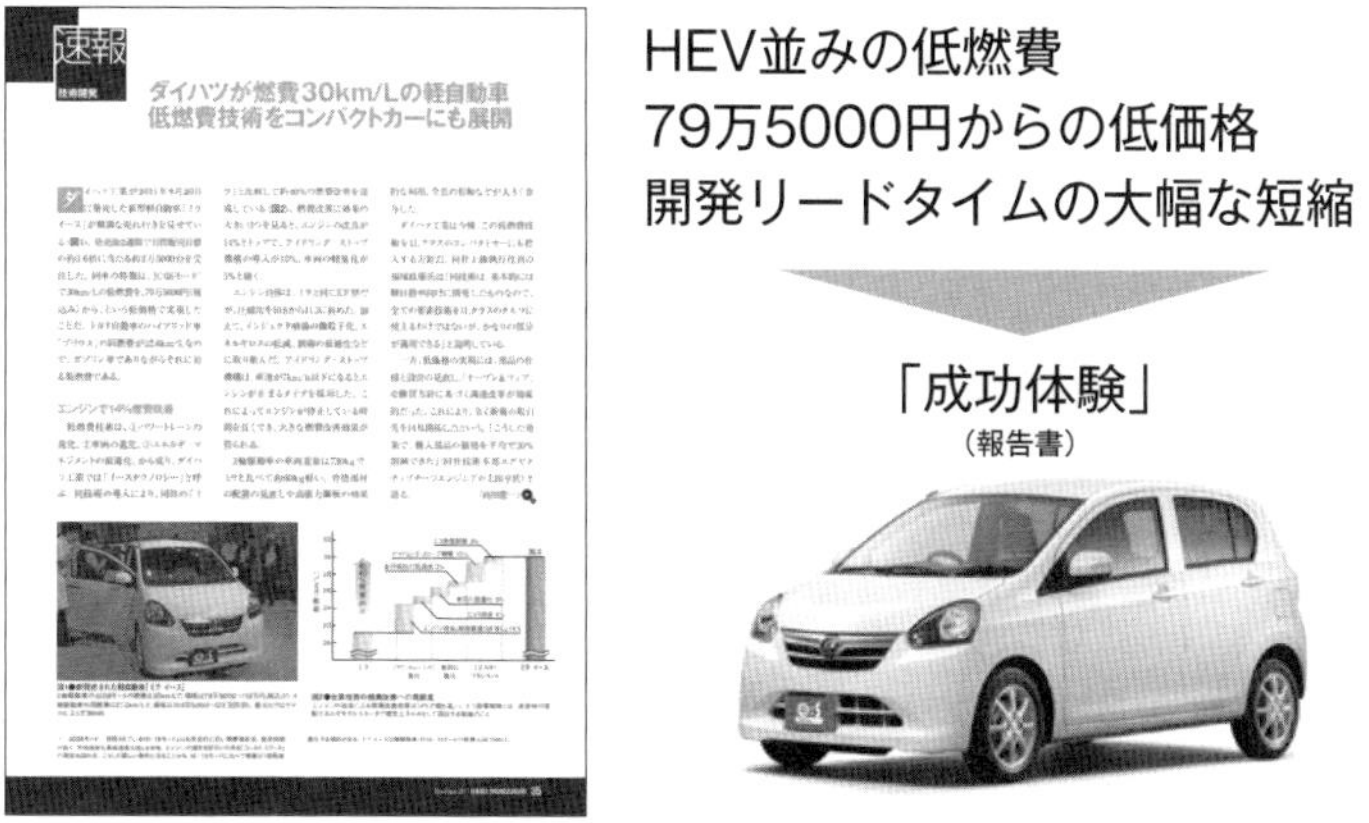

図7　軽自動車「ミラ イース」とその技術の優位性を伝える記事

エンジンの改良にアイドリング・ストップ機構の採用、車両の軽量化を進め、従来の軽自動車「ミラ」に対して燃費を約40％向上。30km/L（JC08モード）の低燃費を実現した。車格は違うものの、ガソリンエンジン車でありながら、当時HEVの代表格だったトヨタ自動車の3代目「プリウス」の燃費であった32.6km/L（同モード）に近づいた。価格も最廉価のタイプで80万円を切り、ヒット車種となった。（出所：筆者、記事：『日経ものづくり』，2011年11月号，p.35、写真：ダイハツ工業）

これが「ダイハツとして大きな成功体験となった」(調査報告書)という。

ところが、この「成功体験」が足かせとなる。以降のクルマづくりにおいて短期開発が必須となったからだ。結果、販売に大きく影響する外観デザインと性能(設計目標値)を実現するための設計変更に時間をかける分、認証業務に割ける時間がなくなったので不正を行った——というのが調査報告書の分析である。

スピード開発の導入は必然

だが、「短期開発だから不正が起きた」という見方は早計だ。なぜなら、開発リードタイムの削減を目指すスピード開発は、他の自動車メーカーも取り組んでいた施策だからである。スピード開発を実現すれば、市場(顧客)のニーズにいち早く応えることができ、クルマが売れる確率が高まるのだから当然だ。

そのため、各自動車メーカーはシミュレーションを駆使する、モジュラー設計(共通部品を多用する設計)を導入する、試作車を減らす、フロントローディング(開発設計のやり直しを防ぐ仕掛け)を実施するといった様々な策を講じて、特に派生車において大きな成果を上げていた。ミラ イースも軽自動車「ミラ」の派生車という位置づけである。

例えば、マツダはデジタル技術を活用した開発「マツダデジタルイノベーション(MDI)」に比較的早い段階から着手し、開発リードタイムの短縮の成果をメディアなどでアピールしていた。ダイハツ工業の親会社であるトヨタ自動車も「積極的に取り組み、開発リードタイムの短縮を実現していた」（元トヨタ自動車の開発設計者）。他社も進める中で、ダイハツ工業が短期開発を導入するのは自然な流れだ。

しかも、先の通り同社は軽自動車事業の赤字体質に苦しんでいた。比較的安価な軽自動車で利益を出すのは簡単ではない。事実、ＳＵＢＡＲＵ（当時は富士重工業）は２００８年に軽自動車の開発・生産から撤退している。むしろ、当時そのまま何も手を打たなければ、ダイハツ工業の軽自動車事業もジリ貧となっていた可能性は否めない。

問題は、短期開発を推し進めたことではなく、そのスピード開発に応えられる技術力をダイハツ工業が十分に備えていない点にあると見るべきだ〈＊１〉。

当然だが、開発リードタイムの短縮は、定められた開発プロセスの各要素を省略することではない。外観デザインの決定を含む開発設計業務から認証業務までの一連の開発プロセス全体を圧縮して、開発リードタイムを削減する必要がある。

＊１　ここでは絶対評価としてダイハツ工業の技術力が低いとは述べていない。同社の技術力は日本企業全体から見れば高いといえる。ここでは、自社が狙ったスピード開発の成果の高さに対し、相対的に技術力が追い付いていないという意味である。当然だが、開発リードタイムの短縮は、定められた開発プロセスの各要素を省略することではない。外観デザインの決定を含む開発設計業務から認証業務までの一連の開発プロセス全体を圧縮して、開発リードタイムを削減する必要がある。

見せ掛けの短期開発、そのからくり

ところが、ダイハツ工業は開発プロセス全体を短縮できず、本来は開発設計の完了を待って実施しなければならない認証業務を前倒しした（図8）。すなわち、ある時点から開発設計業務と並行して認証業務を進めて、開発の納期を順守したように見せ掛けたのだ。

その分かりやすい不正の事例が、「エアバッグのタイマー着火」である。法規は衝突試

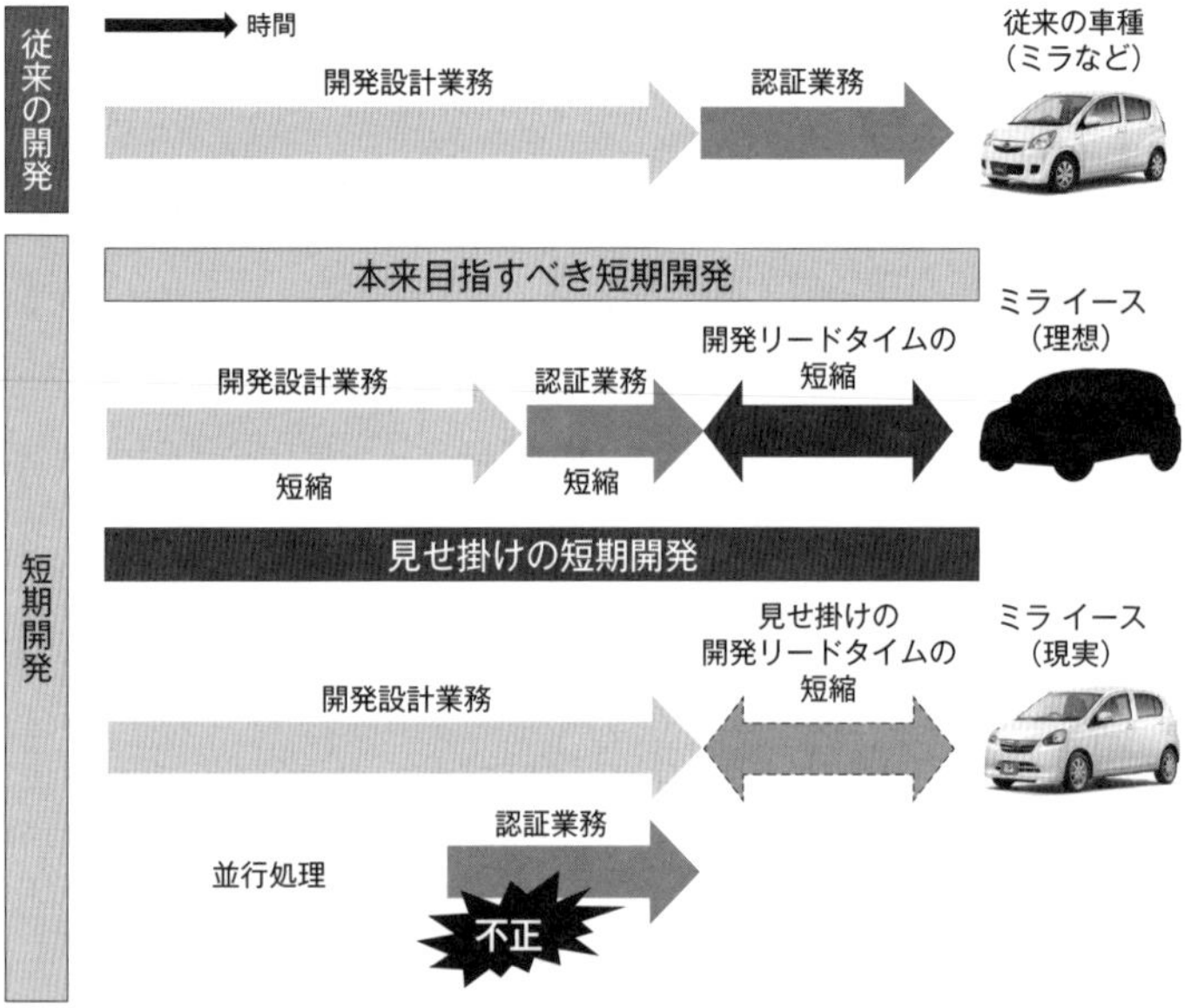

図8　見せ掛けの短期開発のからくり

自動車の開発は量産向け車両の開発設計を完了した後、認証業務を行う必要がある。本来目指すべき短期開発は、開発設計業務と認証業務の両方の時間を短縮し、狙った開発リードタイムに収めなければならない。ところが、技術力が不足していたダイハツ工業は開発設計業務を短縮できなかった。そのため、認証業務を前倒しし、開発設計業務と並行処理することで開発リードタイムを削減したように見せ掛けた。そして、前倒ししたために、開発設計が遅れた影響を受けることになった認証業務において不正を行ったと見られる。（出所：筆者、写真：ダイハツ工業）

験において「自力着火」を要求している。これは、衝突時の衝撃をセンサーで検知し、その信号をエアバッグ電子制御ユニット（ＥＣＵ）が判断して、エアバッグを作動させるものだ。これに対し、ダイハツ工業はエアバッグＥＣＵを使わずにタイマーによってエアバッグを作動させる不正を実施。そのデータを試験成績書に記載して認証申請を行った。

その理由は、エアバッグＥＣＵの開発が遅れたからだ。同ＥＣＵの開発が完了するのを待ってからこのエアバッグ試験を実施していては、開発の納期を守れなかった。そこで、「開発設計部門が過去の知見からエアバッグを開く時間を逆算し、その時間でタイマーを仕掛けるように認証部門に指示して不正な試験を実施させた」というのが、自動車メーカーで開発設計に従事した経験を持つ自動車系アナリストの見立てである。

なぜ、ダイハツ工業はこんな不正を行ったのか。その理由こそ、技術力が不足していたからにほかならない。元トヨタ自動車の開発設計者はこう証言する。

「我々は時間をかけて技術や知見を積み上げ、徐々に開発リードタイムの短縮を実現していった。これに対し、ダイハツ工業はどのようにしたら開発リードタイムを削減できるのかについて、ノウハウを含めた技術力を持っていなかった。にもかかわらず、急に大幅な時短を要求されたのだろう」と。

4 「トヨタの死角を突く」巧妙なごまかしの手口

ダイハツ工業の不正問題は、調査が長引いたことが特徴の1つだ。「内部告発」（トヨタ自動車の豊田章男会長）で発覚した側面衝突試験に関する不正の事実を公表した2023年4月28日から、第三者委員会の調査報告書が公表されるまでに8カ月もかかった。エンジン不正問題を抱えた日野自動車は5カ月で調査を終えた〈＊2〉。これと比べてダイハツ工業の不正調査は難航したと言える。

調査が長期化する中で起きた大きな事件といえば、人気車種の注文の取り消しだ。2023年10月14日、ダイハツ工業とトヨタ自動車は、SUVである「ロッキー」と「ライズ」のハイブリッド車（HEV）について、

＊2 ただし、日野自動車の調査報告書は過去の全ての不正を洗い出したものではない。これは同社が特別調査委員会に対して調査する過去の期間に制限を設けたため。従って、同委員会はエンジン不正が20年あまり続いていたと報告したが、正確にはいつから不正が始まったのかは明らかになっていない。

図9　ダイハツ車の「ロッキーHEV」（左）と、トヨタ車の「ライズHEV」（右）
2023年10月14日に、不正発覚前に受けていた注文の取り消しを決めた。（写真：ダイハツ工業およびトヨタ自動車）

不正発覚前に顧客から受けていた注文の取り消しを決めた（図9）〈＊3〉。両車種は社内調査で発覚したポール側面衝突試験の不正（同年5月19日に公表）を受け、出荷停止となった。出荷再開の見込みが立たないことから両社は販売を断念した。

「ダイハツならやりかねない」

その後、２０２３年12月20日に調査報告書が公表されたが、既に指摘した通り、第三者委員会の調査・分析は甘いと言わざるを得ない。現実には、このダイハツ工業の不正問題は、想像以上に根が深い。同社の開発設計の内情に詳しいトヨタ自動車の関係者はこう証言する。「不正発覚の報道を知り、ダイハツ工業ならやりかねないと思った」――。

この関係者は、トヨタ自動車がダイハツ工業に委託したあるユニット部品の開発に携わった経験を持つ。その際に直面したのが、ダイハツ工業の技術者による不正だ。

ある時、この関係者が性能に関する進捗を確かめたところ、ダイハツ工業の技術者から「既に設計目標

＊3　ロッキーはダイハツ工業の、ライズはトヨタ自動車の製品。いわゆる「兄弟車」で、トヨタ自動車とダイハツ工業が相手先ブランドによる供給契約・共同開発契約（ＯＥＭ契約）を結んで造ったクルマ。

値（目標とする性能）に達している」との報告を受けた。ところが、実現するには開発にかけた時間が短すぎる。そんな短期間で実現することはあり得ないと不審に思った関係者が、証拠となる試験データの提出を求めたところ、虚偽の報告だったことが判明したというのだ。

この一件から、関係者はダイハツ工業の報告をうのみにせず、逐一、試験データを提出してもらって確認することにした。それだけではない。開発設計プロセスの詳細まで報告させて、ダイハツ工業が主張するアウトプットが正しいか否かをチェックするようにしたという。関係者はこの問題をトヨタ自動車の上司にも報告。以降、このユニット部品を開発するトヨタ自動車の部門では、ダイハツ工業の不正体質が認識され、厳しい確認が行われるようになったという。

トヨタ自動車の「失敗」は、この時に認識した、ダイハツ工業の開発現場が不正体質に染まっている恐れがあるという情報を、他の部門に「横展開」しなかったことだ。全社的に共有されていれば、ボディー設計部門や品質保証部門なども危険性を把握でき、衝突試験不正を回避できた可能性がある。

このユニット部品では、たまたまトヨタ自動車の関係者が不正に気づいたが、他の部門は見逃した。その理由として考えられるのは、ダイハツ工業の技術者が巧妙に不正を行っていた可能性である。

トヨタ自動車の関係者によれば、開発設計の業務を委託する際に実現の可否を問うと、ダイハツ工業の技術者は「常に『できる』としか言わない」（同関係者）。ところが、実際には実現が困難だったり不可能だったりする業務もある。それを「トヨタ自動車の目の届かない範囲でごまかそうとする」（同関係者）

というのだ。
一体どういうことか。

「トヨタのチェックが甘い部分を狙う」

トヨタ自動車では、設計目標値に達成しているか否かを確認したり、問題の未然防止を図ったりするために、開発設計プロセスの節目でデザインレビュー（設計審査、以下ＤＲ）を実施する。同社のＤＲでは、報告した内容を裏付ける技術的な証拠（エビデンス）の添付が必須だ。例えば、試験データなどがそれに相当する。

だが、負荷や時間の関係から実際のＤＲではメリハリを付けるケースがある。前面に押し出す性能や技術的な難易度の高いところ、設計の変更点や変化点といった重要な部分を重点的に議論する一方で、それほどではない部分は議論を薄くしたり省略したりする場合もある。ダイハツ工業は、そうしたトヨタ自動車のチェックが甘い部分や見逃しがちな部分を狙って試験データなどをごまかす傾向があるのだという（図10）。

管理する側としては、専ら重要な領域の確認に注意が向くものだ。半面、そこまで重視していない部分、例えば、現行製品の流用設計のように従来通りで構わない領域については、委託先に任せたいというのが本音だ。ダイハツ工業の技術者は、トヨタ自動車側のそうした心理を巧みについていたと見るべきだろう。

ポール側面衝突試験は「典型例」

ロッキーHEVとライズHEVの注文をキャンセルに追い込んだ、ポール側面衝突試験（国連法規「UN-R135」）の不正は、その典型例と考えられる。

この試験では、電柱などを模擬したポール（直径254㎜）に対し、試験車両側面の運転席側と助手席側を32㎞／hの速度でぶつける。このとき、車内に乗せたダミー人

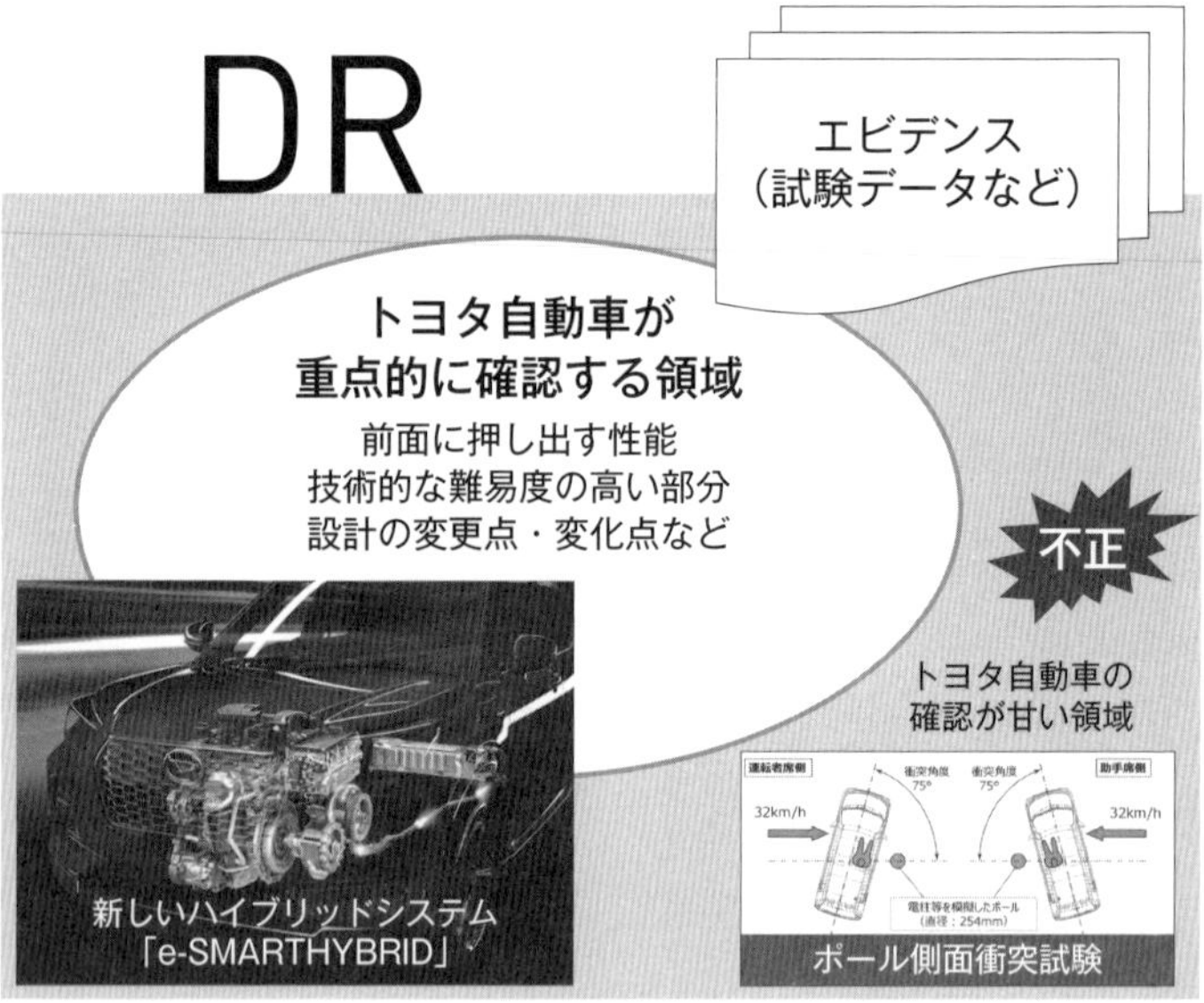

図10　不正が行われる可能性がある領域

楕円内がDRにおいてチェックが厳しい領域で、その周囲のグレーの部分がチェックが甘い領域。ダイハツ工業では、DRにおいてトヨタ自動車のチェックが甘い領域で不正が行われる傾向があるという証言が得られた。（出所：ダイハツ工業の写真および資料を基に筆者が作成）

形への衝撃値が一定以下であること、ドアが外れないこと、燃料漏れの量が一定値以下であることが求められる。

試験は、助手席側（左）と運転席側（右）の両方を実施する必要がある。試験回数は、それぞれの側で1度ずつ。すなわち、「一発勝負」で試験データを出し、法規の基準を満たさなければならない。

ここでダイハツ工業は、助手席側の試験を実施して試験データを取得した。そして、そのデータを運転席側にも使い回して認証申請用に提出した。「試験データは助手席側のものしか残っていない」（同社）という。

ポール側面衝突試験を左右の両方で実施するのは法規で定められている。当然、自動車メーカーにとっては必須であり、常識でもある。トヨタ自動車も、まさか助手席側の試験データを運転席側に流用するとは思いもしなかっただろう。ダイハツ工業の技術者は、トヨタ自動車のこうした死角を突いたと思われる。

というのも、ロッキーＨＥＶは、ダイハツ工業にとって乗用車として初の本格的なＨＥＶだったからだ。同社はトヨタ自動車の技術やノウハウも活用しながら、シリーズ方式のハイブリッドシステム「e-ＳＭＡＲＴ ＨＹＢＲＩＤ」を開発して搭載した。排気量が1・2Ｌで直列3気筒のガソリンエンジンを新たに開発して発電専用に使い、モーターだけで駆動する。日産自動車が展開する「e-ＰＯＷＥＲ」と同じタイプのハイブリッドシステムだ。

実は、これはトヨタ自動車にとっても新しい試みだった。方式が異なるからだ。トヨタ車が採用しているのは、シリーズパラレル方式のハイブリッドシステムだからである。トヨタ自動車のハイブリッドシステムをロッキーＨＥＶに流用しなかったのは、軽自動車への将来的な展開までを考えると、ダイハツ車にとってはコストが高すぎたためだろう。

ロッキーＨＥＶおよびライズＨＥＶの開発において、ダイハツ工業は開発設計のリソースを新しいハイブリッドシステムに集中的に投下したと見るのが自然だ。一方で、ライズＨＥＶの開発をマネジメントするトヨタ自動車の管理者の目も、当然、新しいハイブリッドシステムの性能や品質を確認することに集中したはずである。新たな方式のハイブリッドシステムの採用は、トヨタ自動車にとっては「変化点」だったからだ。

5　ポール側面衝突試験で偽装した理由

では、なぜダイハツ工業はポール側面衝突試験を助手席側だけに実施したのか。それは容易に想像がつく。試験した開発車が右ハンドル仕様だったからだろう。実際、不正があったのは国内市場向けのロッキーおよびライズのハイブリッド車（ＨＥＶ）だ。

自動車のボディーの強度や剛性は最終的には左右対称に仕上げるが、そもそもは左右で異なっている。それはダッシュパネルを見ると一目瞭然だ。ダッシュパネルは、エンジンルームと車室内の間の隔壁板である。国内市場向けのように右ハンドル仕様の場合、ステアリングコラムを取り付けるために大きな穴が開いている（図11）。そのため、「運転席側のほうが強度や剛性が低くなる」（トヨタ自動車のボディー設計者）。さらに言えば、エンジンの配置も左右対称にはなっていない。

そこで、ダッシュパネルの必要な箇所に「ビード（肉盛り溶接のような補強）を設けたり、ダッシュパネルの断面形状を工夫したり、インパネ（インストルメントパネル）ブレース（補強材）を追加したりして、強度や剛性が左右対称になるように補っていく」（トヨタ車体のボディー設計者）。これにより、車体の左右で同等の衝突性能を得られるようにするのである。

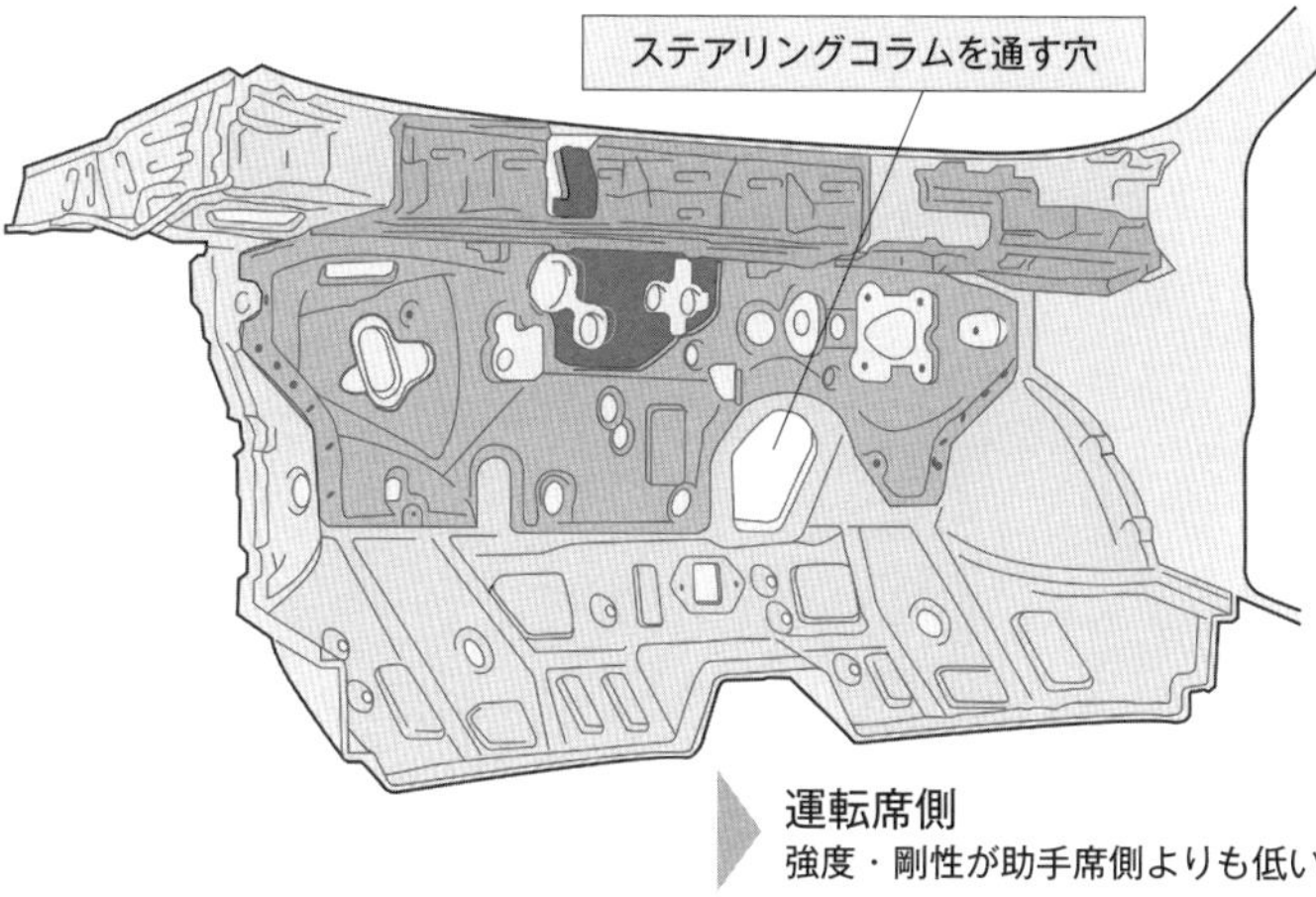

図11　ダッシュパネルのイメージ

運転席側（右）にステアリングコラムを通す穴が開いており、助手席側（左）よりも強度・剛性が低い。通常はここに補強を施して左右対称の強度・剛性に仕上げる。ところが、ポール側面衝突試験の「一発試験」に臨むに当たり、ダイハツ工業は十分な自信を持てなかった可能性がある。ただし、このイラストはロッキーHEVおよびライズHEVのダッシュパネルを基にしたものではない。（出所：トヨタ自動車の資料を基に筆者が作成）

不正を公表した1週間後（２０２３年5月26日）のダイハツ工業の発表によれば、ロッキーＨＥＶとライズＨＥＶは社内で試験を実施した結果、ポール側面衝突試験のデータが法規を満たしたという。この結果を踏まえると、さすがに同社も強度や剛性を左右対称にしようとする処置は行っていたようだ。

ただし、ボディーの強度や剛性にはばらつきがある。本来の開発設計では、強度や剛性のばらつきに関して上限値と中央値、下限値を評価し、最も不利な下限値であってもポール側面衝突試験に通るように十分な余裕度（マージン）を確保しなければならない。ダイハツ工業にはそこまでのリソースや時間がなかったか、もしくは自信がなかったのだろう。そこで、運転席側の試験データとして、より良い結果が得られる助手席側の試験データを使い回したのではないか——。

これがトヨタ自動車やトヨタ車体のボディー設計者への取材から考えられる、ダイハツ工業がポール側面衝突試験で不正を行った理由である。

問題と見るべきは、ダイハツ工業の技術者が「本当の事」を言えずに不正を選んでしまうことにある。トヨタ自動車からダイハツ工業へのＱＣＤ（品質、コスト、納期）に関する圧力が過大なのだろうか。

「できない」と言えばどうなるか

だが、圧力の大きさは不正を正当化しない。仮に圧力が大き過ぎるというのなら、それをトヨタ自動車側に伝えるべきだ。現に、「厳しいならそう言ってほしい。人や資金といった経営リソースに不足がある場合でも相談に乗る」という声がトヨタ自動車側からは上がっている。

ところが、現実はそう単純ではない。ダイハツ工業の技術者側の視点に立つと、複雑な事情が浮かび上がる。顧客企業との共同開発の受託経験もある経営コンサルタントはこう指摘する。「トヨタ自動車に対してダイハツ工業が『できる』としか言わないのは当然だ。彼らには『できない』と口にする選択肢はないはずである」と。

仮に、ダイハツ工業が「できない」と言えばどうなるか。全ての業務がトヨタ自動車の管理下に置かれる可能性がある。ダイハツ工業は「我々にはその仕事をこなすための実力がない」と宣言したのも同然だからだ。だからといって、トヨタ自動車が開発を諦めるわけにはいかない。従って、そうなった場合は、技術開発など創造的な部分はトヨタ自動車が担い、ダイハツ工業はトヨタ自動車が指示した通りに動くように強いられかねない。

逆に、ダイハツ工業が「できる」と言えばどうなるか。ダイハツ工業は「実力がある」「自信がある」と胸を張っているようにトヨタ自動車には聞こえて、ダイハツ工業への管理が多少緩む可能性がある。その分、ダイハツ工業にとっては業務の自由度が上がる。

要は、ダイハツ工業が「できる」と言うのは、「開発における自律性をできる限り確保したいからだろう」（前出の経営コンサルタント）。

トヨタ自動車は開発を委託する側で、ダイハツ工業は受託する側だ。この立場の違いで、捉え方がまるで違ってくる。開発をうまく進めるためにトヨタ自動車が「人も資金も支援する」と言っても、それを受けるダイハツ工業にとっては「その代わり、トヨタ自動車に全て従いなさい」というふうに聞こえるというわけである。

　実際には不可能なケースもあるのに、ダイハツ工業が「できる」としか言わず、結果、不正につながってしまう背景には、一筋縄ではいかないこうした実情があるのだ。だが、こうしたデリケートな「本音」をダイハツ工業側から聞き出すのは、トヨタ自動車にとっても第三者委員会にとっても簡単ではない。トヨタ自動車に対してダイハツ工業が本当の事が言えないのはなぜか、その真因の追究がいかに難しいかは、長い調査期間が証明しているのではないか。

　幸い、トヨタ自動車の佐藤恒治社長はこの点に気づいており、当初から細心の注意を払ってきたようだ。その証拠に2023年5月10日に開いた2023年3月期（2022年度）決算の会見で、この不正問題に関する質問にこう回答している（**図12**）。

図12　トヨタ自動車の佐藤恒治社長
2022年度通期決算の会見でダイハツ工業の衝突試験不正に関する質問に、不正が起きた原因について誰かを悪者にせず、環境に問題があるという考えを示した。（出所：筆者）

真因の追究が足りない

佐藤社長：不正自体はあってはならない。ただ、あってはならないことが起きてしまった原因があるはずだ。その根っこにある部分を見えるようにした上で、その芽をいかに摘んでいくかを考えなければならない。誰かのせいにしたり、誰かを悪者にしたりして終わるということでは全くない。自動車産業やクルマづくりのルールがある中で、不正をやろうとしてやる人は本来いないはず。でも、それが起きてしまう環境に問題があるのだろう。

我々が大事にしなければならないのは、行動で示すことだ。不正が起きてしまう原因は、誰か人に存在するのではなく、不正が起きてしまう、あるいは不正をせざるを得なくなってしまう仕組みや環境条件を突き止めていく。そのためには、本音を話してもらえるようになるまで我々も現場に行って会話をする。そして、相手の気持ちになって、なぜそれが起きてしまうのかを自分なりに考えて理解することが大切だ。それをやる中では、多くの人に今の状況を正しく伝えて、不安を取り除いてあげること。心理的安全性を担保した中で、改善に向けてみんなが思いを1つにできるようにすることが大切である――。

一方、ダイハツ工業もこう述べていた。「不正行為をせざるを得なくなった背景・環境・真因を徹底的に究明、改善・再発防止に取り組み、膿《うみ》を出し切ることで、二度と同じ過ちを繰り返さない会社へと変える決意で取り組んでいく。経営マネジメントは直ちに現場とのコミュニケーションをとり、本音で話のできる職場づくりに注力していく」と。

中途半端な調査で不正体質という膿を残せば、いずれ再発を招きかねない。今回の不正では単に認証試験の合否だけではなく、ダイハツ車およびトヨタ車の「安全・安心の根幹」が問われている。その意味において、この調査報告書では真因の究明が不十分だ。より厳しい目でさらに調査・分析を進める必要がある。

ダイハツ工業の品質への信頼性は創業以来、最大の危機に直面している。そして、トヨタ自動車には、自社ブランド車の開発を委託する子会社の難しい舵《かじ》取りが求められている。

第4章

日野自動車の不正の真相

発覚するや否や、自動車業界を震撼《しんかん》させたのが日野自動車の不正だ。「まさか、日本の自動車メーカーがそんなことをするとは」と世間も驚いた。その理由は、不正の対象が自動車の「心臓部」とも呼ばれるエンジンであり、しかも、その性能を司《つかさど》る開発設計分野において法令に背く行為が発覚したからだ。しかも、今なお性能が規制に未達で型式指定の再取得ができていないエンジンを同社は抱えている（2024年6月19日時点）。

日野自動車はなぜ、不正に手を染めたのか。その不正の真相に迫る。

1　日野自動車の不正、10の追究

日野自動車で発覚したのは、ディーゼルエンジン（以下、エンジン）の排出ガスおよび燃費に関する不正だ。同社は2022年3月4日に緊急会見を開催し、小木曽聡社長と下義生会長（当時）が謝罪した（図1）。同社は一体、どのような不正を犯したのか。まずは10の疑問に答える形で分かりやすく解説する。

Q1：不正の中身は？

Q2：不正なエンジンを搭載した車両は？
Q3：不正が発覚した経緯は？
Q4：悪質性の有無は？
Q5：いつから不正を行っていたのか？
Q6：不正が与える影響は？
Q7：なぜ不正を行ったのか？
Q8：他に不正はないのか？
Q9：出荷の再開はいつか？
Q10：経営陣の責任は？

↓

Q1：不正の中身は？

トラックやバスに搭載する車両用エンジンと建設機械などに使う産業用エンジンにおいて、排出ガス性能および燃費性能に関する不正に手を染めていた

図1　日野自動車の小木曽聡社長（左）と同社の下義生会長（当時、右）
（出所：筆者）

ことが発覚した。幅広い機種でさまざまな不正行為が見つかっており、まさにエンジンの量産メーカーとしての体を成していないと言うべき状態だ。不正の対象車両は64万台にも上る。

日野自動車が２０２２年3月4日に世間に公表するとともに国土交通省に報告した段階では、不正の対象は車両用エンジンの４機種のみだった。［１］小型エンジン「Ｎ０４Ｃ（尿素ＳＣＲ）」と［２］中型エンジン「Ａ０５Ｃ（ＨＣ-ＳＣＲ）」、［３］大型エンジン「Ａ０９Ｃ（尿素ＳＣＲ）」、［４］大型エンジン「Ｅ１３Ｃ（尿素ＳＣＲ）」の４機種で、「平成28年（２０１６年）排出ガス規制」（ポスト・ポスト新長期規制、Ｅ９規制）対象のエンジン――である。このうち、［２］の中型エンジンは排出ガス性能の不正が、［１］の小型エンジンと［３］および［４］の大型エンジンは燃費の不正が見つかった。なお、ここでＳＣＲは選択還元触媒、ＨＣは炭化水素のことだ。

具体的には、［２］の中型エンジンは、エンジンの法規認証（以下、認証）試験の１つである排出ガス性能の「劣化耐久試験」において、排出ガスの後処理装置である「第2マフラー」を途中で不正に交換して試験を行った。第2マフラーは窒素酸化物（NO_X）浄化用触媒のこと。エンジンの排出ガスに含まれるNO_Xを窒素（N_2）と水（H_2O）に変えて浄化（無害化）する装置である。未燃焼の炭化水素（ＨＣ）や燃料から分解生成したＨＣを還元剤として使う。

開発設計者は、劣化耐久試験の過程で、排出ガスの浄化性能が劣化し過ぎて、そのままでは規制を満たさないと認識していた。実際、再試験の結果、経年変化によって排出ガスの規制値を超過する可能性があると判明した。

［１］の小型エンジンと［３］と［４］の大型エンジンは、エンジンの認証試験における燃費測定において、燃料流量計を不正に操作した。測定装置の操作パネルから、燃料流量の校正（キャリブレーション）値を燃費に有利に働く数値に意図的に操作していた。技術的な検証から、実際の燃費が諸元値（カタログ値）を満たしていないことも判明した。

幅広い機種で様々な不正が発覚

その後、日野自動車は特別調査委員会を立ち上げ、さらに詳細な調査を進めた。その結果、広範な機種を対象に、様々な不正がまん延していることが分かった。

まず、（１）車両用エンジンの劣化耐久試験では、Ｅ１３Ｃ（尿素ＳＣＲ）において試験データの改ざん、劣化補正値の不当な調整、量産時とは異なるエンジン制御プログラムの使用、劣化補正値の算出における排出ガスの測定回数の不足などの不正行為があった。

Ａ０９Ｃ（尿素ＳＣＲ）では、試験データの改ざん、法規が定める測定点で測定せずに法規上必要な回数をまとめて測定、試験中に部品交換したにもかかわらず必要な手続きを経ずに試験を継続、劣化補正値の算出における排出ガスの測定回数の不足などの不正行為が見られた。

Ａ０５Ｃ（尿素ＳＣＲ）とＡ０５Ｃ（ＨＣ-ＳＣＲ）では、法規が定める測定点で測定せずに開発時点で取得したデータや他の測定点でのデータを使用、劣化補正値の算出における排出ガスの測定回数の不足などによる不正行為が発覚した。

Ｊ０５Ｅ（尿素ＳＣＲ）では、劣化補正値がゼロとなるように調整、劣化補正値の算出における排出ガスに関する測定回数の不足などの不正行為が判明した。

Ｎ０４Ｃ（尿素ＳＣＲ）では、試験中に部品交換したにもかかわらず必要な手続きを経ずに試験を継続、劣化補正値の算出における排出ガスの測定回数の不足などの不正行為があった。

Ｎ０４Ｃ（ＨＣ-ＳＣＲ）では、劣化補正値の算出における排出ガスの測定回数の不足などの不正行為が見られた。

続いて、（２）産業用エンジンの劣化耐久試験では、Ｅ１３Ｃ-ＹＭ（尿素ＳＣＲ）において試験中に部品交換したにもかかわらず必要な手続きを経ずに試験を継続、法規が定める各測定点で複数回の測定を実施した上で恣意的に数値を選択、法規が定める測定点以外の測定結果を法規が定める測定点での測定結果として流用、量産時とは異なるエンジン制御プログラムの使用といった不正行為が発覚した。

Ｊ０８Ｅ-ＹＤ（尿素ＳＣＲ）では、試験データの改ざんと、測定結果のうち選択しなかった測定結果についてその理由を当局に説明しなかったという不正行為が判明した。

Ｊ０５Ｅ-ＶＢ・ＶＡ（尿素ＳＣＲ）では、試験データの改ざんと、測定結果のうち選択しなかった測定結果についてその理由を当局に説明しなかったという不正行為があった。

Ｅ１３Ｃ-ＹＳ（尿素ＳＣＲ）では、試験データの改ざん、試験中に部品交換したにもかかわらず必要な手続きを経ずに試験を継続、再生試験における連続運転回数の不足、法規が定める各測定点で複数回の測定を実施した上で恣意的に数値を選択、法規が定める測定点以外の測定結果を法規が定める測定点での測定結果として流用、量産時とは異なるエンジン制御プログラムの使用という不正行為が見られた。

Ｐ１１Ｃ-ＶＮ（尿素ＳＣＲ）では、試験データの改ざん、再生試験における連続運転回数の不足、劣化補正係数の算出における架空の数値の使用、量産時とは異なるエンジン制御プログラムの使用という不正行為が発覚した。

Ｊ０８Ｅ-ＶＶ・ＷＶ（尿素ＳＣＲ）では、試験データの改ざん、試験中に部品交換したにもかかわらず必要な手続きを経ずに試験を継続、再生試験における連続運転回数の不足、測定結果のうち選択しなかった測定結果についてその理由を当局に説明していないという不正行為が判明した。

Ｊ０５Ｅ-ＵＭ・ＵＮ（尿素ＳＣＲ）では、試験データの改ざん、試験中に部品交換したにもかかわらず必要な手続きを経ずに試験を継続、再生試験における連続運転回数の不足、測定結果のうち選択しなかった測定結果についてその結果を当局に説明していないという不正行為があった。

次に（３）車両用エンジンの燃費性能試験では、Ｅ１３Ｃ（尿素ＳＣＲ）とＡ０９Ｃ（尿素ＳＣＲ）において、燃料流量計の不正操作（校正値の変更）に基づく燃費測定という不正行為が見つかった。

Ｎ０４Ｃ（尿素ＳＣＲ）では、モータリングからアイドリング移行時の燃費測定と、都合の良い測定結果のピックアップという不正が発覚した。

そして、これらのうち道路運送車両の保安基準や諸元値を満たさないのに出荷していたという不正も見つかっている。まず、①排出ガス性能が保安基準に不適合であるにもかかわらず出荷を継続していたのが、Ｅ１３Ｃ（尿素ＳＣＲ）とＡ０５Ｃ（ＨＣ-ＳＣＲ）、Ｅ１３Ｃ-ＹＳ（尿素ＳＣＲ）、Ｅ１３Ｃ-ＹＭ（尿素ＳＣＲ）、Ｐ１１Ｃ-ＶＮ（尿素ＳＣＲ）。

そして、②燃費性能が諸元値に未達であるにもかかわらず出荷を継続していたのが、Ｅ１３Ｃ（尿素ＳＣＲ）とＡ０９Ｃ（尿素ＳＣＲ）、Ｎ０４Ｃ（尿素ＳＣＲ）である。

→Ｑ２：不正なエンジンを搭載した車両は？

車両用エンジンでは、以下の通りとなっている。まず、小型エンジンＮ０４Ｃ（尿素ＳＣＲ）を搭載したのは、小型バス「リエッセⅡ」とトヨタ自動車の小型バス「コースター」。同じくＮ０４Ｃ（ＨＣ-ＳＣＲ）を搭載したのは、小型トラック「デュトロ」とトヨタ自動車の小型トラック「ダイナ」である。

続いて、中型エンジンＡ０５Ｃ（尿素ＳＣＲ）を搭載したのは、中型トラック「レンジャー」と、大型観光バス「セレガ」といすゞ自動車の「ガーラ」、中型バス「メルファ」といすゞ自動車の「ガーラミオ」、大型路線バス「ブルーリボン ハイブリッド」といすゞ自動車の「エルガ ハイブリッド」だ。同じくＡ０５Ｃ（ＨＣ-ＳＣＲ）を搭載したのはレンジャー、Ｊ０５Ｅ（尿素ＳＣＲ）を搭載したのは小型バス「ポンチョ」である。

そして、大型エンジンＥ１３Ｃ（尿素ＳＣＲ）を搭載したのは、大型トラック「プロフィア」と、セレガとガーラだ。同じくＡ０９Ｃ（尿素ＳＣＲ）を搭載したのは、プロフィアとセレガ、ブルーリボンハイブリッド連節バスといすゞ自動車「エルガデュオ」である。

なお、産業用エンジンについては、主に建機メーカーに供給されて搭載されている。

→Ｑ３：不正が発覚した経緯は？

社内の調査で判明した。内部告発（公益通報）ではない。２０１８年11月、日野自動車の社員が、米国市場向け車両エンジンについて、米国法規に照らし合わせて排出ガスに関する認証のステップを確認したところ、おかしな点があると気づいた。この報告を受けた同社は、下義生社長（当時）をリーダーとした総点検を開始。米国では弁護士を起用して本格的な調査に着手した。

この総点検において、念のために法規と認証のステップが異なる日本でも調査を進めたところ、日本市場向け車両用エンジンでも不正が発覚した。

→Ｑ４：悪質性の有無は？

率直に言って、かなり悪質と言える。試験中に不正を行っておきながら排出ガスの規制を満たしたと偽ったことについては、２０１５年に発覚した「ディーゼルゲート」、すなわちドイツＶｏｌｋｓｗａｇｅｎ（フォルクスワーゲン、ＶＷ）が起こしたディーゼルエンジン車（乗用車）の排出ガス不正事件を彷彿《ほうふつ》とさせる。ＶＷは米環境保護局（ＥＰＡ）の排出規制を不正に回避するソフトウエア「ディフィートデバイス（無効化装置）」をエンジン制御システムに仕込んでいた。

中でも、日野自動車の不正行為で悪質さが際立つのは2点ある。１つは、劣化耐久試験において、排出ガスの後処理装置（第2マフラー）を途中で不正に交換して試験を行った点。もう1つは、試験用電子制御ユニット（ＥＣＵ）プログラム（試験用ＥＣＵプログラム）を不正に使用した点だ。

法規は、量産用ＥＣＵプログラム以外を認めていない。すなわち、劣化耐久試験と立ち会い認証試験、量産において同一のＥＣＵを使用しなければならない。ところが、日野自動車は量産用ＥＣＵプログラムを劣化耐久試験や試験用ＥＣＵプログラムから変更した。すなわち、量産用ＥＣＵプログラムとは異なるＥＣＵプログラムを使って試験を通過したということだ。これは豊田自動織機でも見られた不正である。

一方、燃費不正については、２０１６年4月に三菱自動車で、同年5月にスズキで発覚した燃費不正と同じ構図だ。三菱自動車とスズキは走行抵抗値の操作、日野自動車は燃料流量計の校正値の操作と、３社が採った手法は異なるものの、実力以上の低燃費を装った点では変わらない。

問題は、エンジンに関するこれらの不正が世界中を騒がせる大きなニュースになったにもかかわらず、日野自動車が不正を改めるどころか、嘘をついてまで隠蔽を続けてきたことにある。三菱自動車による燃費不正が明らかになった直後、国土交通省が各自動車メーカーに指示した調査に対し、日野自動車は「不正を含めた問題はない」と同省に報告した。その時、同社は既に10年以上不正を続けていた。

日野自動車によるこうした虚偽報告と一連の不正により、顔に泥を塗られる形となった国土交通省は「極めて悪質、かつ、ずさんなもの」と断じている。

→Q5：いつから不正を行っていたのか？

少なくとも２００３年から日野自動車は不正に手を染めていた。従って、20年近く不正を続けていたことになる。

日野自動車が劣化耐久試験を初めて取り入れたのは、２００３年に適用が開始された平成15年排出ガス規制（E6規制）のタイミングだ。ここで同社は8種類の不正を重ねて規制をクリアしたと偽った。

以降、2005年に適用開始の平成17年排出ガス規制（E7規制）でも、2009年に適用開始の平成21年排出ガス規制（E8規制）でも8種類の不正を行っている。そして、現行の規制、すなわち2016年に適用開始の平成28年排出ガス規制（E9規制）においてさえ、小型エンジンから大型エンジンまで1～4種類の不正を行っている。

つまり、劣化耐久試験を開始したE6規制以降、日野自動車では不正が続いているということだ。しかも、実際の不正継続期間はもっと長い可能性もある。日野自動車から調査を委嘱された特別調査委員会は、調査期間には限界があり、全ての不正を調べてはいないと説明しているからだ。

→Q6：不正が与える影響は？

まず、2022年3月29日に国土交通省がN04C（尿素SCR）とA05C（HC-SCR）、A09C、E13Cの4機種の車両用エンジンの型式指定を取り消した。このうち、A05C（HC-SCR）では排出ガスに関する規制値の超過が見つかった。他は燃費性能が諸元値を満たさなかった。

これにより、日野自動車は対象のエンジンを搭載した車両を生産・販売できなくなった。対象台数は年間で約2万2000台。これは日野自動車の国内における年間販売台数の35％にも達する。

排出ガス不正が見つかった中型エンジンを載せた中型トラックであるレンジャーについてはリコールを

実施。対象は２０１７年４月～２０２２年３月に生産していた約４万７０００台だ。不正発覚前における日野自動車の年間のグローバル生産台数は「約16万台」（同社）のため、リコールの規模はその１／４を超える。

さらに、燃費不正によって税制優遇が得られなくなった顧客の車両については、税金の支払いの追加分を日野自動車が納付することとなった。

株式市場にも大きな負のインパクトを与えた。不正が報じられた２０２２年３月４日に、株価は約15％も急落。同月９日には４割を超える下落となった。

続いて、同年８月２日に日野自動車は、基準不適合が判明したエンジンの出荷を停止した。車両用エンジンはＥ１３Ｃ（尿素ＳＣＲ）とＡ０９（尿素ＳＣＲ）で、産業用エンジンはＥ１３Ｃ-ＹＳ（尿素ＳＣＲ）とＥ１３Ｃ-ＹＭ（尿素ＳＣＲ）、Ｐ１１Ｃ-ＶＮ（尿素ＳＣＲ）である。このうち、Ｅ１３Ｃ（尿素ＳＣＲ）とＥ１３Ｃ-ＹＳ（尿素ＳＣＲ）、Ｅ１３Ｃ-ＹＭ（尿素ＳＣＲ）、Ｐ１１Ｃ-ＶＮ（尿素ＳＣＲ）で、新たに排出ガスに関する規制値の超過が発覚した。

これを受けた国土交通省は、まず同年９月９日に日野自動車に対して道路運送車両法に基づく是正命令を発出。さらに同月22日には、Ｅ１３Ｃ-ＹＳ（尿素ＳＣＲ）とＥ１３Ｃ-ＹＭ（尿素ＳＣＲ）、Ｐ１１Ｃ-ＶＮ（尿素ＳＣＲ）の産業用エンジン３機種の型式指定を取り消す処分を下した。

これらにより、日野自動車の業績は著しく悪化した。同社は２０２２年３月期に約４００億円の特別損失を計上。純損失は８４７億円と、リーマン・ショックを超える過去最大の赤字となった。さらに翌年の２０２３年３月期には純損失が１１７７億円にまで膨らんだ。また、米国とオーストラリア、カナダでは集団訴訟を起こされ、このうち米国では約３５０億円を支払って和解。日野自動車はこれに関連して３６４億円を２０２４年３月期に特別損失として計上している。

さらに、２０２３年5月30日に発表した、日野自動車と三菱ふそうトラック・バスの経営統合に関する基本合意も、日野自動車にとっては不正によって生まれた大きな変化と言えるだろう。ただし、２０２４年2月29日に、この経営統合は時期が延期された。当初は２０２４年12月末までにという計画だったが、延期の時期は明らかになっていない。

→Q７：なぜ不正を行ったのか？

日野自動車は、数値目標の達成に対するプレッシャーが過大だったことや、開発リードタイムが短すぎた点が背景にあると見ている。加えて、「内向きで保守的な組織風土も相まって、１人ひとりが当事者意識と一体感をもって仕事に取り組むことができない状態に陥ってしまっていた。会社組織としての業務マネジメントの意識・仕組みも十分ではなく、経営の責任は重大であると認識している」と同社は語った。

燃費の不正では、販売競争の上で有利になる、優遇税制を受けられる低燃費を必達目標としたことが、開発設計現場への大きな圧力の１つになったと見られる。また、中型エンジンでは、特に「日程的に非常に厳しい中で、適正に対応し切れていなかった」と同社は反省している。

組織・管理面では、エンジンの認証部門が独立しておらず、開発設計と同じ部門で業務をこなしていた点に問題がある。すなわち、牽制《けんせい》機能の不備だ。例えば、トヨタ自動車は開発設計部門と認証部門が分かれている。この重大性に気づいた日野自動車は、より明確に品質を司《つかさど》る品質本部に認証部を設置し、２０２１年３月以降は開発業務と認証業務を分けて運用している。

ただし、いずれも真因（問題を引き起こした本当の原因）に踏み込んでいるとは言えない。不正の動機に迫れていないからだ。真因は性能を満たせない技術力不足にあり、それでも出荷したいという思いが不正を許容した。プレッシャーや風土は不正を生み出す機会や正当化に過ぎない。

→Q8：他に不正はないのか？

特別調査委員会は、調査報告書を日野自動車や国土交通省に提出するまでに約５カ月もかけている。３００ページあまりの大作だ。ただし、同委員会は日野自動車から依頼されて調査を行っており、調査期間はある期間に限定されている。従って、先述の通り、調査報告書では２００３年以降の不正については調査しているが、それ以前については不正の有無を検証していない。

しかも、２００３年以降の分の調査についても抜けや漏れがあった。調査結果を報告した後の２０２２年8月3日から9月8日にかけて日野自動車に断続的に立ち入り検査を実施した国土交通省から、新たに小型エンジンＮ０４Ｃ（ＨＣ-ＳＣＲ）でも不正があったと指摘されたからだ。（１）劣化耐久試験の各測定点において排出ガス測定を2回以上行う必要があるのに対し、測定回数が不足している測定点があった、（２）劣化補正値の算出の際に、それらの測定データを使った算出が求められるのに対して、各測定点で1回分の測定データで算出していたこと――が判明したのだ。

時間をかけて綿密に調査し、しかも調査委員には「技術知見のある専門家」（調査報告書）がいたはずなのに、国土交通省から追加で不正の指摘を受けたという事実を踏まえると、他に不正はないと言い切ることはできない。

なお、追加で判明したこれらの不正を受け、小型トラックのデュトロも出荷停止となり、国内市場向けのトラック・バスのほぼ全てが出荷停止となった。

なお、小木曽社長は国土交通省から追加の不正を指摘された後、「現時点では他に不正はないと考えている」と語った。

→Ｑ９：出荷の再開はいつか？

一連の不正により、日野自動車は国内市場で小型から大型までほぼ全車種のトラック・バスの出荷ができなくなった。ただし、国土交通省が排出ガスが規制値を満たす、また燃費が諸元値（カタログ値）を満たすと認めた車両から出荷再開を認めることとなった。

主力車種ではまず、２０２２年9月に小型トラックのデュトロと中型トラックのレンジャーの一部が出荷を再開した。このレンジャーはＡ０５Ｃ（尿素ＳＣＲ）を搭載したタイプだ。

続いて、２０２３年2月15日に大型トラックのプロフィアの出荷を再開。ただし、これは２０２３年１月に型式指定を再取得したＡ０９Ｃ（尿素ＳＣＲ）を搭載した車種で、Ｅ１３Ｃ（尿素ＳＣＲ）型を載せた車種は型式指定が取り消されたままだ（２０２４年6月19日時点）。

そして、今なお中型エンジンＡ０５Ｃ（ＨＣ-ＳＣＲ）と大型エンジンＥ１３Ｃ（尿素ＳＣＲ）の型式指定が取り消されたままとなっている（２０２４年6月19日時点）。これらについては、２０２４年2月に劣化耐久試験を開始すると日野自動車は説明した。うまく進めば、同年中に国土交通省に型式指定の再取得申請ができるかもしれない。

↓Q10：経営陣の責任は？

下会長（当時）は「ものづくりメーカーとしてあってはならないと認識。経営の責任は大変重いと考えている」と回答。再発を防ぐには社内の徹底的な改革が足りないと認識しており、外部の有識者による調査を行って、信頼できる企業になるために目の前のことをしっかりやっていく責任があると語った。なお、日野自動車は２０２２年４月18日に下会長の退任を発表し、同年６月に退任した。これについて同社は「任期満了に伴う退任」と説明したが、実質的に引責辞任と見るべきだろう。

同年10月には、日野自動車のプロパー（生え抜き）である取締役３人が経営責任をとって退任。技術開発を担当する専務役員も辞任した。

一方、小木曽社長はトヨタ自動車から日野自動車に転じた新任社長だったため留任。報酬の50％の減額を６カ月受けることとなった。同社長は不正発覚後、これを明確な「法令順守違反」と認識。「重く受け止めた責任は、そうした対応（真因の追究）に総力を尽くす」ことで果たしたいと語った。

2 不正の誘因、いすゞ自動車との差に焦りか

では、一体なぜ、日野自動車はこうした不正に手を染めたのか。ここからは詳細な取材から突き止めた不正の真相について明らかにしていく。

「話にならない。トヨタ自動車と切り離せと言いたいぐらいだ」——。日野自動車で発覚したエンジンの排出ガスおよび燃費不正（**図2**）。トヨタ自動車の関係者（以下、関係者）からは辛辣な言葉が飛ぶ。あるトヨタ自動車出身者は、ＶＷの排出ガス不正や三菱自動車とスズキによる燃費不正を引き合いに出し、「悪質さは変わらない。むしろ、それらから何も学んでいないことに日野自動車の病状の深刻さが表れている」と一刀両断だ。

日野自動車が不正の事実を公表するや否や、トヨタ自動車はこうコメントした。「トヨタグループにとって法令順守は経営

図2　中型エンジンA05C（HC-SCR）（左）と大型エンジンA09C（右）

A05C（HC-SCR）の排気量は5L。中型トラック「レンジャー」に搭載した。排出ガスが規制値を超過する。一方、A09Cの排気量は9L。大型トラック「プロフィア」に載せた。燃費性能が諸元値を満たしていなかった。（写真：日野自動車）

の根幹。今回、日野自動車が信頼を損なう行為をしたことは遺憾だ。ただ、日野自動車は子会社ではあるが上場企業で独立して運営しているため、まずは同社が責任をもって速やかに原因を解明して再発防止に向けて万全に取り組むべきだ。トヨタ自動車は親会社としてその取り組みをできる限り支援する」と。

親会社としての責任を感じつつも、日野自動車の経営の独立性を尊重して冷静さを保っているようにも感じるが、このコメントを額面通りに受け取った関係者は少ない。「我が子に裏切られたようなもの。トヨタ自動車の上層部は怒り心頭に発しているだろう。日野自動車にトヨタ自動車から人を送り込み、そこまでやるかというほど厳しい措置を講じるはずだ」（関係者）という見方が大勢だった。

車検不正に続く法令順守違反

トヨタ自動車が「できる限り支援する」というのは、同社にとって日野自動車が重要な子会社だからである。2001年にトヨタ自動車は、日野自動車の第三者割当増資を引き受け、発行済み株式の過半数を取得した。これにより、日野自動車はトヨタ自動車の子会社となった。経営リソース的に、トヨタ自動車は軽自動車と中型以上のトラックやバスを造らない。そのため、日野自動車は実質的にトヨタ自動車の商用車部門の位置付けにある（図3）。

それだけではない。トヨタ自動車には、日野自動車が子会社であるという理由以上に危機感を抱いていたものがあった。それは、イメージの悪化だ。というのも、２０２１年3月以降、系列を含むトヨタ自動車の販売店で車検不正が発覚していたからだ。この車検不正問題がまだ完全に収束していないにもかかわらず、今度は子会社において再び法令順守違反が発生した。不祥事が連続したことで、「トヨタ自動車は本当に大丈夫なのかと疑う顧客が増えかねない。販売面に負の影響を及ぼさないように、トヨタ自動車は不正に対してこれまで以上に厳しい姿勢を見せる必要がある」（関係者）というわけだ。

　発覚したらトヨタ自動車を怒らせることは当然、日野自動車は分かっていたはずだ。それなのに、なぜ日野自動車は不正に手を染めたのか。これまで不正を犯した他の日本企業と同様に、日野自動車にも不正を誘発する原因があったと考え

図3　トヨタ自動車の小型バス「コースター」

日野自動車の小型エンジンN04C（尿素SCR）を搭載しており、燃費が諸元値を満たさないことが判明した。同社の不正問題がエンジンの供給先へ波及する形となった。（写真：トヨタ自動車）

られる。

ライバルのいすゞ自動車との差

まず、業績の低下だ。それは、競合するいすゞ自動車と比較すると見えてくる。2014年度から2016年度の期間の業績を調べると、連結売上高で日野自動車はいすゞ自動車にリードを許している。その差は1～2割未満といったところだ。そして、両社の実力の差がより鮮明になるのは、営業利益率の比較である（**図4**）。

2014～2016年度を見ると、両社とも営業利益率を下げているが、いすゞ自動車は7・5～9・1％と比較的高い数値を維持している。これに対し、日野自動車の営業利益率は、2014年度にはかろうじて6％を超えていたが、2015年度にそれを

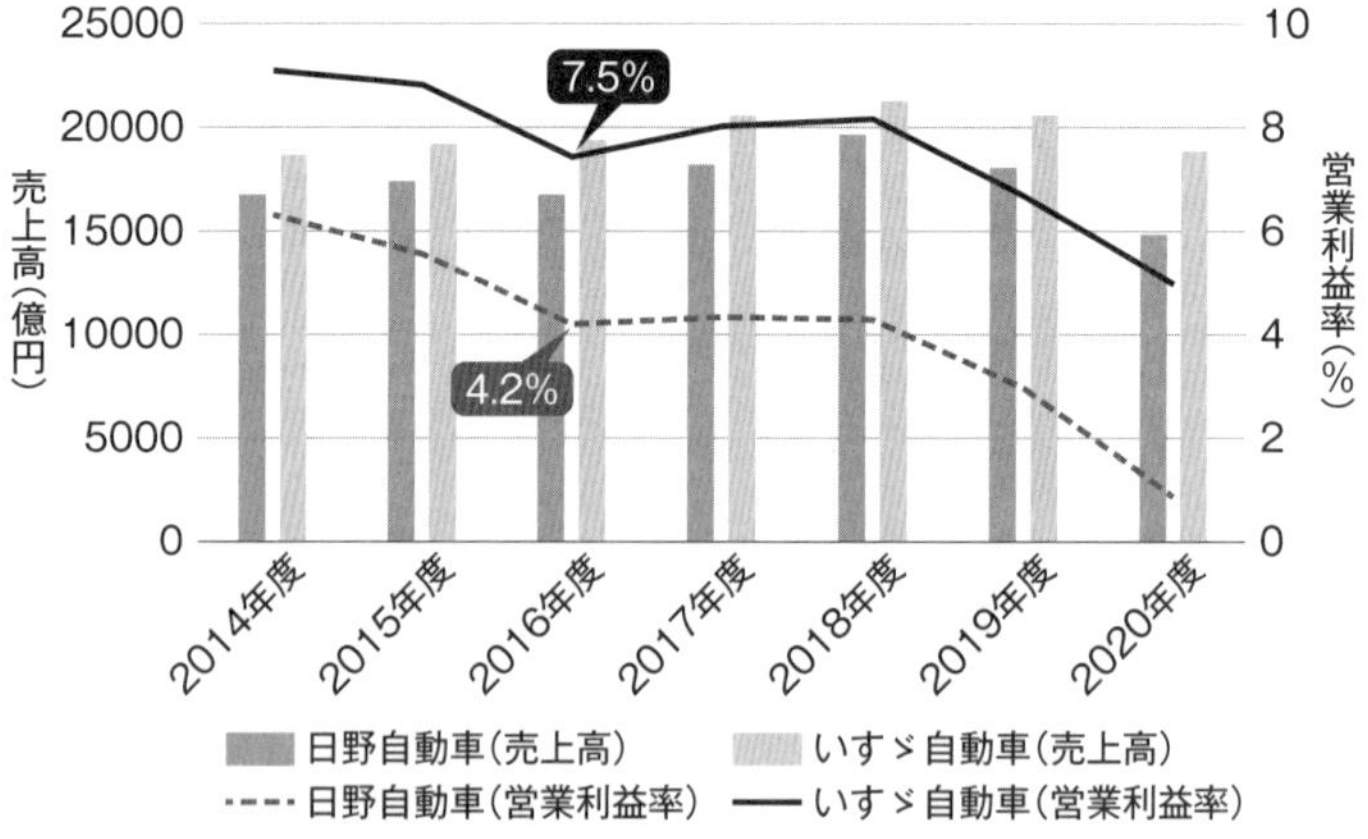

図4　日野自動車といすゞ自動車の業績の比較

2014年度以降を見ると、連結売上高でも営業利益率でも日野自動車はいすゞ自動車を下回っている。（出所：両社の資料を基に筆者が作成）

割り込み、2016年度には4・2%まで沈んだ。「持続的な成長を考えると、営業利益率は8%以上が望ましい。だが、乗用車と比べて生産台数が少ない商用車では6%もあれば御の字だろう」（トヨタ自動車OB）。

この評価に基づくと、持続的成長に向けて好業績をキープしたいすゞ自動車に対し、日野自動車の業績には黄信号が灯《とも》ったという見方ができる。

いすゞ自動車は比較的小型トラックに強く、日野自動車は大型トラックに強いという違いがある。日野自動車と比べて、いすゞ自動車の営業利益率が高い要素としては「ピックアップトラックと産業用エンジンの事業の存在が考えられる」（いすゞ自動車）という。2021年度のいすゞ自動車の年間の生産台数は「グローバルで72万台。このうち、ピックアップトラックが37万台」（同社）。これに対し、日野自動車の年間の生産台数は「世界で約16万台」（同社）にとどまっている。

日野自動車は黒字こそ維持していたものの、下落傾向にあった上に、ライバルのいすゞ自動車に営業利益で大きく水をあけられていた。「業績向上のために原価低減や経費削減が叫ばれる中、日野自動車はいすゞ自動車と比べてエンジンの開発に十分な経営リソースを割くことができなかったのではないか」（トヨタ自動車OB）。

日野にとって特別だった「2017年」

おまけに、営業利益率が下落したこの時期は、日野自動車にとって大切なタイミングだった。看板車種のモデルチェンジを控えていたからだ。しかも、2車種を同時にモデルチェンジするという野心的な時期と重なっている。実際、2017年に同社は中型トラックのレンジャーを16年ぶりに、大型トラックのプロフィアを14年ぶりに刷新し、それぞれ6代目の新型車、3代目の新型車として発売した（図5）。4年ごとに新型車に切り替えることが多い乗用車とは異なり、トラックはモデルチェンジまでの期間が長く、同じモデルを10年以上も販売し続けるのは珍しくない。

逆に言えば、モデルチェンジでの失敗は決して許

図5　2車種の新型車を発表した2017年4月5日のリリース

16年ぶりの新型レンジャー（写真左）と14年ぶりの新型プロフィア（同右）を同年に発売した。開発設計現場に大きな負担がかかっていたと推測できる。（出所：日野自動車のプレスリリースを基に筆者が作成）

されないということだ。自動車メーカーが新型車を開発する際には、通常、あらゆる機能や性能で既存の競合車種を上回ることを求められる。日野自動車の開発設計現場は、恐らくは業績の低下から開発費や人員といった経営リソースが抑えられる中で、競合をしのぐ開発を進めながら、なおかつ「平成28年排出ガス規制」（ポスト・ポスト新長期規制、Ｅ９規制）に対応しなければならないという厳しい条件まで課せられた。ＣＡＳＥ（コネクテッド、自動運転、シェアリング、電動化）が提唱されたのも２０１６年のことで、日野自動車も電動化などの開発に本腰を入れ始めていた。そのための人員がエンジンの開発設計現場から引き抜かれた可能性もある。

さらに言えば、２０１７年は久々に日野自動車の生え抜きの社長が誕生した年だった。トヨタ自動車の子会社となった２００１年以降、日野自動車の社長の椅子は、トヨタ自動車出身者の指定席となっていた。トヨタ自動車の副社長から転じた蛇川忠暉氏から始まり、４代の社長がトヨタ自動車出身者で占められてきたのだ。それが16年ぶりに、日野自動車出身の下義生氏が社長に就任することになったのである。

つまり、２０１６年時点の日野自動車の開発設計現場については、久々の生え抜き社長を迎えようとする中で、２車種同時のモデルチェンジを成功させて、ライバルと比べて低水準に甘んじている業績を回復させることが求められていた、という姿が見えてくる。

ここで着目したのは限られた期間だが、それでも日野自動車には過大なプレッシャーがかかっており、不正の誘因になったであろうことは想像に難くない。

トヨタ主導の厳しいスキーム

不正の再発防止に向けて、日野自動車が厳しい対応を迫られるのは必至だ。トヨタ自動車から送り込まれた人材が指揮を執り、日野自動車社内を徹底的に調査して真因を見いだして、再発防止策をきっちりと出すように指導するだろう。これが、関係者に共通する見方である。ここではスピードと厳しさが求められる。

ある関係者は日野自動車の「風通しの悪さ」を指摘する。「日野自動車の体質が心配だ。上司に物を言えず、言われたことにそのまま従う社員が多いのではないかと感じていた」と。

「技術者はかわいそうだ」（関係者）という声もある。技術者には本来、自ら不正を働く動機はないからだ。物理的に不可能なことを命じられても、できないものはできない。ここで、この関係者は「本来は部長が、無理難題を突き付けた役員に反論するなど適切な対応をすべきだったが、その役割を怠ったのではないか」と見る。

日野自動車は、数値目標達成のプレッシャーが過大だったことや、開発のリードタイムが短すぎたことが不正の原因と説明する。それならば、幹部社員や役員は開発設計現場の率直な意見に耳を傾け、モデルチェンジの期間を少し延ばしたり、2車種のモデルチェンジの時期をずらしたりすればよかったのではないか。例えば、「足元の数年は〝意志ある踊り場〟と捉えて営業利益率は3〜4％程度でしのぎ、5年先、10年先に業績の向上を目指す長期的な視点での開発設計に取り組む」（トヨタ自動車ＯＢ）といった対処方法も考えられたはずだ。

いずれにせよ、不正という選択はこれ以上ない悪手だったことは間違いない。

3 設計の技術力不足を見抜けぬ甘い分析

「5カ月もかけてこの調査内容とは、あきれて物が言えない」、「調査が甘過ぎる」――。日野自動車が起こしたエンジンの排出ガスおよび燃費不正に関する特別調査委員会が、2022年8月2日に調査報告書を公表した（**図6、7**）。その内容について、トヨタ自動車の関係者（以下、関係者）およびエンジンの専門家の評価は辛口だ。その理由は、調査委員会が真因を見抜けていない点にある。

不正に手を染めたのはパワートレーン実験部であり、縦割りの社風

図6　日野自動車のエンジン不正に関する調査報告書
299ページもあるが、エンジン設計部の技術力不足に関する記述はない。（写真：筆者）

のために他の部門は不正を認識していない。そのため、パワートレーン実験部が不正を隠蔽・継続した、というのが特別調査委員会の分析だ。

　調査報告書にはこうある。「排出ガスを偽る行為は、主として、パワートレーン実験部が行っていた劣化耐久試験において発生した。しかしながら、車両CE（チーフエンジニア）も、エンジンCEも、エンジン主査も、総じて劣化耐久試験についてほぼ理解していない。（中略）業務内容が分からないために、パワートレーン実験部に丸投げしていた」、「燃費不正を偽る行為は、エンジン設計部などの管理職が、（中略）技術的な裏付けを全く無視して、燃費改善を安請け合いし、（中略）パワートレーン実験部の担当者にその責任を丸投げしていた結果生じた問題である」と。

　だが、本来はパワートレーン実験部には不正を行う動機がない。同部の業務はエンジンの性能を試験し、その

図7　調査委員会の委員長と委員

中央が委員長の榊原一夫氏。（写真：筆者）

結果が規制や設計目標値に達しているか否かを確認することだからだ。未達なら、その事実をエンジン設計部に伝えればよい。

結論から言えば、日野自動車のエンジン不正を招いたのは「エンジン設計部」だ。そして、その真因は「技術力不足」にある。

10種類もの不正を重ねた訳

そのことは、調査で明らかになった不正の手練手管に如実に表れている。排出ガス不正において、日野自動車はエンジンの認証試験である排出ガス性能の劣化耐久試験で不正を行った。ここでパワートレーン実験部が繰り出した不正は10種類もある（図8）。これらについて関係者は「規制値を無理やりクリアするために、考えられるありとあらゆる不正を行っている」と指摘する。

なぜ、ここまで多くの不正を繰り出したのか。エンジンの設計において技術力が不足していることは明らかだ。「技術力が備わっているのなら規制を満たせるのだから、そもそも不正など起こりようがない」（エンジンの専門家）。

日野自動車が劣化耐久試験を初めて取り入れたのは、２００３年に適用が開始された平成15年排出ガス規制（Ｅ６規制）のタイミングだ。ここでパワートレーン実験部は8種類の不正を重ねて規制をクリアしたと偽った。以降、2005年に適用開始の平成17年排出ガス規制（E7規制）でも、2009年に適用開始の平成21年排出ガス規制（E8規制）でも8種類の不正を行っている。そして、現行の規制、すなわち2016年に適用開始の平成28年排出ガス規制（E9規制）においてさえ、小型エンジンから大型エンジンまで1～4種類

①～⑦、⑧、⑩：劣化耐久試験に関する問題
⑨：再生試験に関する問題

			平成28年排出ガス規制（ポスト・ポスト新長期規制/E9）								平成21年排出ガス規制（ポスト新長期規制/E8）	平成17年排出ガス規制（新長期規制/E7）	平成15年排出ガス規制（新短期規制/E6）
			B13C	A09C	A05C（尿素SCR）	A05C（HC-SCR）	J05B	N04C（尿素SCR）	N04C（HC-SCR）2019年モデル［現行］	N04C（HC-SCR）2017年モデル［生産終了］			
不正の種類	①	法規が定める測定点より相当ずれた測定点で、排出ガス値を測定したこと		■								■	■
	②	法規が定める測定点での排出ガス値を測定しなかったこと			■	■					■	■	■
	③	劣化耐久試験を途中で止めてしまい、法規で定められた時間の最後までエンジンを回していないこと										■	■
	④	劣化耐久試験そのものを実施しなかったこと									■	■	■
	⑤	法規で定められた測定点で排出ガス値を測定したかのように試験データを書き換えること		■							■	■	■
	⑥	法規で定められた測定点で排出ガス値を測定した試験データがないので、開発時の測定データなど、他のデータを流用すること			■	■					■	■	■
	⑦	劣化耐久試験の結果をそのまま使わず、開発時の測定データなど、他のデータや根拠のない数値を流用するなどして、試験データを書き換えて劣化補正値を算出したこと	■				■			■	■	■	■
	⑧	耐久書面の記載項目のうち、「走行の実施時間」、「排出ガスの測定方法」等の試験条件や劣化補正値について虚偽の記載をすること	■	■	■	■	■			■	■	■	■
	⑨	法規が定める再生試験を実施せず、その結果、実測により再生補正係数を算出しなかったこと									■		
	⑩	劣化耐久試験中に部品等を交換したにもかかわらず、必要な手続を経ず、そのまま劣化耐久試験を継続したこと		■		■		■			■		

図8　劣化耐久試験において日野自動車が手を染めた不正

不正は10種類もある（「■」が不正があったもの）。同試験を開始した平成15年排出ガス規制（E6規制）以降、不正が続いている。E6規制の時は8種類の不正を重ねており、当初からエンジン設計部の技術力が不足していたことが分かる。現行のE9規制でも小型エンジンN04C（HC-SCR）以外は、種類は減ったが不正は依然として続いている。（出所：日野自動車の資料を基に筆者が作成）

の不正を行っている。

つまり、劣化耐久試験を開始したＥ６規制以降、日野自動車では不正が続いているということだ。これは一体どういうことか。

規制強化の動向に技術が追い付かず

２０００年代に入り、欧州と米国、日本で窒素酸化物（ＮＯ$_{\mathrm{X}}$）および粒子状物質（ＰＭ）の規制が特に厳しくなった。この規制強化に対応するために、日野自動車は２００３年のＥ６規制からはディーゼル酸化触媒（ＤＯＣ）とディーゼル・パティキュレート・フィルター（ＤＰＦ）をエンジンに搭載している。さらに２００９年のＥ８規制以降は、ＮＯ$_{\mathrm{X}}$を浄化する触媒である尿素ＳＣＲ（選択還元触媒）もしくはＨＣ（炭化水素）-ＳＣＲを追加した。排出ガス浄化システムをここまで搭載しなければクリアできないほど規制が強化されたのは事実だ。

だが、これはどのメーカーにも当てはまること。規制が厳しいからといって、全てのディーゼルエンジンや商用車のメーカーが不正を行っているわけではない。

問題は、日野自動車がこうした「規制強化の動向に対し、技術的な備えを怠っていたことにある」とエンジンの専門家は指摘する。それ故に、日野自動車は最初に劣化耐久試験を導入した２００３年のＥ６規制に対して性能が未達になった。初っぱなからつまずいているのだ。以降、規制はどんどん強化されていく。ところが、最初でつまずいたため、開発面で乗り越えるべきハードルはさらに上がり、次のＥ７規制も未達に終わった。それ以降のＥ８もＥ９も同様に未達となった。

要は、日野自動車は最初のエンジン設計で規制を満たすことに失敗したため、開発に遅れが生じた。そして規制強化が続く中で、その遅れを取り戻すことができず、現在に至るまで不正を改めることができなかったというわけだ。

エンジン設計部の悪質さ

悪質と言うべきは、エンジン設計部である。なぜなら、設計したエンジンの性能が規制を満たさないと分かっていながら、パワートレーン実験部に不正の責任を押し付けたからである。エンジン設計部は、開発段階において目標となる性能が得られているかどうかを知るために試験を行い、データを取得している。そうでなければ、狙い通りの設計になっているか否かが分からないのだから、当然だ。こうして規制に対して性能不足であることを把握しながら、無為無策でやり過ごし、対応をパワートレーン実験部に丸投げしている。

調査報告書によると、例えば、２００５年のＥ７規制を狙った大型エンジンＥ１３Ｃについては、次のような経緯で燃費不正が行われた（図9）。このエンジンで日野自動車は、顧客への訴求力が高まる税制優遇（自動車取得税の軽減）を得るために、2015年度燃費基準を満たそうと考えた。2005年11月22日のことだ。そこで技術的な評価を行った結果、同基準に対して4・6〜5・0％も未達であり、税制優遇取得の可能性はないとエンジン設計部の管理職は判断していた。ところが、同年12月21日に専務（商品開発機能および製品開発機能の機能担当役員）が参加する会議において、一転して「2015年度燃費基準を達成する見込みである」と資料を添えつつ報告した。

この報告に技術の裏付けは皆無だった。現に、技術的に実現不可能なことが分かっていたエンジン設計部は、その会議の後も設計において何ら手を打っていない。燃費改善のための検討すら行わず、対応をパワートレーン実験部に丸投げしたのだ。

設計を改善していないのだから当然だが、2006年4月ごろにパワートレーン実験部は試験を実施し、燃費性能が2015年度燃費基準を満たさないことが分かった。結果、「不正行為に及

図9　大型エンジンE13C
（写真：日野自動車）

ぶことを決断せざるを得なくなった」（調査報告書）。そして、専務に基準を達成する見込みと報告したエンジン設計部の管理職は、パワートレーン実験部をここまで追い詰めておきながら、「当時の状況は覚えていない」（調査報告書）などと特別調査委員会に回答している。

この調査報告書の内容に「技術面から正しく判断し、不可能であればその通りに役員に伝えなかったエンジン設計部などの部長の責任は大きい」とエンジンの専門家は指摘する。関係者からは「組織として腐っていると言わざるを得ない」という辛辣な言葉も飛ぶ。

そして、不正を誘導したこのエンジン設計部の管理職が見せた保身もしくは点数稼ぎと言うべき行動も、エンジン設計部に十分な技術力があれば回避できたことだ。

「技術があるという根拠のない盲信」という社員の声

ところが、299ページに及ぶ調査報告書に目を通しても、どこにもエンジン設計部の技術力不足に対する言及はない。2022年8月2日に特別調査委員会と日野自動車が開いた会見で、筆者が「真因は技術力の不足ではないか」と聞いたところ、同委員会の委員は「技術力がないわけではなく、開発プロセスでありマネジメントの問題である」と回答した。

日野自動車の小木曽社長にも同じ質問をしたところ、「80年の歴史の中でエンジンに関する技術力は一定レベルある」「不正行為と技術力は違う」「（技術開発で）失敗したときにルールを破って不正をしていいかといえば、全く違う」「パワートレーン実験部で問題が閉じ込められており、日程がうまくいかないことが起きたときに日程を変えるとか、正直に役員や上司に報告を上げられなかったことが、直接の関与はないとはいえ経営として大きな責任だったのではないか」などと回答した。

これらの回答についてエンジンの専門家は、「顧客が望む製品を造るために必要な全ての要素、すなわち開発プロセスやチェック体制、コスト競争力、開発リードタイムなどを含めて技術力だ」と指摘する。そもそも十分な技術力がない上に、開発プロセスやマネジメントだけを整えても「砂上の楼閣」だろう。事実、現行の規制もクリアできずに不正に手を染め、国内市場向けについて今なお（2024年5月15日時点）出荷停止に陥っているエンジンがある中で、なぜ日野自動車に技術力があるなどと言えるのか。

特別調査委員会が実施したアンケートに、ある社員はこう答えている。「心情的には寂しいが、日野には技術があるという根拠のない盲信（妄信）や、自前主義を捨てて客観的に自分たちの力量やリスクを判断しないといけない」（調査報告書）と。果たして、特別調査委員会、そして小木曽社長に日野自動車の「本当の姿」は見えているのか。見えていないのであれば、20年近く続いて日野自動車にこびりついた不正体質および隠蔽体質を改善することはできないだろう。

4 不正を許す開発プロセスに甘さ

「トヨタ自動車と比べて10年は遅れているという印象だ」――。排出ガス・燃費不正が発覚した日野自動車のエンジン開発について、トヨタ自動車の関係者（以下、関係者）はこう評価する。日野自動車は現在、不正の再発防止に努めている。だが、「開発プロセスにまでメスを入れて刷新しなければ、日野自動車は不正の再発を防げないだろう」というのが、関係者の見立てだ。

日野自動車は小型から大型のエンジンまで様々な不正に手を染めた。だが、それらのいずれもが「トヨタ自動車では起こり得ない」と関係者は言う。その根拠は、トヨタ自動車では「エンジンの開発プロセスにおいて不正が起きにくい仕組みを構築している」（同関係者）ことにある。

「ちょうどよい劣化」を見極めて触媒を交換か

例えば、中型エンジンで日野自動車が不正を行った劣化耐久試験。この試験の途中で、同社は排出ガスの後処理装置である「第2マフラー」を不正に交換した（図10）。この第2マフラーは、実質的に窒素酸化物（NO_X）浄化用触媒（HC-SCR、以下触媒）である（**図11**）〈＊1〉。

なぜ、日野自動車は試験の途中で触媒を交換したのか。規定では45万km走行して触媒を劣化させた状態でも、NO_Xの排出量を規制値以下に収めなければならない〈＊2〉。だが、試験したところ、それをクリアできなかった。そこで改めて試験を行い、今度は途中で別の触媒（新しいもの、もしくは劣化の浅いもの）と入れ替えたことが分かっている。

ただし、規定となる「45万km走行時」までに、途中で入れ替えた触媒の劣化があまり進まないと不自然なNO_X排出量（NO_Xの排出量が少なすぎる結果）となり、国土交

＊1　エンジンの排出ガスに含まれるNO_Xを二酸化窒素（NO_2）と水（H_2O）に変えて浄化（無害化）する触媒。未燃焼の炭化水素（HC）や燃料から分解生成したHCを還元剤として使う。

＊2　通常は、実走行による試験では時間がかかりすぎるため、加速試験を利用する。すなわち、人為的に高温処理するなどして、45万km走行した場合と同等のストレスをかけて劣化させた触媒を造る。その触媒を使って試験した結果から規制への適合性を評価する。

図10　劣化耐久試験中に不正に交換した第2マフラー

実質的にNO_X用触媒のこと。中型トラックのレンジャーに搭載した。（出所：日野自動車の写真と資料を基に筆者が作成）

通省に届け出た際に試験の信ぴょう性を疑われる可能性がある。そのため、日野自動車は「最終的にちょうどよい劣化具合」になるように、触媒を交換する走行距離を見極めたと考えるのが妥当だ。

なぜ、日野自動車ではこうした不正が起こり、トヨタ自動車では起こり得ないのか。その違いは、開発プロセスにおける「途中評価」の有無にある。

開発プロセスに「途中評価」を組み込む

トヨタ自動車は、劣化耐久試験を必ずクリアするように、エンジンの開発プロセスの中に「途中評価」を組み込んでいる。一気に規定の走行距離分の劣化をさせて触媒の浄化性能を評価するのではなく、途中の段階で浄化性能を確認・

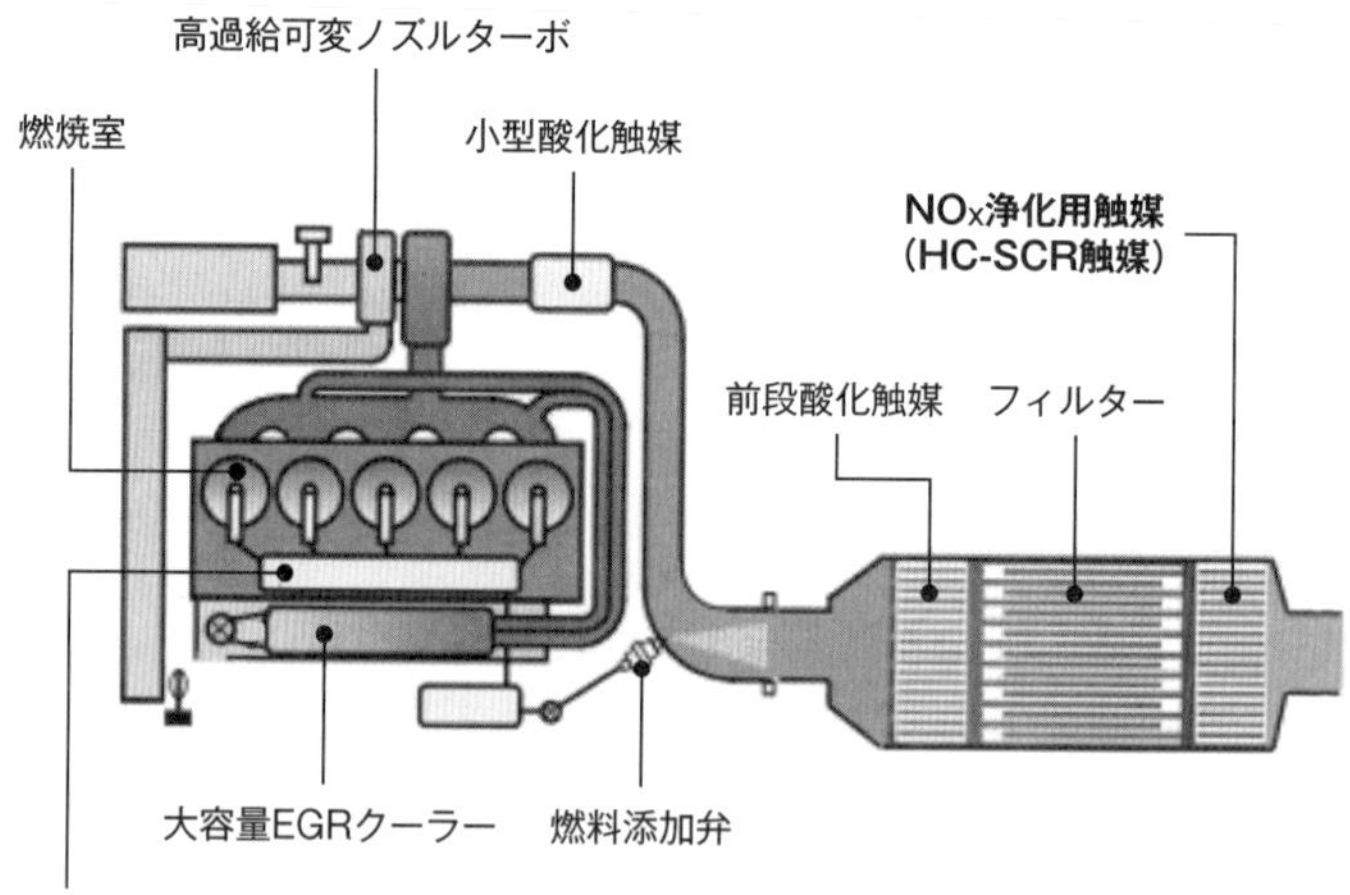

図11　エンジンと排出ガスの後処理装置

エンジンからの排出ガスが流れる末端部分にあるHC-SCR触媒でNO_xを浄化する。(出所：日野自動車の資料を基に筆者が作成)

予測しながら触媒の開発を進めるのである（図12）。

トヨタ自動車が開発設計する乗用車向けエンジン（ガソリンエンジン）では、日野自動車が手掛ける商用車向けエンジン（ディーゼルエンジン）よりも規定の走行距離は短い。仮に、規定が24万km（約15万マイル）走行して触媒を劣化させた状態で、NO_Xの排出量を規制値以下に収めるというものだったとする。この場合、トヨタ自動車は例えば12万km（約7・5万マイル）走行時点に途中評価を設定するというイメージだ。

この12万km走行時点における途中評価において、トヨタ自動車はNO_X

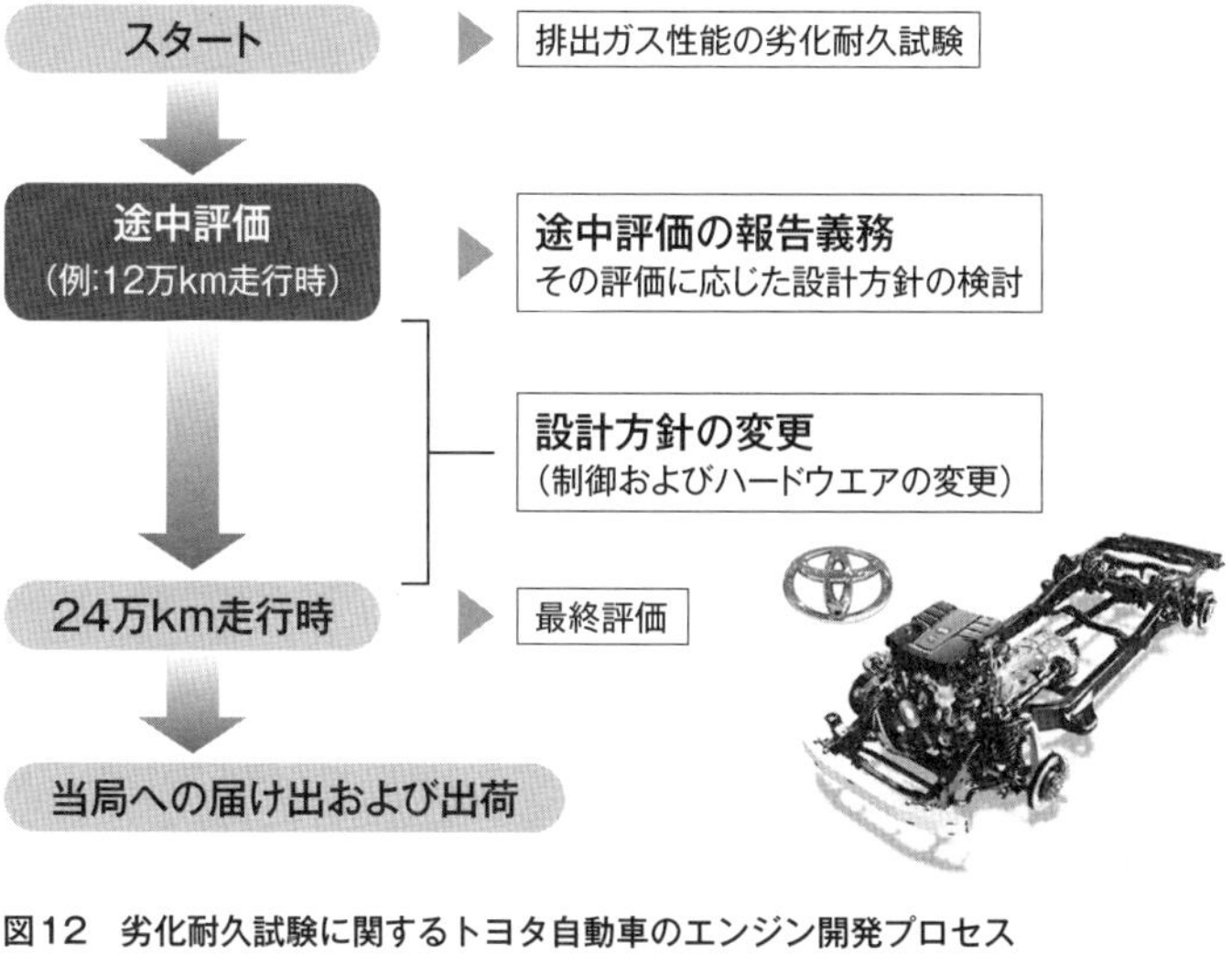

図12　劣化耐久試験に関するトヨタ自動車のエンジン開発プロセス

規定の走行距離に至る前に「途中評価」を組み込み、その走行時点（例えば12万km）における触媒の浄化性能を評価・確認する。加えて、最終目標である走行距離（ここでは24万kmと想定）に達した時点でどれくらいの浄化性能を維持できるかを予測する。劣化ペースが開発設計の狙いから外れている場合は、設計方針を変更する。これらの情報は全て管理者へ報告する仕組みとなっており、開発設計者がごまかすことはできない。（作成：筆者、エンジンの写真：トヨタ自動車）

の排出量を計測し、触媒の浄化性能が開発設計時のシミュレーション通りのペースで劣化しているかどうかを確認する。併せて、その劣化ペースであれば、最終的に24万kmの走行距離に達した時に$\mathrm{NO_X}$の排出量が規制値を満たせるかどうかの予測も行う。

トヨタ自動車の場合、さらに厳しい条件も課している。浄化性能には「ばらつき」がある。そこで、そのばらつきの幅を見込み、規制値に対して10%のマージン（余裕度）を取っているというのだ。「他の乗用車メーカーでは規制値ぎりぎりか、せいぜい5%程度の余裕度を見込んでいればよいほうではないか」（関係者）。

最終目標に対する予測の報告まで義務付け

こうした厳しい条件を課した上で、トヨタ自動車は、ごまかしが利きにくい仕組みを導入している。この途中評価の内容を報告することを義務付けているのだ。前例でいえば、開発設計者は12万km走行時点における$\mathrm{NO_X}$の排出量はもちろん、最終目標である24万km走行時点における$\mathrm{NO_X}$の排出量の予測値まで管理者に提出しなければならない。

この報告を受け取った管理者はその内容を精査し、例えばシミュレーションの予測に関して触媒の浄化性能の劣化が進み過ぎていれば、開発設計者に対してその理由を追究する。その結果次第では、触媒の制御（ソフトウエア）もしくはハードウエアに関して設計変更を命じる。

逆に、シミュレーションよりも浄化性能の劣化が遅すぎても問題があると捉える。コストが高すぎる（コストを削れる）可能性があるからだ。触媒には白金などの貴金属を使うため、浄化性能が想定以上に良いということは、貴金属の使用量が多すぎるという可能性がある。この場合は適切な使用量に抑えてコストを下げるように開発設計者に指示する。

要は、規制値をクリアする触媒の浄化性能を確実に実現し、かつ浄化性能とコストとの最適なバランス点を探るために、トヨタ自動車は開発プロセスの中に途中評価を組み込んでいるのである。そしてさらに、途中評価の報告を義務付ける厳格な運用が、開発設計の現場から不正を排除しているというわけだ。

試験失敗のたびに設計をやり直したか

トヨタ自動車の途中評価の導入は、開発リードタイムの短縮にも貢献していると関係者は言う。開発プロセスの途中で、設計方針を妥当なものへと見直せるからだ。これに対し、日野自動車は45万㎞走行時点の浄化性能という最終結果しか見ないため、途中で設計方針を変更できない。従って、一度劣化耐久試験を実施し、その結果を見て「不合格」であれば、最悪の場合、触媒を一から開発設計し直した後、再び劣化耐久試験にかけることになる（図13）。

実走行よりも時間を短縮できる加速試験を利用しても、45万kmの走行距離分の劣化をさせるのには時間がかかる。

「日野自動車は何度も劣化耐久試験を失敗し、そのたびに開発設計をやり直して開発リードタイムが延びすぎた結果、量産の日程に間に合わなかったのではないか」（関係者）。

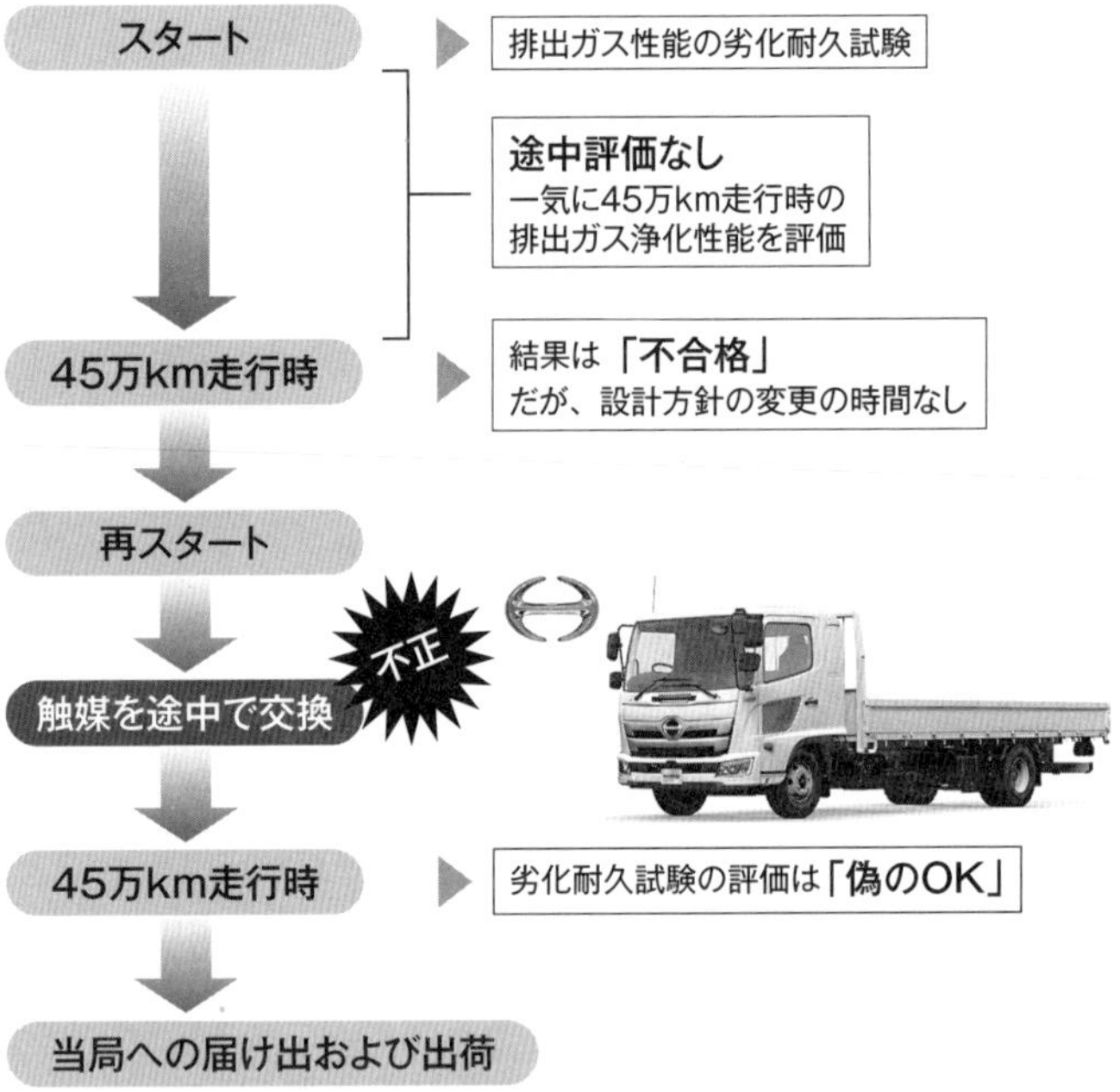

図13　劣化耐久試験に関する日野自動車のエンジン開発プロセスと不正が行われた箇所

一気に規定の走行距離（45万km）分のストレスをかけて触媒を完全に劣化させてから、その浄化性能を評価する。途中評価の仕組みがないため、試験の合否はいわゆる「一発勝負」。不合格になると、最悪の場合、触媒を一から開発設計し直した後、再び劣化耐久試験にかける。結果、想定よりも開発リードタイムが長くなったと見られる。（作成：筆者、トラックの写真：日野自動車）

別組織による試験と手順書が防御壁に

一方、小型エンジンで日野自動車が行った不正は、エンジンの認証試験における「燃費測定」において、燃費を良く見せるために、アイドリング時の燃料消費量について燃料流量が安定する前に測定を開始したり、複数回の測定を行って最も良い値を採用したりしたといったものだ。大型エンジンの燃費測定では、実際よりも良い燃費の値が燃費計に表示されるようにして試験を実施。燃料流量計の校正（キャリブレーション）値を燃費に有利に働く数値に故意に操作した。

これらの不正についてもトヨタ自動車では起きにくいと関係者は証言する。というのも、トヨタ自動車では燃費測定を開発設計部門とは別の組織、具体的には子会社が担当しているからだ。

おまけに、燃費測定には手順書が設けられている。担当者は手順書にのっとった進め方しか許されておらず、そこから逸脱すると管理者から叱責される。当然、管理者も会社から責任を問われる。従って、「万が一、トヨタ自動車の開発設計者がキャリブレーション値を操作せよと迫ることがあったとしても、燃費測定の担当者から『そんなことをして何の意味があるのか』などと反論されて、あっさりと拒否されるだけだろう」（関係者）。

つまり、トヨタ自動車では別組織による試験の実施と手順書通りの作業が、燃費不正に対する防御壁となっているというわけだ。逆に言えば、開発設計者が燃費測定の操作に直接的もしくは間接的に関与できる日野自動車の仕組みが、不正の温床になったとも言える。

5　再発を防ぐ仕掛けの導入が不可欠―ハードとソフトの協調―

不正に「もしも」はない。だが、もしも開発設計の失敗に気づいた時点で設計方針を思い切って変えていたら、日野自動車はエンジンの排出ガス・燃費不正とは無縁でいられたのではないか。

結論を先に述べると、性能（設計目標値）を満たさない予測が立てば直ちに設計方針を改め、ハードウエアおよびソフトウエアの両面の設計変更をいとわないこと。これが、再発を防止するために日野自動車に求められる条件である。

先述の通り、トヨタ自動車はエンジンの開発プロセスに途中評価を設けている。劣化耐久試験でいえば、この途中評価の段階で最終目標である触媒の劣化耐久性能、例えば、24万km（約15万マイル）走行相当分の劣化が進んだ状態における触媒の性能を同社は予測。このままでは最終目標値（規制値）をクリアできないと分かれば、直ちに触媒の設計方針を変更する〈＊3〉。

＊3　詳しくは、ばらつきを考慮して規制値を1割程度下回る値に変更する。

これとは対照的に、日野自動車は「試験の過程で触媒が劣化し過ぎて、このままでは規制値に適合しないと認識していた」にもかかわらず、途中で触媒の設計方針を変更することはなかった。当然、規制値を満たせないため、試験の途中で触媒（第2マフラー）を不正に交換したというわけだ。

すなわち、開発設計の途中で設計方針を許容するか否かが、日野自動車とトヨタ自動車との「分岐点」だったと言えるだろう。

では、トヨタ自動車はどのように設計方針の変更を判断するのか。

「ハードが上、ソフトが下」という偏見

現在のトヨタ自動車には、エンジンの開発設計に関するノウハウがかなりたまっており、例えば触媒については「目標とする車両質量やエンジンの性能、制御などが決まれば、基本的に設計はできる」（同社の関係者、以下関係者）状態になっているという。

それでも、開発設計の過程で設計方針が変わって設計変更を行う可能性はある。必ずしも全ての新エンジンに対して完璧なシミュレーションはできない上に、触媒の浄化性能と低コストとの最適なバランスを追求するからだ。規制値をきちんと満たす浄化性能を実現しつつ、高価な貴金属を極力減らすなどして、できる限りコストを抑え込む。そのために、トヨタ自動車は必要と判断すれば設計変更もいとわない。

排出ガスの浄化性能や燃費測定といった性能評価は、エンジンの開発設計において最終段階に位置付けられている。トヨタ自動車においてそれを担当するのは、エンジン本体の開発設計部門ではなく、パワートレーンの適合（チューニング）を扱う部署（適合部署）だという。途中評価の結果に基づいて「設計変更を要する」という判断が下された場合、適合部署はエンジンの制御（以下、制御）を変更する。具体的には、ハードウエアはそのままに、ソフトウエア上のパラメーターなどを調整して触媒の浄化性能や燃費が規制値や燃費の諸元値（カタログ値）を満たすようにチューニングしていく。

ただし、ハードウエアに手を付けずにソフトウエアによる制御で性能が得られるように何とか調整しようとするのは、どの自動車メーカーも同じだ。そのほうが低コストかつ短時間で済むからだ。トヨタ自動車が他社と異なるのは、ソフトウエアで解決できなかった場合に、ハードウエアの設計変更を躊躇《ちゅうちょ》しない点である。ハードウエアの設計変更が必要だと判断したとき、トヨタ自動車では「開発設計部門が車両の商品企画部門（プロジェクトリーダーである『チーフエンジニア（CE）』が所属する部署）に報告する一方で、ハードウエアの設計を変更するための手立てを考える」（関係者）。

外部の人間からすれば、性能が未達なのだからソフトウエアであろうがハードウエアであろうが関係なく設計変更するのは当然だと思うかもしれない。ところが、「製造業、特に自動車メーカーの多くにとっては、それは当てはまらない。開発設計においてはハードウエアが上、ソフトウエアが下というヒエラルキー（階級）が根強く存在している上に、ハードウエアの設計変更には時間もコストもかかることが多い」

（関係者）からだ。そのため、エンジンのハードウエアには一切変更を加えずに、規制への対応を適合部署に丸投げするケースが目に付くというのである。

それでも、ソフトウエアの調整だけで済むなら不正にはなり得ないが、それだけでは解決できない案件も出てくる。「ここでハードウエアの設計変更を避ける企業は、性能の目標値を下げて商品性を諦めるか、性能を維持しているとごまかすかのどちらかになりがちだ。日野自動車の不正は後者の例ではないか」と関係者は指摘する。

大規模リコールの反省で「変身」したトヨタ

こうした上下関係は、ソフトウエアの重要性が増す一方の現在では時代遅れとも呼べるものだ。だが、ものづくりの現場には今なお散見されるというも事実である。最近になって「ソフトウエアファースト」と声高に主張する企業が出てきたが、これは逆に、「ハードウエアが上という根強い考えを改めよ」と啓発しなければならない現実があるからだとも言える。

トヨタ自動車の開発設計部門にも、かつてはそうした関係が存在していたという。そこで、15年ほど前からハードウエアとソフトウエアのコンカレント（同時並行）開発の必要性が叫ばれてきた（図14）。両者を対等と捉えた上で、協調して開発設計を進めるという考え方だ。

実は、この考え方を一気に後押ししたのが、同社が２００９年から２０１０年に直面した大規模リコールである。フロアマットにアクセルペダルが引っ掛かる、アクセルペダルが戻りにくい、ハイブリッド車のブレーキが利きにくい（違和感）といった品質不具合が立て続けに発覚し、トヨタ自動車は世界で約１１００万台ものリコールを余儀なくされた。同社の豊田章男社長（当時）は米下院公聴会にまで招致されて厳しい追及を受けた（**図15**）。

この大規模リコール問題を受けて、「トヨタ自動車は『トヨタ車の品質は本当のところはどうなのか』という根本に立ち返って開発プロセスを見直した。その結果、ハードウエアとソフトウエアをより一層、コンカレントに開発しなければ駄目だという結論に至った」（関係者）。

日野の開発設計もトヨタ流に変えられるか

それ以降、開発設計の現場ではハードウエアとソフトウエアの

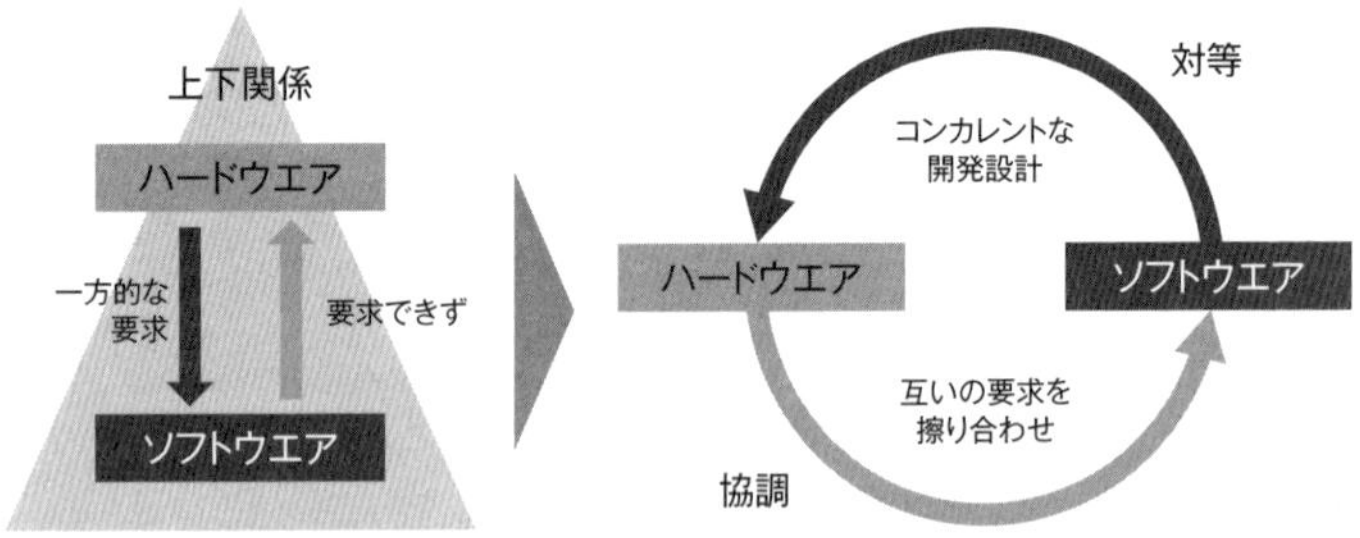

図14　トヨタ自動車におけるハードウエアとソフトウエアの関係の変化

左は従来の関係。かつてはハードウエアが上の立場にあり、その要求にソフトウエアが一方的に従うという傾向が見られた。右は現在の関係。ハードウエアとソフトウエアは対等で、協調しながらコンカレントに開発設計を進めていく。（出所：筆者）

担当者同士の打ち合わせが増え、ソフトウエアファースト的な色合いが濃くなっていったという。「以前はソフトウエアからの要求でハードウエアを変更することなどなかった。それが、ソフトウエアからの要求を聞いてハードウエアの仕様を決めるように変わっていった。ついには、最終評価段階である量産試作であっても、ハードウエアの設計変更が認められるまでになった」（関係者）。

大きなつまずきを反省し、トヨタ自動車は品質の向上に生かしたというわけだ。同社のものづくりの現場では、今ではハードウエアの仕様を決定する前に、ソフトウエアからの要求に耳を傾けつつ、ハードウエアの要求もソフトウエアに伝えて、両者で擦り合わせながら開発設計を進めている。そのために、ハードウエアの開発設計者が、手作りベースの「試作品の試作品」を造るケースもあるという。

図15　開発設計の考え方を変えた大規模リコール問題

トヨタ車の品質が疑われ、豊田社長（当時）は米下院公聴会にまで招致された。この大きなつまずきをきっかけにトヨタ自動車は品質について再考し、ハードウエアとソフトウエアのコンカレントな開発設計が加速したという。（写真：トヨタ自動車）

日野自動車にとってこれら一連の不正は、創業以来１１０年を超える歴史の中でも最大級のつまずきだ〈＊４〉。だが、立ち直るために必要な条件を親会社のトヨタ自動車から学べるはずである。関係者は「開発設計部門にもトヨタ自動車から多くの人間が送り込まれて、開発設計プロセスを根本から見直すだろう」と見ている。

日野の不正は「明日のうちの姿かも」

率直に言って、日野自動車の不正は極めて悪質であり、顧客に対して長年積み上げてきた信頼を自ら地に落とす行為と言われても反論できないだろう。だが、果たしてこれを「対岸の火事」と言い切れる日本企業はどれくらいあるだろうか。日本の製造業では依然として「ハードウエアファースト」が多い。コストや納期などの厳しいプレッシャーがある中で、「当社はどんなときでも設計変更をいとわない開発設計現場になっている」と堂々と言える企業は少ないのではないか。

日野自動車の不正を報道で知ったという、ある自動車メーカーの広報担当者は心境をこう吐露する。「当

＊４　前身となる東京瓦斯（ガス）工業を創業したのが１９１０年で、１９４２年には日野重工業を設立している。日野自動車は創業を１９１０年とし、設立を１９４２年と設定している。

社には不正はないと信じている。しかし、ひょっとしたら間違ったことをしている部署や社員が、社内のどこかに存在するかもしれない」と。

規制の強化や技術難易度の向上、コスト削減の要求、納期の短縮、業務量の増加、人員の抑制……。負荷を増大させる様々な要因が、開発設計をはじめとするものづくりの現場に絶え間なく降りかかってきているのは、日野自動車だけではない。負荷の大きさが限界を超えて、現場から悲鳴が上がってはいないだろうか。それが聞こえない、もしくは聞こうとしない管理者や経営陣がいるような企業は、日野自動車が起こしたエンジン不正の一件を、「他山の石にしたい」などと悠長に構えてはいられないはずである。

「謝罪会見を開いた日野自動車の姿は、近い将来の当社の姿かもしれない。『日野自動車とうちは違う』とは、とても言い切れない」（先の広報担当者）。自社の「看板」を守るためにも、日本企業には改めて真剣な品質の総点検が必要なのではないか。

第5章

豊田自動織機の不正の真相

トヨタグループの「源流」、すなわちトヨタ自動車を生んだ企業が起こしたことから世間を騒がせた豊田自動織機の不正。対象はフォークリフトなどに搭載する産業車両用エンジンと自動車メーカーに納入するエンジンである。

豊田自動織機はなぜ、不正に手を染めたのか。その不正の真相に迫る。

1　豊田自動織機の不正、10の追究

ＢｔｏＢ（企業間取引）を中心とした製品であることもあって、不正の中身が複雑で分かりにくいという特徴がある豊田自動織機の不正。同社は一体、どのような不正を犯したのか。まずは10の疑問に答える形で分かりやすく解説する。

Q1：不正の中身は？

Q2：不正なエンジンを搭載した車両は？

Q3：不正が発覚した経緯は？

Q4：悪質性の有無は？
Q5：いつから不正を行っていたのか？
Q6：不正が与える影響は？
Q7：なぜ不正を行ったのか？
Q8：他に不正はないのか？
Q9：出荷の再開はいつか？
Q10：経営陣の責任は？

→Q1：不正の中身は？

フォークリフトおよび建設機械向けの［1］産業車両用エンジンと、［2］自動車用エンジンで不正が見つかった。このうち、［1］の産業車両用エンジンでは、エンジンの法規認証（以下、認証）試験の1つである排出ガス性能の「劣化耐久試験」における法規違反と、排出ガスの規制値の超過が発覚した。道路運送車両法に基づく一酸化炭素等発散防止装置の装置型式指定（国内認証）の申請において義務付けられた試験だ。劣化耐久試験とは、エンジンを一定時間運転させて劣化させた条件でエンジンの排出ガス性能を確認する試験である。

不正が見つかった産業車両用エンジンは（1）フォークリフト向けが9機種で、（2）建設機械向けが2機種。（1）のフォークリフト向けにはディーゼルエンジンとガソリンエンジンがある。このうちディーゼルエンジンには「1KD」「1ZS」「旧（旧型の意味）1DZ」「3Z」「15Z」の5機種が、ガソリンエンジンには「4Y」「1FS」「旧4Y」「1FZ」がある（**図1**）。一方、（2）の建設機械向けはディーゼルエンジンだけで、「1KD」と「旧1KD」である。

これらのエンジンについて5種類の不正行為が認められた（**表1**）。認証取得時（劣化耐久試験時）と、工場における量産品の抜き取り検査時（量産抜き取り検査時）である。認証取得時においては、①実測値と異なる数値の使用、②試験中における部品などの交換、③量産品と異なる制御ソフトウエアを組み込んだ電子制御ユニット（ECU、以下試験用ECU、Q4で詳述）の使用、④複数の測定値からの値の選択――の4種類の不正が見つかった。一方、量産抜き取り検査時には、⑤国土交通省に提出した社内規定とは異なる頻度での検査および試験

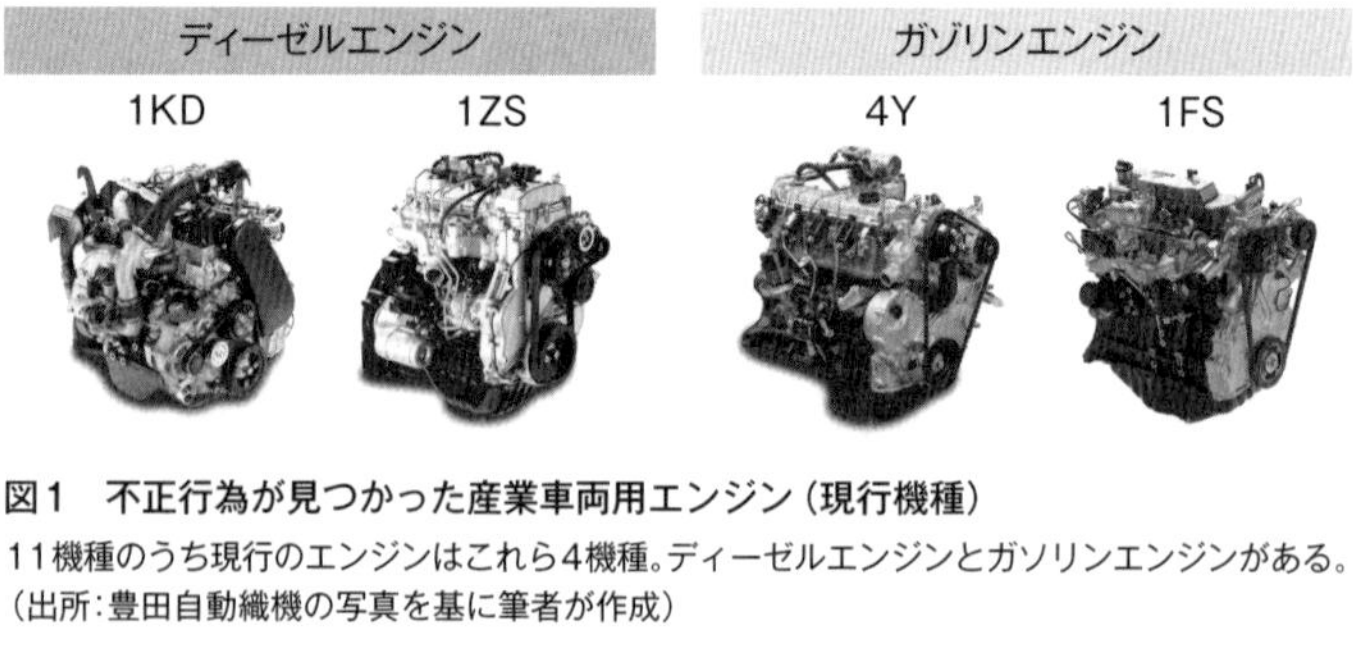

図1　不正行為が見つかった産業車両用エンジン（現行機種）
11機種のうち現行のエンジンはこれら4機種。ディーゼルエンジンとガソリンエンジンがある。
（出所：豊田自動織機の写真を基に筆者が作成）

表1　産業車両用エンジンで発覚した不正

11機種のエンジンにおいて5種類の不正が行われていた。表中の「●」が不正があったもの。（出所：豊田自動織機の資料を基に筆者が作成）

用途			機種	認証年	認証取得時				量産抜き取り検査時
					①実測値と異なる数値の使用	②試験中に部品などを交換	③試験用ECUの使用	④複数の測定値からの値の選択	⑤規定とは異なる頻度、試験用ECUの使用
フォークリフト	現行	ディーゼル	1KD	2014	●		●		●
フォークリフト	現行	ディーゼル	1ZS		●		●		●
フォークリフト	現行	ガソリン	4Y	2009	●	●	●	●	●
フォークリフト	現行	ガソリン	1FS	2014	●	●	●	●	●
フォークリフト	旧型	ディーゼル	旧1DZ	2007	●				
フォークリフト	旧型	ディーゼル	3Z		●				
フォークリフト	旧型	ディーゼル	15Z	2010	●				
フォークリフト	旧型	ガソリン	旧4Y	2007	●	●	●	●	
フォークリフト	旧型	ガソリン	1FZ			●	●	●	
建機	現行	ディーゼル	1KD	2020			●	●	●
建機	旧型	ディーゼル	旧1KD	2016	●	●	●	●	●

用ＥＣＵの使用という不正を行っていた。

［２］の自動車用エンジンでは、自動車型式指定（および一酸化炭素等発散防止装置の装置型式指定）の申請時に必要なエンジンの出力測定で不正が見つかった。「１ＧＤ」と「２ＧＤ」、「Ｆ３３Ａ」の３機種で、これらは全てトヨタ自動車が豊田自動織機に開発を委託しているディーゼルエンジンである（**図２**）。

具体的には、試験用ＥＣＵを使用して制御パラメーター値を操作し、最高出力点を含む一部の回転数領域において、燃料噴射量を調整していた。これにより、測定値が安定するようにばらつきを抑え、出力・トルクカーブを「見栄えの良いデータ」（特別調査委員会）にしていた（**表２**）。

ただし、出力試験以外の自動車の型式指定申請に関する認証業務はトヨタ自動車が行っており、同社は工場で生産された量産エンジンの性能も確認。その結果、「出力の基準を満たしている」（トヨタ自動車）ことが分かっている。

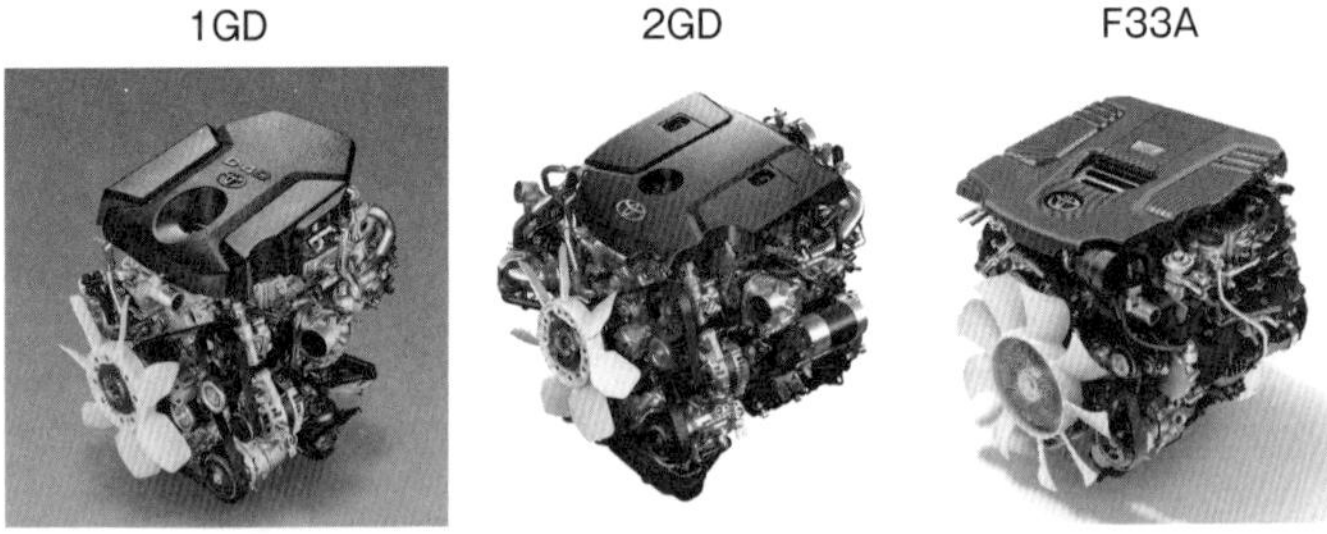

図2　不正行為が見つかった自動車用エンジン

左から「1GD」、「2GD」、「F33A」。全てディーゼルエンジンで、トヨタ自動車から委託されて豊田自動織機が開発した。（出所：トヨタ自動車の写真を基に筆者が作成）

↓Q2：不正なエンジンを搭載した車両は？

産業車両用エンジンでは、フォークリフト向けエンジンの現行機種に絞ると、1ZSと1KD、4Y、1FSの4機種がある。1ZSは排気量が1・8L、直列3気筒のディーゼルエンジンで、小型車向け。積載能力が1・5t～3・5tfのフォークリフト「ジェネオ」（図3）や、2輪駆動ショベル「ショベルローダー」に搭載されている。

1KDは排気量が3・0L、直列4気筒

図3　フォークリフト「ジェネオ」
（写真：豊田自動織機）

表2　自動車用エンジンで発覚した不正

試験用ECUを使って出力測定を実施。燃料噴射量を調整し、出力・トルクカーブをきれいに見せていた。（出所：豊田自動織機およびトヨタ自動車の資料を基に筆者が作成）

用途	機種			認証年	搭載車両	今回調査結果	
						不正	出力性能
自動車	現行	ディーゼル	1GD	2017～2021	ランドクルーザープラド、ハイエース、グランエース、エース、ダイナ、ハイラックス、フォーチュナー、ボンゴブローニーバン（マツダ車）、デュトロ（日野車）	●	出荷基準値を満たすことを確認
			2GD	2020	ハイラックス、イノーバ		
			F33A	2021	ランドクルーザー 300、LX500d		

のディーゼルエンジンで、中型車向け。積載能力が3・5t～8・0tfのジェネオに載っている。

4Yは排気量が2・2L、直列4気筒のガソリンエンジンで、小型車向け。積載能力が1・0t～3・5tfのジェネオのほか、ショベルローダーにも使用されている。

1FSは排気量が3・7L、直列4気筒のガソリンエンジンで、中型車向け。積載能力が3・0t～5・0tfのジェネオに搭載されている。

一方、自動車用ディーゼルエンジンについては次の通り。まず1GDは排気量が2・8L、直列4気筒のディーゼルエンジンで、トヨタ自動車の7車種、日野自動車の1車種、マツダの1車種に搭載されている（**図4**）。トヨタ車は「ランドクルーザープラド」「ハイエース」「グランエース」「エース」「ダイナ」「ハイラックス」「フォーチュナー」、日野車は「デュトロ」、マツダ車は

図4　出荷停止となったトヨタ車の例

左上が「グランエース」、右上が「ランドクルーザープラド」、左下が「ハイラックス」、右下が「ランドクルーザー 300」。出力測定において不正が見つかったディーゼルエンジンを搭載している。（写真：トヨタ自動車）

「ボンゴブローニイバン」である。

続いて、２ＧＤは排気量が２・４Ｌ、直列４気筒のディーゼルエンジンで、トヨタ車の「ハイラックス」と「イノーバ」の２車種に載っている。

そして、Ｆ３３Ａは排気量が３・３Ｌ、Ｖ型６気筒のディーゼルエンジン。トヨタ車の「ランドクルーザー３００」と「ＬＸ５００ｄ」に搭載されている。

→Ｑ３：不正が発覚した経緯は？

不正が発覚したきっかけは、米環境保護局（ＥＰＡ）からの問い合わせ。２０２０年後半、豊田自動織機が行っていた米国向けガソリンエンジンの２０２１年用年次認証申請に対し、過去に提出した劣化耐久試験のデータに関してＥＰＡが同社に問い合わせてきた。このデータ確認と問い合わせ対応の中で、同社は申請済みのデータに疑義があると気づき、２０２１年5月に外部の弁護士に事実関係の調査を依頼した。これに併せて、米国の各当局の調査も開始された。

その後、２０２２年1月には調査範囲を国内のガソリンエンジン認証にまで拡大。続いて、同年４月にはディーゼルエンジンにまで調査を広げた。この結果、劣化耐久試験における法規違反と、排出ガスの規制値の超過が発覚。２０２３年３月17日に豊田自動織機は不正の事実を公表するとともに、対象のエンジンを搭載したフォークリフトの出荷を停止。さらに、特別調査委員会を設置した。

同委員会による調査は約10カ月もの期間を要した。日野自動車やダイハツ工業の調査よりも長い。当初はフォークリフト向け産業用エンジンの3機種だけに見つかっていた不正が、調査を進めるに従って機種が拡大し、自動車向けエンジンにまで見られることが分かったからだ。こうして、２０２４年1月29日に特別調査委員会は調査報告書を公表した。

→Q４：悪質性の有無は？

本来使ってはならない試験用ＥＣＵを使用した点に、特に悪質性を感じる。劣化耐久試験では、量産品相当のＥＣＵ（以下、量産用ＥＣＵ）を使わなければならないと法規は定めている。ところが、豊田自動織機は量産用ＥＣＵとは異なるソフトウエアを組み込んだ試験用ＥＣＵを使って劣化耐久試験の立ち会い試験に臨んだ。

この試験用ＥＣＵは、「ガバナ特性」や「実噴射補正」、「エアフローメーター特性」、「目標ＥＧＲ（排気再循環）率」、「目標過給圧」に関する制御パラメーター値が量産用ＥＣＵから変更されていた。これらの制御パラメーター値は、排出ガス特性に影響する。すなわち、排出ガスの各成分値が変動する可能性がある。そのため、自動車技術に詳しい専門家からは「排出ガスを規制値内に収めようとして行った不正ではないか」と疑う声も上がっている。

これに対し、豊田自動織機は悪質性を否定。立ち会い試験を実施する測定用ベンチ（試験装置）の制御方式が量産用ＥＣＵのそれと異なっていたため、試験用ＥＣＵを使って対応させたと説明する。測定用ベンチに変更を加えずにそのまま使用し、ソフトウエアで対応するためだったという主張だ。

なお、フォークリフト向けディーゼルエンジンの１ＫＤと１ＺＳの２機種でＰＭ（粒子状物質）が、建設機械用ディーゼルエンジンの１ＫＤで窒素酸化物（NO_X）が規制値を超えている。これらについても「結果として規制値を超過した」と豊田自動織機は主張している。

だが、認証試験においてソフトウエアで操作を加えたところは、２０１５年に発覚した排出ガス不正事件「ディーゼルゲート」を彷彿《ほうふつ》とさせる（**図5**）。ドイツ

図5　VWのディーゼルゲート

VWが2007年に量産を開始した排気量2.0Lの4気筒ディーゼルエンジン「EA189」のエンジン制御システムに、EPAの排出規制を不正に回避するソフトウエア「ディフィートデバイス（無効化装置）」が含まれていた。試験中は窒素酸化物（NO_X）排出量を規制値以下に低減し、通常走行時には規制値の10～40倍のNO_Xを排出していたことが発覚した。右上が当該エンジンを搭載していた「Jetta」、右下が「Passat」。発覚直後、当時VWの最高経営責任者（CEO）だったMartin Winterkorn氏が辞任した。（出所：VWの写真を基に筆者が作成）

Ｖｏｌｋｓｗａｇｅｎ（フォルクスワーゲン、ＶＷ）が起こしたディーゼルエンジン車（乗用車）の排出ガス不正事件である。ＶＷは、エンジン制御システムにＥＰＡの排出規制を不正に回避するソフトウエア「ディフィートデバイス（無効化装置）」を仕込んでいた。

さすがにＶＷほどの悪質さはないものの、法規で禁じられている試験用ＥＣＵをわざわざ造って認証試験に使用した点では、同根の不正と見ることもできる。加えて、ディーゼルゲートから何も学んでいない点も、問題と言えるだろう。豊田織機の伊藤浩一社長も「他社の事例から自社を見直す機会にできなかった」と語っている。

→Q5：いつから不正を行っていたのか？

産業車両用エンジンでは２００７年から、自動車用エンジンでは２０１７年から不正が行われていることが特別調査委員会の調査で判明している（**図6**）。従って、産業車両用エンジンでは16年間、自動車用エンジンでは6年間、不正が継続・隠蔽されてきたことになる。

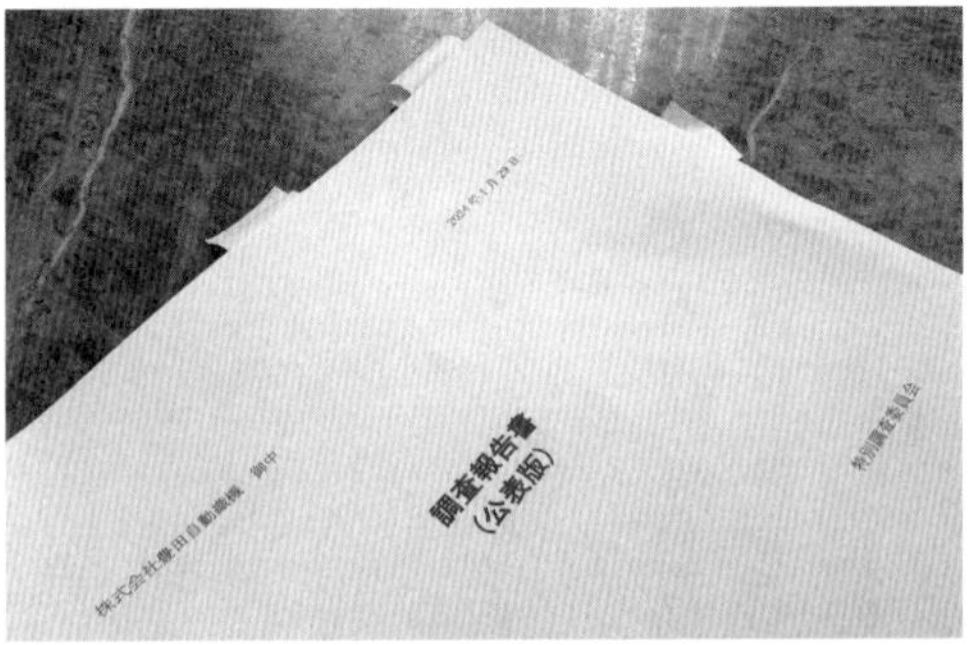

図6　特別調査委員会による調査報告書
（写真：筆者）

注目すべきは、それぞれのエンジンにおいて「当初から」不正に手を染めていたことだ。産業車両用エンジンでは、2006年10月1日以降に劣化耐久試験が義務化された。これに対し、豊田自動織機は2007年に認証申請した産業車両用エンジン（ガソリンエンジンとディーゼルエンジンの両方）から既に不正行為が見つかっている。すなわち、排出ガスの規制強化の法規を軽視し、当初から対応を怠っていたというわけだ。

一方の自動車用エンジンについては、豊田自動織機はトヨタ自動車から委託されてディーゼルエンジンの開発を行っている。この開発委託を受けたのが2017年だ。すなわち、豊田自動織機は開発を受託してすぐに不正を行っていたということになる。

→Q6：不正が与える影響は？

産業車両用エンジンの不正により、年間1万6000〜1万7000台のフォークリフトが出荷停止となっている。さらに1FSの不正が発覚したことから、年間200台程度のフォークリフトが出荷停止になる見込み。また、約7万2000台のリコールを国土交通省に届け出た。

一方、自動車用エンジンについては年間8万4000台強を出荷しており、これらの一部が2024年1月29日から一時、出荷停止となった（後述）。この不正を受けて、トヨタ自動車も世界で10車種の出荷を停止した。その影響は国内で7000台。海外分まで含めると合計3万6000台に及んだ。

金額への影響は、2023年3月期（2022年度）にリコール費用や仕入れ先への補償費用として207億円を、2024年3月期（2023年度）には取引先や販売店への補償費用として525億円を豊田自動織機は計上した。

→Q7：なぜ不正を行ったのか？

原因としてまず挙げられるのが、技術力の不足だ。本来は使うことを許されていない試験用ECUを使ってまで劣化耐久試験に臨んだにもかかわらず、排出ガスの規制値を超過した産業車両用エンジンがある。この事実から、法規が要求する水準の排出ガスの浄化性能を備えた産業車両用エンジンを開発する上で、豊田自動織機は十分な技術力を備えていなかったと判断せざるを得ない。

そして、本来はキャッチアップすべき排出ガスの規制強化を軽視し、劣化耐久試験が義務化された当初から不正を行っていた事実から、法規に対するコンプライアンス（法令順守）意識の低さも、不正につながったと考えられる。

不正を許した理由については2点挙げられる。1つは、属人的な法規解釈となっていたことだ。豊田自動織機には認証業務を担当する専門部署が存在せず、エンジン開発部門の適合グループの社員が認証業務を行っていた。これでは個人の力量に依存するため、押さえるべき法規知識の抜けや漏れ、解釈の間違いなどが生まれた可能性がある。同社で専門部署である「法規渉外認証室」や「法規認証管理部」が出来たのは2021年になってからだ。

もう1つは、牽制《けんせい》機能が働かない、いわゆる「お手盛り」の認証試験を行っていたことである。豊田自動織機では適合グループが認証業務を担っていた。すなわち、部署は違っていても同じ部門内でエンジンの開発設計と認証試験が行われていたことになる。

ただし、自動車用エンジンのほうは出力測定に関する不正しか見つかっていない。これは出力測定以外の認証業務をトヨタ自動車が担っていることで、牽制機能が働いているからだ。加えて、豊田自動織機がトヨタ自動車の開発プロセスに従っているためだと考えられる。トヨタ自動車は法規解釈プロセスと牽制機能をエンジンの開発および認証プロセスに織り込んでいる。要は、「不正が起きにくい仕掛け」を施した開発・認証プロセスになっている。

なお、特別調査委員会および豊田自動織機は、不正の背景にあるものとして「受託体質」と「産業車両用エンジン軽視の姿勢」を挙げた。自動車用エンジンの開発は法規解釈を含めて認証業務をトヨタ自動車が行っており、豊田自動織機はトヨタ自動車から指示を受けて動くだけでエンジンの開発が進む。

これに対し、産業車両用エンジンは自力で法規解釈を含めた認証業務を行わなければならなかった。ところが、豊田自動織機内では自動車用エンジンと比べて産業車両用エンジンのほうが技術的に簡単という思い込みがあり、十分な人的リソースを充てていなかった。おまけに、組織が縦割りで自動車用エンジンから産業車両用エンジン側に技術やノウハウが伝わることがなかった。これが不正につながったという分析だ。

→Q8：他に不正はないのか？

豊田自動織機を含むグループ企業で他に不正はないかと報道陣から質問されたトヨタグループの責任者であるトヨタ自動車の豊田章男会長は、「私が知っている限りは、ない」と答えた。

ただし、豊田自動織機に限らず、こうした不正に関する調査は社員へのアンケートがベースとなっている。そのため、不正が見つかるかどうかは、社員がどこまで正直に不正を告白するかにかかっている。特別調査委員会には技術検証力や人的リソース、時間に限りがあるため、仮に豊田自動織機が隠蔽している不正があったとしても、同委員会が自力で見いだすことは期待できない（図7）。しかも、そもそも「調査範囲は産業車両用エンジンに関する不正行為の有無」（調査報告書）に限定されている。

気になるのは、産業車両用エンジンの排出ガスの規制値が法規を満たしているか否かについて、現行エンジンについては確認済みであるのに対し、旧型エンジンについては後回しにしている点だ。膿《うみ》を出し切るつもりなら、旧型エンジンの排出ガスの規制値の超過の有無に関しても怠らずに調べるべきだ。

→Q9：出荷の再開はいつか？

排出ガスの規制値の超過が見つかったフォークリフト向けディーゼルエンジンの2機種（1KDと1ZS）は、2023年4月に国土交通省から型式指定の取り消し処分を受けている。これらに加えて、新たに不正が見つかった9機種のうち建設機械用ディーゼルエンジン1KDを除く8機種も2024年1月29日に出荷を停止した。建設機械用ディーゼルエンジン1KDについては、納入先や監督官庁と協議して措置を講じると同日に豊田自動織機は説明した。出荷再開については明らかになっていない。

一般に、型式指定取り消し処分を受けたエンジンについて、再取得には時間がかかる。事実、日野自動車は2022年3月に不正が発覚し、中型エンジン「A05C（HC-SCR）」と大型エンジン「E13C（尿素SCR）」の型式指定が取り消さ

図7　特別調査委員会の構成員

中央が弁護士の井上宏委員長、左がヤマハ発動機顧問の島本誠委員、右が弁護士の松山遙委員。（写真：筆者）

れてから2年近くがたつ。だが、まだ再取得に至っていない。「法規が求める基準に対して技術開発が遅れている」（自動車技術の専門家）と見られている。

また、トヨタ自動車は、自動車用エンジンの３機種（１ＧＤと２ＧＤ、Ｆ３３Ａ）を搭載する10車種の出荷を２０２４年1月29日に停止した。その後、海外当局の許可を受け、２０２４年2月13日から徐々に出荷を再開した。これらのエンジンは出力性能だけではなく、「燃費・排出ガスに影響は及んでいない」（トヨタ自動車の佐藤恒治社長）ため、比較的早い出荷再開となったようだ。

→Q10：経営陣の責任は？

特別調査委員会は、一連の不正の責任は経営陣にあると指摘した。「豊田自動織機において、長期間にわたり様々な類型の不正が繰り返し行われるに至った責任は、（中略）様々な不正行為の原因について、組織の問題点として適切に吸い上げて対処できるような組織体制や組織風土を整備・構築してこなかった経営陣にある」（調査報告書）。

調査報告書には、経営陣の機能不全の実態が多く指摘されている。

「豊田自動織機の経営陣やエンジン事業部の幹部が産業車両用エンジンを軽視していた」

「経営陣や幹部に産業車両用エンジン軽視の意識傾向が強く、排出ガス規制について重大（あるいは）困難な問題と認識できず、組織として十分な準備を行ってこなかった」
「全体最適を図るための経営陣の取組が不十分だった」
「経営陣から、共に問題の解決に汗をかこうという姿勢が日常的に示されていれば、部下からの報告が上がりやすい雰囲気、特にバッドニュースが速やかにエスカレーションされる風土が醸成されてきたのではないか」
「経営陣としては、単に仕組みを整備するだけでなく、そのような仕組みが機能するように人的な手当をする必要がある。このような組織体制や仕組みの変革は、エンジン事業部のみならず全社横断的に取り組む必要があり、経営陣自身も意識改革に努めていく必要がある」

経営陣の機能不全が引き起こしたとも言える不正問題に対し、豊田自動織機は２０２３年3月に役員の報酬辞退を発表した。豊田鐵郎会長と大西朗前社長が月額報酬の１００％を6カ月辞退した。

果たしてこれで不正体質を改善できるのか。特別調査委員会は豊田自動織機が不正を2度と起こさないためには、意識変革が必要だと訴えている。「経営陣としては、組織や仕組みを整えるだけでなく、また、経営陣の意識を改革するだけでなく、従業員自身の意識を変えていく必要もある」（調査報告書）と。

不可解なのは、10年間の社長就任期間中に続いていた産業車両用エンジンの不正を改められず、就任期間中に始まった自動車用エンジンの不正にも気づけなかった大西前社長の人事だ。この不正問題が発覚した直後に、代表権を持ったまま副会長（代表取締役副会長）に就任したからだ。

筆者が理由を問うと、「『特命事項担当』ということで、エンジン認証の問題や社内風土改革、危機管理対応などを担当していくため」と同社は回答した。不正事案に関する解決の陣頭指揮を執ることをミッションにするとも説明したが、２０２４年１月29日の不正会見には姿を見せなかった。特命事項担当としての説明責任はどこへいったのか。

世間の多くは「不正問題の渦中にある企業の社長が、なぜ副会長に昇格するのか」と疑問に思うだろう。長年エンジン不正が行われていた日野自動車では、プロパー（生え抜き）だった下義生会長（当時）が引責辞任した。ダイハツ工業に対しては、トヨタ自動車が経営陣の刷新を図ると説明。その後、２０２４年３月１日付でダイハツ工業の奥平総一郎現社長を退任させ、トヨタ自動車出身の井上雅宏氏を新社長に就任させる人事を同年２月13日に会見を

図8　2024年1月29日に豊田自動織機が開いた不正会見

右は豊田自動織機の伊藤浩一社長、左はエンジン事業部事業企画部などを担当する同社経営役員の原茎太郎氏。不正事案に関する解決の陣頭指揮を執るはずの前社長の大西朗副会長は会見に姿を見せなかった。（出所：筆者）

開いて発表した。トヨタ自動車は「ダイハツ再生のための人事」と語るが、奥平現社長の引責辞任と見るほうが自然だ。

豊田自動織機は一連の不正で、少なくとも16年間も国を欺き続け、10年近く規制値以上の排出ガスを放出してきた。その結果、自社の工場を止めるだけではなく、トヨタ自動車や日野自動車の車両工場の稼働まで停止させた。

経営トップがしかるべき責任を取らなければ、巨大組織の現場で働く従業員の1人ひとりの意識まで変えることなど到底できないだろう（図8）。

2 量産メーカー失格、悪質と言うべき2つの理由

では、一体なぜ、豊田自動織機はこうした不正に手を染めたのか。ここからは詳細な取材から突き止めた不正の真相について明らかにしていく。

「量産メーカー失格」――。豊田自動織機の不正について、自動車技術に詳しい専門家（以下、専門家）は異口同音にこう評価する。その不正の中身を見ると、エンジンを生産するメーカーとしての体を成していないことが分かる。同社はフォークリフト用エンジンに対して排出ガスの法規制が施行された当初から不正行為に及んでいた。これにより、少なくとも16年間、不正を継続・隠蔽していたことが特別調査委員

会の調査で判明した（図9）。

不正が見つかったのは、フォークリフトおよび建設機械向けの産業車両用エンジンと、自動車用エンジンだ。このうち、産業車両用エンジンで不正に該当するのは11機種。フォークリフト向けが9機種、建設機械向けが2機種である。フォークリフト向けにはディーゼルエンジンとガソリンエンジンの両方があり、建設機械向けはディーゼルエンジンのみだ。エンジン認証試験である劣化耐久試験における法規違反と排出ガスの規制値の超過が見つかった。

排出ガスの規制値が超過したのは、まずフォークリフト向けディーゼルエンジンの「1KD」と「1ZS」の2機種。これらはPM（粒子状物質）が規制値を超えていた。

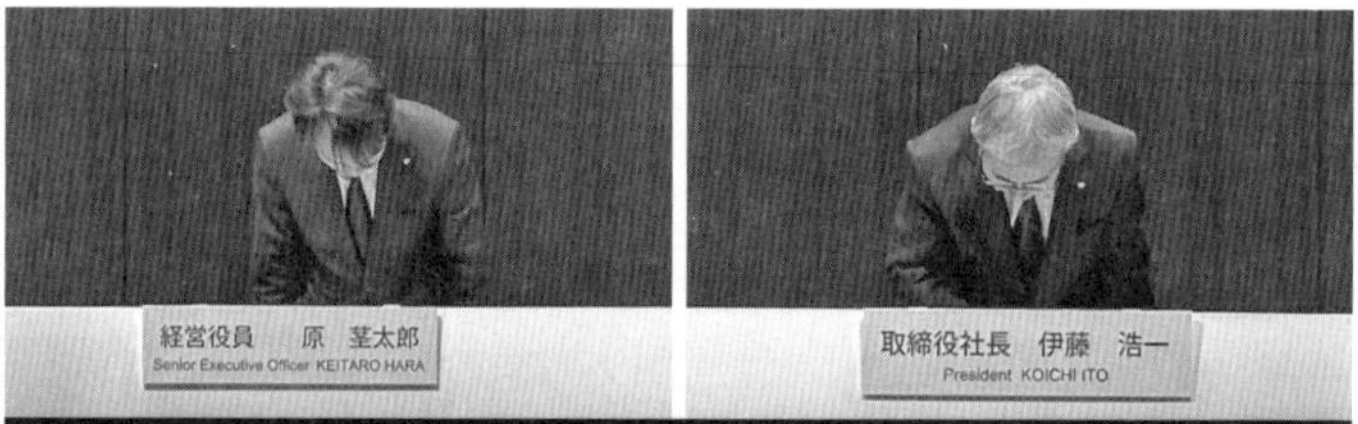

- 豊田自動織機が産業車両用エンジンと自動車用エンジンで不正。劣化耐久試験における法規違反と排出ガス規制値の超過が発覚した。少なくとも16年間不正を続けていた
- 専門家からは「量産メーカー失格」との声が上がる。法規制を順守する姿勢が欠けており、施行当初から不正に手を染めていた
- 認証試験専用のECU（試験用ECU）で立ち会い試験に臨んだ点には、排出ガス性能を操作する意図が疑われる
- 豊田自動織機にはエンジンの量産メーカーが備えるべきコンプライアンスだけではなく、技術力とノウハウも不足している

図9　深刻なエンジン不正が発覚した豊田自動織機

量産メーカーとしてふさわしい条件を備えているとは言いがたい現実がある。（出所：筆者）

加えて、建設機械向けディーゼルエンジンの１ＫＤでは、窒素酸化物（NO_X）が規制値を超過していた（図10）。このうち、フォークリフト向けディーゼルエンジンの２機種は２０２３年４月に国土交通省から型式指定の取り消し処分を受けている。

一方、自動車用エンジンは３機種で不正が発覚。ディーゼルエンジンの「１ＧＤ」「２ＧＤ」「Ｆ３３Ａ」だ。いずれもトヨタ自動車が豊田自動織機に開発を委託しているエンジンである。不正を行ったのは出力試験。試験時に燃料噴射量を調整し、出力・トルクカーブを「見栄えの良いデータ」（同委員会）に変えていた。

工場で生産したエンジン（量産エンジン）をトヨタ自動車が調べた結果、出力の基準は満たしていた。だが、認証業務において不正が発覚したことから、トヨタ自動車および日野自動車が、これらのエンジンを搭載する車両の生産を止める事態に陥った。

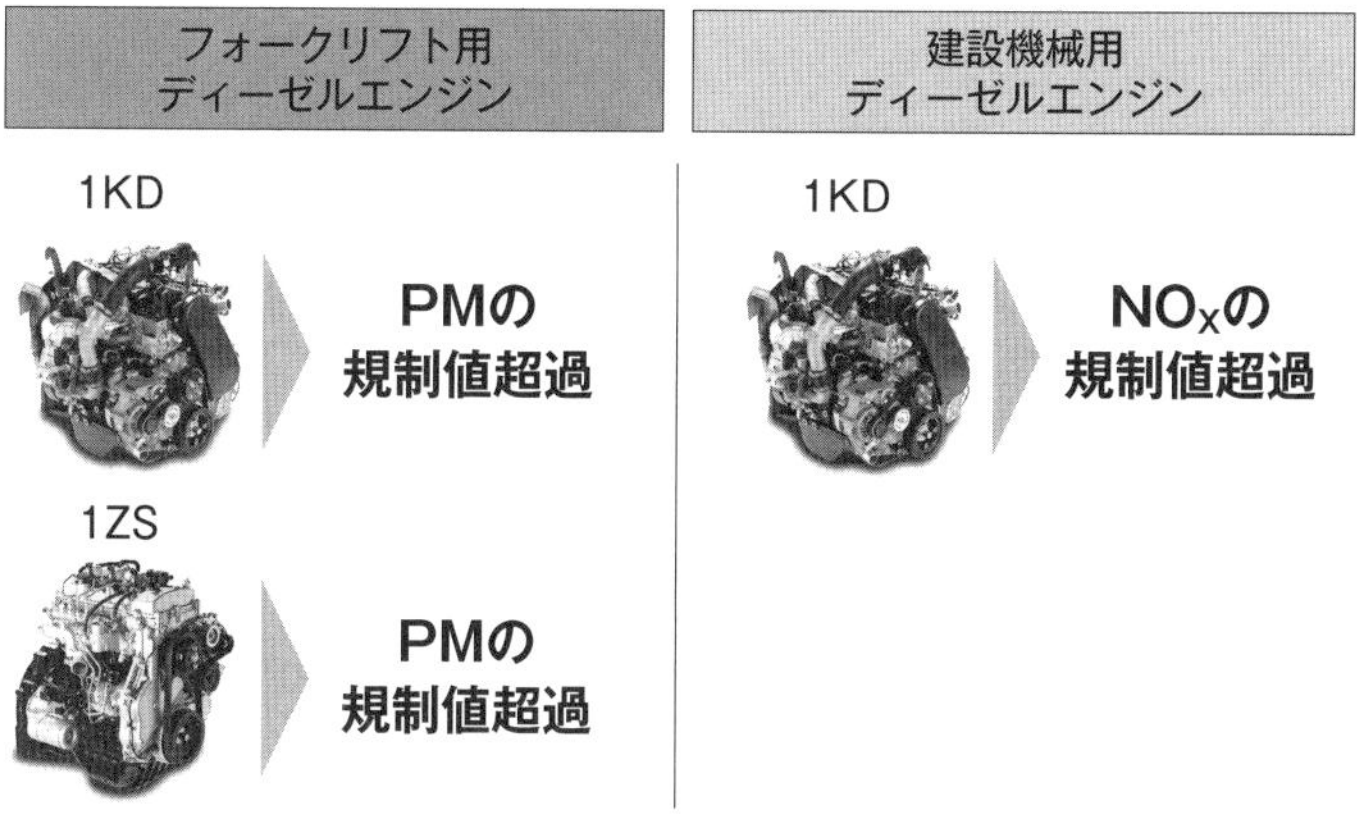

図10　排出ガスの規制値が超過したエンジン
（出所：筆者、エンジンの写真：豊田自動織機）

豊田自動織機が不正の事実を公表してから特別調査委員会が調査報告書を発表するまでには10カ月以上かかった。日野自動車の5カ月、ダイハツ工業の8カ月よりも長い。ここまで調査が長引いたのは、当初はフォークリフト向け産業用エンジンの3機種だけに見つかっていた不正が、調査を進めるに従って機種が拡大し、さらには自動車向けエンジンにも見られることが分かったからだ。

では、専門家が豊田自動織機に量産メーカー失格の烙印《らくいん》を押すのはなぜか。第1の理由は、法規制を順守する姿勢が欠けているからである。

法規制の当初から不正

産業車両用エンジンの排出ガス規制は2000年以降に本格化した。国土交通省は2001年8月に道路運送車両の保安基準の一部を改正。公道を走行するフォークリフト（などの特殊車両）に搭載するディーゼルエンジンに対して、2003年10月1日から排出ガス規制を開始した〈＊1〉。これは「第一次規制」と呼ばれるものである。

続いて、同省は2005年5月に特定特殊自動車排出ガスの規制等に関する法律（オフロード法）を制定。

＊1　2005年12月にはガソリンエンジンにも同規制を拡大した。

２００６年10月１日以降、公道を走行しないフォークリフト（などの特殊車両）に搭載するディーゼルエンジンとガソリンエンジンにも排出ガス規制を課した。定格出力に応じて順次、排出ガス規制を広げるもので、これを「第二次規制」と呼ぶ。ここで義務付けられたのが、劣化耐久試験の実施である〈＊２〉。すなわち、２００６年10月１日から産業車両用エンジンを造るメーカーには、劣化耐久試験を実施することが法律で義務付けられたのである。

ところが、豊田自動織機はこの法律の施行を軽視し、対応に向けた技術開発やノウハウの蓄積を怠った。役職者に向けてしかるべき教育や訓練を施すこともなかったと調査報告書は記載している。

こうした状態だったため、豊田自動織機の産業車両用エンジンでは２００７年に認証申請したディーゼルエンジンおよびガソリンエンジンから不正行為が見つかっている。すなわち、法規制がスタートした当初から同社は不正に手を染めていたのだ。だからこそ、16年間という長期にわたって不正が続いたのである。

本来は、排出ガスの規制強化を予測して技術開発を行い、ノウハウを積み上げて施行日までに法規制を満たせる技術力を身に付けるべきだった。同社の行動は量産メーカーとして「あるべき姿」から乖離《かいり》して

＊２　道路運送車両法（車両法）に基づく一酸化炭素等発散防止装置の装置型式指定を申請する際に必要となった。一酸化炭素等発散防止装置は、排出ガス中の規制物質を規制値内に収めるための装置のこと。法規では、ディーゼルエンジンについては一酸化炭素（ＣＯ）と非メタン炭化水素（ＮＭＨＣ）、NO_X、ＰＭを、ガソリンエンジンについてはＣＯと炭化水素（ＨＣ）、NO_Xを規制値内に収める必要がある。

いた。
一方の自動車用エンジンについては、トヨタ自動車のディーゼルエンジンの開発機能を順次、豊田自動織機に集約することが２０１４年に決定された。以降、本格的にトヨタ自動車からディーゼルエンジンの開発を委託されるようになった。トヨタ自動車の佐藤恒治社長によれば、開発を委託するに当たってトヨタ自動車は豊田自動織機に手順書を渡し、ディーゼルエンジンを開発する技術とノウハウを提供している。にもかかわらず、出力試験における不正は２０１７年に認証申請したディーゼルエンジンから行われていた（**図11**）。

すなわち、自動車用エンジンについては、トヨタ自動車から委託された開発を本格的に展開するようになった当初から豊田自動織機は不正に手を染めていたというわけだ。こうして、同社における自動車用エンジンの不正は６年間に及んだ。

図11　左が1GD、右が2GD
出力性能は基準値を満たしているものの、豊田自動織機が出力試験において不正を行っていた。（写真：トヨタ自動車）

「試験用ＥＣＵ」を別途用意

そして、専門家が豊田自動織機に量産メーカー失格の烙印を押す第2の理由は、試験をパスするためだけに造った電子制御ユニット（ＥＣＵ）を使用していたからだ（**図12**）。もちろん、これは不正行為である。試験時においてソフトウエアに操作を加えた点で、ＶＷのディーゼルゲートと同根の悪質さと見る専門家もいる。

劣化耐久試験では、量産品と等価なＥＣＵ（以下、量産用ＥＣＵ）を使わなければならないと法規は定めている。量産エンジンにおける排出ガスの浄化性能を調べるのだから当然だ。

ところが、豊田自動織機はここで立ち会い試験専用のＥＣＵ（以下、試験用ＥＣＵ）を造り、劣化耐久試験における立ち会い試験に臨んだ。試験用ＥＣＵには、量産

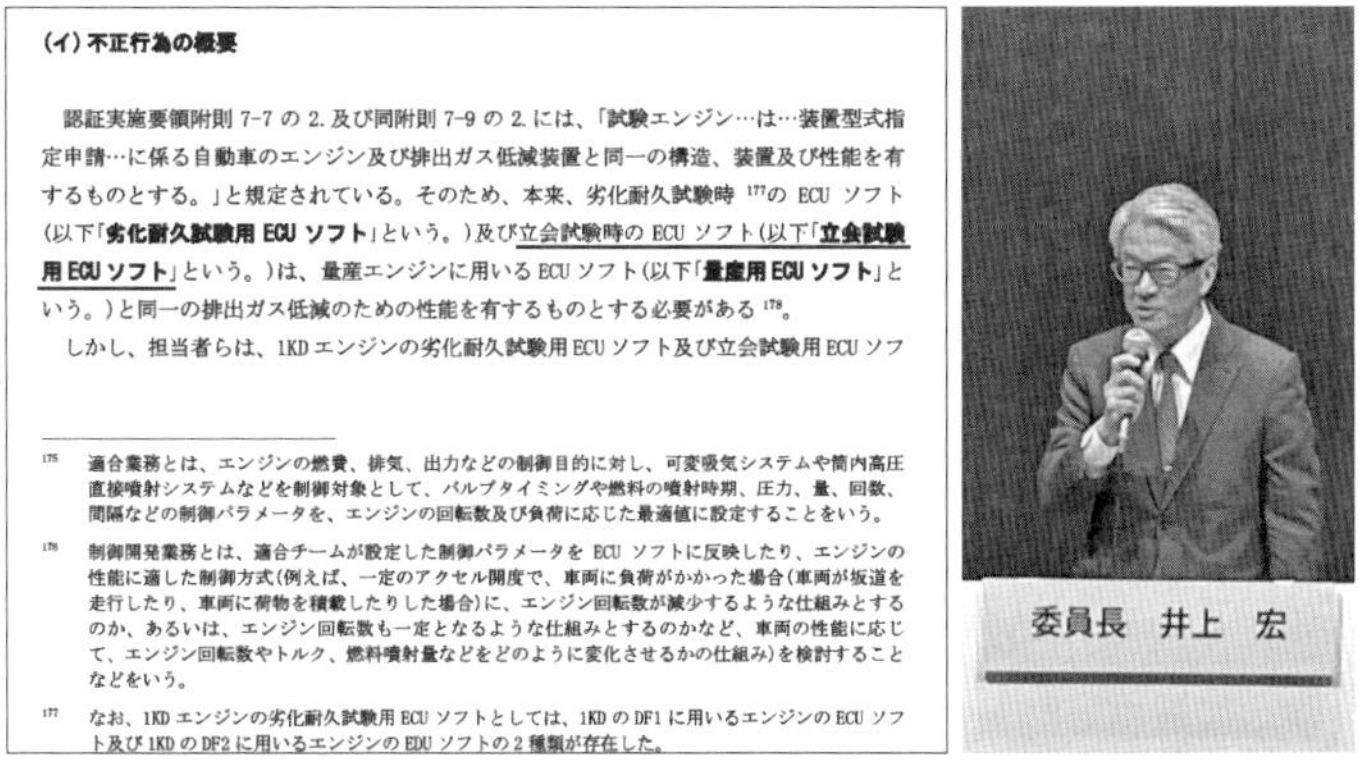

(イ) 不正行為の概要

認証実施要領附則 7-7 の 2. 及び同附則 7-9 の 2. には、「試験エンジン…は…装置型式指定申請…に係る自動車のエンジン及び排出ガス低減装置と同一の構造、装置及び性能を有するものとする。」と規定されている。そのため、本来、劣化耐久試験時[177]の ECU ソフト(以下「**劣化耐久試験用 ECU ソフト**」という。)及び立会試験時の ECU ソフト(以下「**立会試験用 ECU ソフト**」という。)は、量産エンジンに用いる ECU ソフト(以下「**量産用 ECU ソフト**」という。)と同一の排出ガス低減のための性能を有するものとする必要がある[178]。

しかし、担当者らは、1KD エンジンの劣化耐久試験用 ECU ソフト及び立会試験用 ECU ソフ

[175] 適合業務とは、エンジンの燃費、排気、出力などの制御目的に対し、可変吸気システムや筒内高圧直接噴射システムなどを制御対象として、バルブタイミングや燃料の噴射時期、圧力、量、回数、間隔などの制御パラメータを、エンジンの回転数及び負荷に応じた最適値に設定することをいう。

[176] 制御開発業務とは、適合チームが設定した制御パラメータを ECU ソフトに反映したり、エンジンの性能に適した制御方式(例えば、一定のアクセル開度で、車両に負荷がかかった場合(車両が坂道を走行したり、車両に荷物を積載したりした場合)に、エンジン回転数が減少するような仕組みとするのか、あるいは、エンジン回転数も一定となるような仕組みとするのかなど、車両の性能に応じて、エンジン回転数やトルク、燃料噴射量などをどのように変化させるかの仕組み)を検討することなどをいう。

[177] なお、1KD エンジンの劣化耐久試験用 ECU ソフトとしては、1KD の DF1 に用いるエンジンの ECU ソフト及び 1KD の DF2 に用いるエンジンの EDU ソフトの 2 種類が存在した。

図12　調査報告書における試験用ECUの記述

立ち会い試験の際に「立会試験用ECU」（試験用ECU）を使用した。法規は量産用ECUを使うように定めている。右は特別調査委員会の井上宏委員長。（出所：日経クロステック）

用ＥＣＵとは異なるソフトウエアが組み込まれていた。

具体的には、制御方式に関する「ガバナ特性の制御パラメーター値」を量産用ＥＣＵとは異なるものに変えていた。ガバナ特性の制御パラメーター値とは、燃料の噴射量を調整するためのものだ。エンジンにかかる負荷が変化した際にエンジンの回転数を検出し、予定された仕様通りの回転数になるように自動的に燃料の噴射量を制御するための制御パラメーターの値である。

それだけではない。豊田自動織機は試験用ＥＣＵにおいて「実噴射補正の制御パラメーター値」から「エアフローメーター特性の制御パラメーター値」「目標ＥＧＲ（排気再循環）率の制御パラメーター値」「目標過給圧の制御パラメーター値」まで、量産用ＥＣＵから変更していた。

改めて言うまでもなく、これらも不正行為だ。問題は意図的か否かである。ＶＷの場合は悪質極まりないものだった。エンジンの認証試験を行っていることを検知するソフトウエアを搭載し、同試験中だけ浄化システムを作動させてNO_Xを低減して排出ガス規制をすり抜けたからだ。その代償として同社は当局に対して数兆円の罰金の支払いを余儀なくされた。

では、豊田自動織機はどうか。果たして、排出ガスの規制値の超過をごまかす意図はなかったのか。

「測定ベンチを直すべきだった」

豊田自動織機の主張は、持っていた「測定用ベンチ（試験装置）が量産用ＥＣＵの制御方式に対応していなかった」（同社）というものだ。そのため、フォークリフト（などの特殊車両）向け走行モード（ＮＲＴＣモード）の走行パターンを再現できなかった。そこで、測定用ベンチには変更を加えずにそのまま使い続ける一方で、制御パラメーター値を変えた試験用ＥＣＵを使用したというのである。

だが、量産メーカーであれば、正当な測定用ベンチを用意すべきではないか。性能を正しく測れる試験装置をそろえていない会社に、まともなエンジンの開発はできないはずだからだ。筆者のこの疑問に、豊田自動織機はこう答えた。「そこが一番の反省すべき点だ。本来は認証メーカー（量産メーカー）であるなら、きちんと測定ベンチを直して試験すべきだった。だが、そこで安易にソフトウエア（試験用ＥＣＵ）を変えてやってしまった。これを法規違反の認識なくやってしまった」と。

だが、この主張を額面通りに受け取ることはできない。

排出ガスを調整できる

というのも、ガバナ特性の制御パラメーター値を操作すると、排出ガス特性が変わるからだ。また、立ち会い試験でＰＭが規制値を満たすように、豊田自動織機が目標ＥＧＲ率の制御パラメーター値を操作したケースがあることも分かっている。

そもそも、「まともなメーカーなら量産用ＥＣＵで立ち会い試験に臨む。試験用ＥＣＵなど造ったりしない」（専門家）。にもかかわらず、なぜ豊田自動織機は試験用ＥＣＵを造ったのか。

「技術力やノウハウが不足しており、開発設計段階において排出ガスの規制値をギリギリ満たす水準のエンジンしか造れなかった。これでは、部品の個体差や環境条件といった立ち会い試験時の条件次第で排出ガスが規制値を超過する恐れがある。そこで、試験用ＥＣＵを造り、なんとか規制値内に抑え込んだと見るのが妥当だ」――。これが専門家の見立てである。

しかも、試験用ＥＣＵまで不正に造ったというのに、豊田自動織機は既述の通りＰＭおよびNO_Xを規制値に収めるのに失敗している。ある自動車メーカーの技術者はこう語る。「認証試験が求めるレベルを7割程度の実力で超える高い性能のエンジンを開発設計している。そこから、いじわるな（厳しい）条件を積み上げて、それでも1割ほどの余裕を持って認証試験を通るように造っている」と。

この証言を踏まえると、豊田自動織機は法規を満たすのに十分な技術力を持ち合わせていないということになる。エンジンの量産メーカーとして、豊田自動織機にはコンプライアンスだけではなく、技術力やノウハウも不足していると見なさざるを得ない。

トヨタグループの責任者を自認するトヨタ自動車の豊田章男会長は、不正が見つかった日野自動車と豊田自動織機、ダイハツ工業の3社に対し、「会社を造り直すぐらいの覚悟でやらざるを得ない」と語った。解体的な出直しが必要だ。

3　主力エンジンの型式指定取り消し、許可の再取得は「いばらの道」

国土交通省が2024年2月22日、豊田自動織機に対して是正命令を発出した。道路運送車両法第76条の規定に基づく国土交通省令の規定違反が判明したためだ。具体的には、フォークリフトや建設機械に搭載する産業車両用エンジンの型式指定申請における認証業務の不正および排出ガスの規制値の超過が理由である（図13）。

是正命令は、法令違反に対する行政処分。道路運送車両法に基づく型式指定は、クルマやエンジンに対して安全および環境の基準を満たし、なおかつ均一性を持って生産できると認められるものを指定して、それを大量生産しても構わないと認める制度である。つまり、型式指定は、安全と環境の基準を満たす製品を大量生産できる体制にある企業に対して認められるものだ。

国土交通省は豊田自動織機に対し、「その体制ができていないと判断した。従って、それを直せということ」（同省）である。すなわち、同社が是正命令を受けたというのは、エンジンを量産するメーカーの体を成していないと法律的に判定されたということを意味する。

豊田自動織機には、国土交通省が定めた「講じるべき措置」を含む再発防止策を策定し、1カ月以内に報告する義務が課せられた。講じなければならない措置は以下の3つ。［1］会社全体の業務運営体制の再構築、［2］エンジン・車両開発全体の業務管理手法の改善、［3］不正行

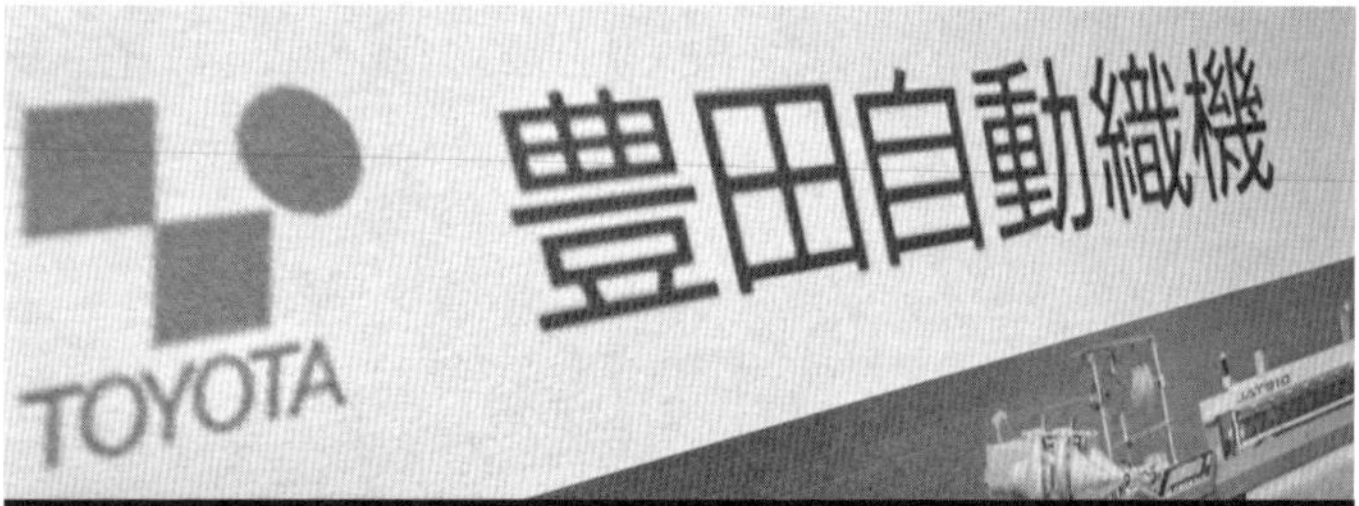

- 国土交通省が豊田自動織機に是正命令を発出。「特に悪質な不正行為」（同省）があった3機種の産業車両用エンジンに対して型式指定を取り消した
- 現行の産業車両用エンジン6機種のうち、2023年4月に取り消しとなっている2機種と合わせて計5機種が型式指定取り消し処分となる。このうち、3機種は排出ガスの規制値の未達が原因。残る2機種は「試験用ECU」を不正に使っていた
- 型式指定の再取得は「いばらの道」。技術力の不足が懸念されるため、再取得に数年かかる可能性がある。実際、日野自動車は不正発覚から2年あまりが経過したが、いまだに再取得できていないエンジンがある

図13　国土交通省が豊田自動織機に是正命令を発出

産業車両用エンジンのうち5機種が型式指定の取り消し処分に。再取得には「いばらの道」が待っている。（出所：筆者）

為を起こし得ない法規・認証関連業務の実施体制の構築――である（表3）。

トヨタグループで是正命令を受けたのは、日野自動車とダイハツ工業に続いて3社目である。こうした事態に対し、「トヨタグループに対する信頼性を著しく損なう事件だ。同グループのものづくりの基盤に亀裂が入っていないかとても心配している」という声がトヨタ自動車OBからは上がっている。

注目すべきは、この是正命令に併せて、国土交通省が新たに型式指定の取り消し処分を決めたことだ。これにより、豊田自動織機が生産している現行の産業車両用エンジンは、全6機種のうち主力の5機種が型式指定を取り消されることとなっ

表3　国土交通省が豊田自動織機に課した措置

これらの措置を含めた「抜本的な再発防止策」（同省）を策定し、型式指定に関する違反（不正）の是正を同社に義務付けた。同社は再発防止策を1カ月以内に同省に対して報告しなければならない。（出所：国土交通省の資料を基に筆者が作成）

講じるべき措置	内容
[1] 会社全体の業務運営体制の再構築	・経営幹部の産業車両用エンジンや法規・認証に関する認識の再構築、経営幹部の責任の明確化 ・法令遵守（順守）を最優先させる意識の徹底 ・経営幹部および管理職の課題認識・問題解決能力の向上 ・部下からの報告・相談を忌避する組織風土の一掃
[2] エンジン・車両開発全体の業務管理手法の改善	・認証を考慮した開発スケジュールへの抜本的な見直し、事業部間のゆがんだ力関係の是正 ・開発担当部署と法規・認証担当部署の分離による牽制機能の強化 ・認証業務に不当なしわ寄せが生じないような業務管理の徹底 ・開発・認証に関連する業務についての社内規程の整備と責任の明確化
[3] 不正行為を起こし得ない法規・認証関連業務の実施体制の構築	・法規・認証関連業務への十分な人員その他リソースの確保の徹底、試験施設・設備への十分な投資と継続的な整備 ・法規・認証、コンプライアンス、技術者倫理に関する教育制度の導入 ・認証申請プロセスにおけるチェック体制の構築、法規・認証に対する監査機能の強化

た〈＊3〉。

やはり試験用ECUは「悪質」

豊田自動織機が手掛ける現行の主力の産業車両用エンジンは、フォークリフト向けが4機種、建設機械向けが1機種。型式指定の取り消し処分を受けたのは、これらの計5機種だ。フォークリフト向けはディーゼルエンジンに「1KD」と「1ZS」が、ガソリンエンジンに「4Y」と「1FS」がある。一方、建設機械向けはディーゼルエンジンの「1KD」だ（図14）。

このうち、フォークリフト向けディーゼルエンジンの1KDと1ZSは2023年4月時点で既に型式指定を取り消されている。共にPM（粒子状物質）が規制値を超えていたためだ。

その上で、国土交通省はまず、建設機械向けディーゼルエンジンである1KDの型式指定を取り消す判断を下した。これはNO_Xの規制値の超過が判明したためだ。法規が求める排出ガスの規制値を満たしていないのだから、予想通りの展開といえる。なお、豊田自動織機はこのエンジンを日立建機に出荷して

＊3　型式指定が取り消されていない産業車両用エンジンは、小型フォークリフト向けディーゼルエンジン「1DZ」の1機種のみとなる。これは規制の対象外のエンジンのため。すなわち、豊田自動織機が不正を行った劣化耐久試験が義務付けられていない。2022年度で国内向けに1000台程度の生産実績がある。

いるという。

　この建設機械向けディーゼルエンジンの1KD以上に国土交通省が「悪質な不正行為」（同省）と見なしたのが、フォークリフト向けガソリンエンジンの4Yと1FSである。同省が問題視したのは、豊田自動織機が認証試験をパスするためだけに造ったECU、いわゆる「試験用ECU」の不正使用だ。

　劣化耐久試験では量産品と等価なECU（以下、量産用ECU）を使わなければならない。ところが同社は量産用ECUとは異なるソフトウエアを組み込んだ試験用ECUを製作して劣化耐久試験（立ち会い試験）に臨んでいた。

　豊田自動織機はこの試験用ECUにおいて、「ガバナ特性」や「実噴射補正」、「エアフローメーター特性」、「目標EGR（排気再循環）率」、「目標過給圧」に関する制御パラメーター値を量産用ECUから変更した。これらの制御パラメーター値は排出ガスの各成分値に影響を与えること

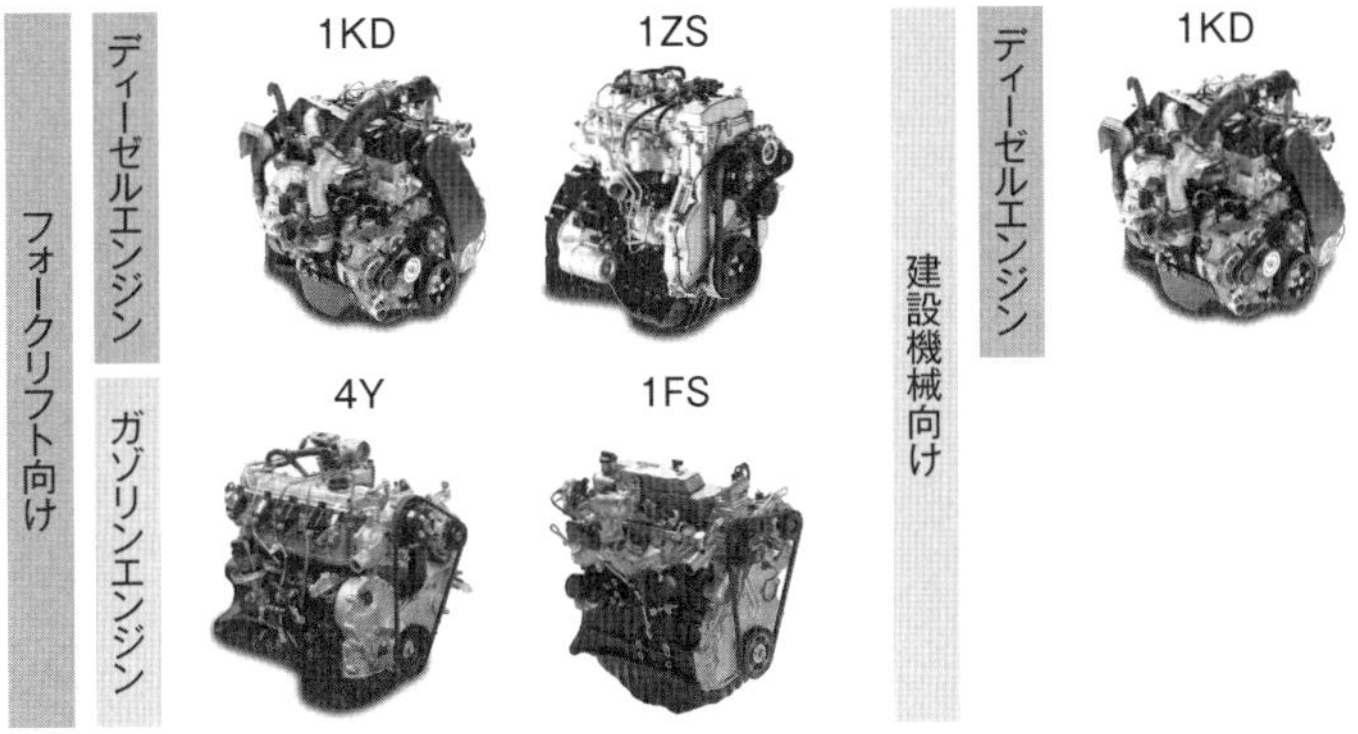

図14　型式指定を取り消された産業車両用エンジン
（出所：筆者。各エンジンの写真：豊田自動織機）

が自動車技術の専門家（以下、専門家）への取材で分かっている。そのため、「排出ガスを規制値内に収めようとして行った不正」と専門家から見なされている。

国土交通省は豊田自動織機の言い分に耳を貸さなかった。同社は「測定用ベンチ（試験装置）が量産用ＥＣＵの制御方式に対応していなかったため、試験用ＥＣＵを使った。法規違反の認識はなかった」と説明していた。

不正企業には「厳しい審査」

こうした型式指定の取り消し処分により、豊田自動織機は主力の産業車両用エンジンはもちろん、これらのエンジンを搭載するフォークリフトなども造れなくなった。同社としては、再発防止策の策定と実施によって不正体質を改善しつつ、型式指定の再取得に向けて進むことになる。

型式指定制度では、申請から型式指定までの標準処理期間を定めている。企業が型式指定を申請すると、国土交通省は2カ月で審査して型式を指定するかどうかを判断することになっている。この2カ月というのが標準処理期間だ。ところが、不正行為に及んだ企業に対してはこの期限が撤廃される。なぜならば、不正を犯した企業を国土交通省は信用しないからだ。そのため、「じっくりと審査する。期限の目安などは特に設けない」（国土交通省）。

果たして、豊田自動織機は型式指定を再取得できるのか。

率直に言って、厳しい試練が待っている。同社のエンジン開発には、法規解釈プロセスが組み込まれていなかったことが分かっている。法規を解釈する専門部署がなく、開発部門内で認証業務を担ってきた。これが法規内容に関する解釈の間違いやコンプライアンスを軽視する姿勢を生んできた。

この点については、「法規渉外認証室」や「法規認証管理部」という専門部署を新設して手を打ったものの、その機能を十分に果たせるか否かは未知数だ。

型式指定の再取得は「いばらの道」

そして、それ以上に大きな問題と見るべきは「技術力の不足」である。認証業務において不正を改めたとしても、必要十分な技術やノウハウを豊田自動織機が備えていなければ、当然、法規を満たす産業車両用エンジンを造ることはできない。

この点について、専門家は同社に対して厳しい目を向ける。理由は、試験用ＥＣＵを使って各制御パラメーター値を操作していながら、先述の通り、排出ガスの規制値を超過しているエンジンが３機種（１ＫＤ、１ＺＳ、建設機械向け１ＫＤ）もあるからだ**（図15）**。「不正行為にまで及んで排出ガスの規制値をクリアできないというのは、よほど技術が足りていないということだ」と専門家は手厳しい。

実際、豊田自動織機に先立って是正命令および型式指定の取り消し処分を受けた日野自動車が、依然、試練のさなかにある。同社の不正が発覚したのは2022年3月だ。ところが、いまだに中型エンジン「A05C（HC-SCR）」および大型エンジン「E13C（尿素SCR）」の型式指定が取り消されたままとなっている（2024年6月19日時点）。法規が求める排出ガスの規制値を満たすために必要な技術力が不足しており、開発が遅れているのは明白だ。

豊田自動織機が日野自動車よりもエンジン開発において高い技術力を持つという評価は聞かない。法規が求める基準を満たすまともなエンジンを開発し直し、型式指定の再申請を行って国土交通省の審査を無事通るまでに、日野自動車と同じく数年を要する可能性は高い。

豊田自動織機にとって、産業車両用エンジンに関する型式指定の再取得の道のりはまさに「いばらの道」と指

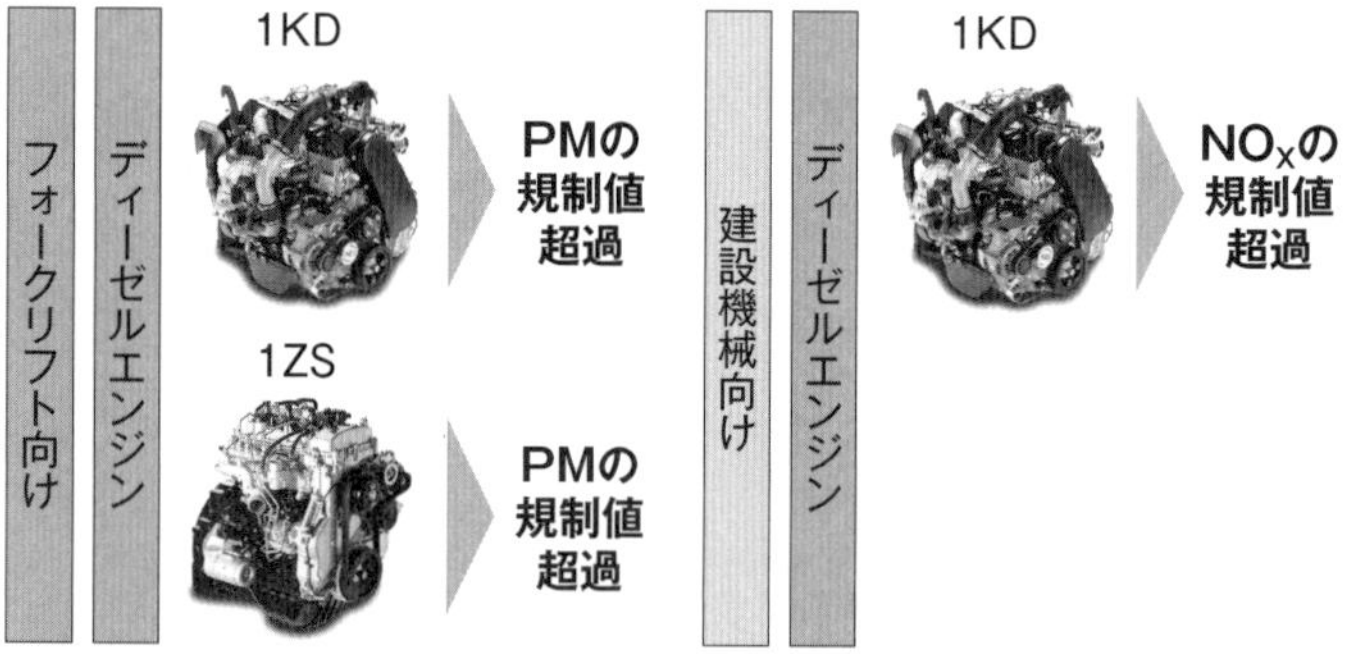

図15　排出ガスの規制値を超過していた産業車両用エンジン

フォークリフト向けディーゼルエンジンの1KDと1ZSはPMが規制値を超過しており、2023年4月に型式指定が取り消された。その後、国土交通省は新たに建設機械向けディーゼルエンジンである1KDの型式を取り消すと判断。NO_Xが規制値を超過している。（出所：筆者。各エンジンの写真：豊田自動織機）

摘せざるを得ない。

フォークリフトの動力源は電動化が進んでおり、同社が現在販売しているフォークリフトの7割が「電動フォークリフト」だという。不正が見つかったエンジンの搭載車は5％程度と少ない。「選択と集中」の経営判断次第では、産業車両用エンジン事業からの撤退も十分に考えられる。

第6章

トヨタの車検不正と愛知製鋼の公差不正の真相

1 「お客様第一」の最前線で車検不正

トヨタグループの不正というと、国土交通省から「メーカー失格」を意味する是正命令を受け、今なお（2024年6月19日時点）量産が許されていない製品（エンジンや車種）がある日野自動車と豊田自動織機、ダイハツ工業の3社が先行したと思う人が多いだろう。だが、実はグループの先陣を切ったのはトヨタ自動車だ。内容は車検不正である。

当初発覚したのは、トヨタ自動車系販売大手のATグループの傘下にある「ネッツトヨタ愛知」（当時、名古屋市）の車検不正だった。2021年3月に5000台を超える車検不正が明るみに出た。ただし、この時点では管理責任を追及する声は上がったものの、トヨタ自動車本体との関わりは薄いと世間に受け止められていた。

ところが、同年7月20日を境に世間の評価はがらりと変わった。この日、トヨタ自動車はオンラインで緊急会見を開いた。「レクサス高輪」が車検不正に手を染めていたことが発覚したからだ。レクサス高輪はトヨタ自動車の100%子会社であるトヨタモビリティ東京（東京・港）の販売店である。同年6月の国土交通省の監査で不正の事実が見つかった。

開発や生産面での不正ではなかったが、この会見に登壇したトヨタ自動車国内販売事業本部本部長（当時）の佐藤康彦氏が述べた通り、この問題は「メーカー（トヨタ自動車）にも責任がある」（同氏）。なぜなら、トヨタ自動車が掲げる「お客様第一」の考えに反する行為だからだ。

これまでトヨタ自動車は、文字通り顧客のことを最優先に考え、中でも「安全・安心」を重視したクルマづくりに努めてきた。ところが、トヨタモビリティ東京は、アフターサービスを含めて安全・安心なトヨタ車を顧客に提供する肝心な部分で、検査不正を起こした。

しかもその中身は、日本の製造業で2016年以降続く、品質データ偽装や検査不正と変わらない。（1）改ざんと（2）検査の省略——である。

（1）の改ざんでは、①ヘッドランプの明るさと②前輪の角度、③駐車ブレーキの効きの3つの検査項目において、基準を満たす値に書き換えていた。一方、（2）の検査の省略では、④排出ガスの成分と⑤速度計の精度（誤差）の2つの検査項目について、検査を実施していなかった。

不正の原因も他社と同じだ。まず、検査を行う人員（エンジニア）が足りず、設備も不足していた。そうした中で、納期（時間）を優先したのである。

トヨタ自動車が受けたショックは大きいはずだ。同社が進めてきた「もっといいクルマづくり」に負の影響を及ぼしかねないからである。

「後工程はお客様」の「心」に背く行為

トヨタ自動車には「後工程はお客様」という言葉がある。これは、「売れた分に応じて造る（故に、造り過ぎない）」というトヨタ生産方式（TPS）の考え方の根幹を成す部分だ。だが、実はこの言葉にはもっと大切な教えが込められている。それは、「顧客から近い場所にいる人のほうが偉い」というものである。その「心」は、顧客に近い人の方が顧客のニーズをよりよく知っている。従って、その人の意見のほうを尊重すれば、より良いクルマづくりにつながる、という考えである。

実際、メーカーであるトヨタ自動車には「販売店から日々、クレームを含めた厳しい要求がバンバン入ってくる（**図1**）。トヨタ自動車の社員は、それらをつぶさに記録し、上に報告するのが義務となっている」（トヨタ自動車ＯＢ）。技術者でも新入社員時の研修などで販売店の声を大切に扱う姿勢をたたき込まれる社員は少なくないという。

その、顧客に近いどころか直接顧客とやりとりし、それ故に強い発言力をトヨタグループ内で持つ販売店が「お客様第一」の教えに背いたのだ。クルマづくりの最前線で「お客様第一」が揺らげば、顧客の信頼を失って顧客ニーズを正しく把握できなくなる恐れがある。万が一そんなことにでもなれば、トヨタ自動車のクルマづくりの根幹が揺るぎかねない。だからこそ、車検不正はトヨタ自動車にとって深刻な問題

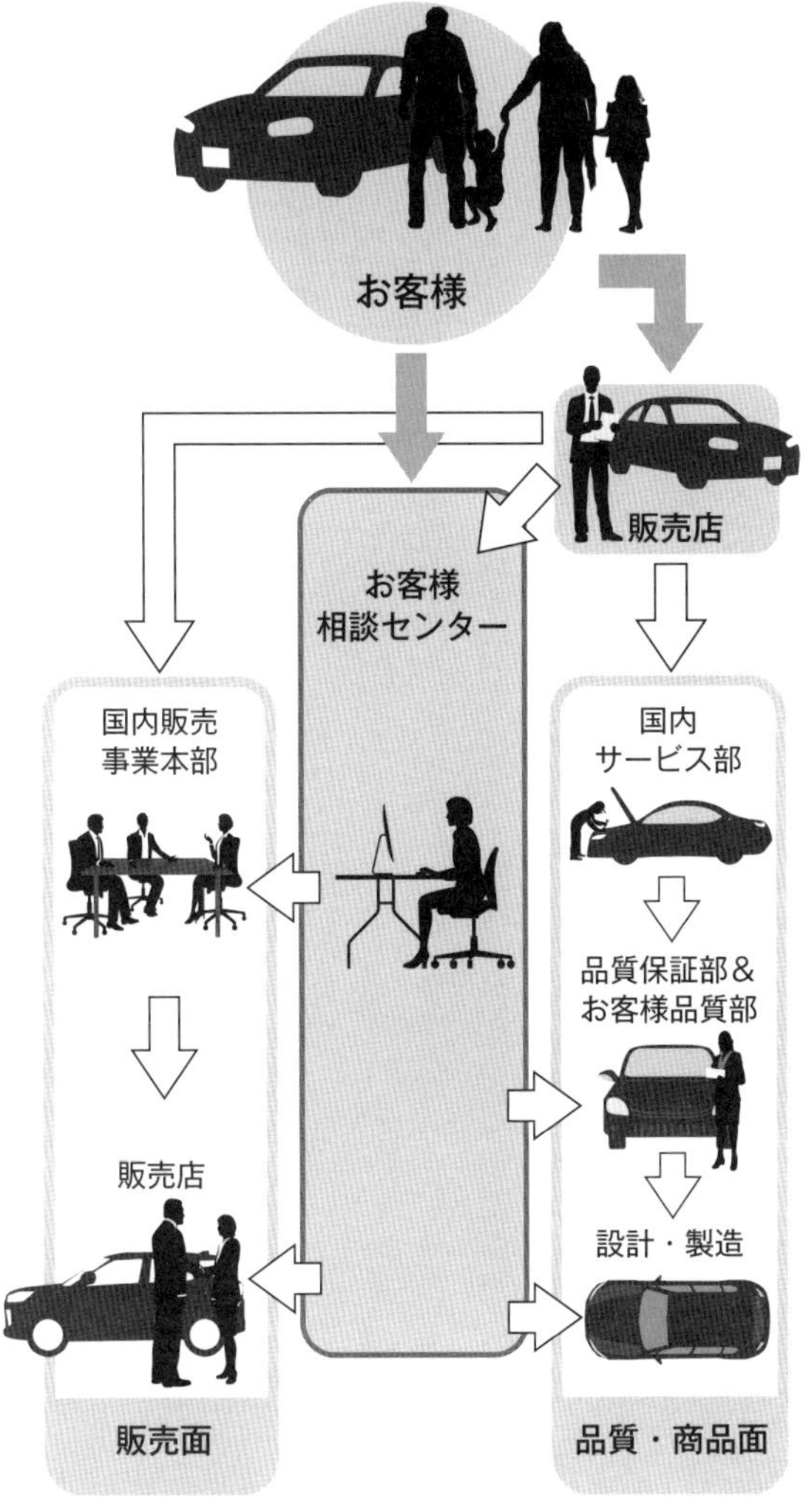

図1　顧客ニーズを把握する仕組み

顧客と接する販売店が顧客ニーズを把握し、トヨタ自動車に伝えて顧客志向のクルマづくりに生かす。（出所：トヨタ自動車の「Sustainability Data Book 2020」を基に筆者が作成）

なのである。

導入したトヨタ生産方式が定着せず

トヨタモビリティ東京が正しい検査よりも時間を優先したのは、短時間車検を打ち出していたからだ。クルマの販売が好調でサービス関連業務が増えている中で、並行して車検業務をこなさざるを得ない。こうした高い負荷がかかる環境下で、いつしか時間内に終わらせることが目的になっていったという。ただし、車検時間の短縮自体は顧客ニーズに合致するため間違ってはいない。ムダを徹底的に省いた結果の短時間車検なら問題はなかった。現に、販売店にＴＰＳを導入して業務改善を行ったのは、課長時代の豊田章男氏（現トヨタ自動車会長）だ。業務改善支援チームを販売店に送り込んでＴＰＳを導入し、原単位や車種、利用状況などを調べて「標準作業（一般には、作業標準）」を作り出した。結果、車検時間の短縮にもつながったという。

　ところが、トヨタ自動車は販売店にＴＰＳを定着させることに失敗した。「ＴＰＳでは標準作業を変化に応じて（常に）改善していく」（佐藤氏）ことで定着させるが、それができなかったようだ。他社がＴＰＳを導入する際に、指導者が指導・管理する間はなんとか機能するものの、いなくなった途端にＴＰＳが回らなくなるというのはよくあるケースだ。同じ失敗をトヨタモビリティ東京も犯したのだろう。

トヨタ自動車は工場発のＴＰＳの思想を、ホワイトカラーの業務やマネジメントにも展開し、全社的に浸透させてきたと言われる。だが、直営販売会社にまでＴＰＳを行き渡らせるには至っていないようだ。日本の自動車販売店は、総じて検査人員の慢性的な不足に直面していた。そのため、不正行為に及んだ販売店はこのレクサス高輪店以外にもあるのではないかと疑われた。果たして、結果はその通りとなった。

13店舗で合計6503台に拡大

トヨタ自動車が全国に４８５２拠点ある販売店に対して指定整備に関係する法令順守などを調査した結果、販売店11社の12店舗が車検不正に手を染めていたという事実が判明した。レクサス高輪店以外の販売店は、トヨタモビリティ東京の江戸川瑞江店、広島トヨタの広店、トヨタカローラ山口の安岡店、ネッツトヨタ山梨の本社セイリア店、トヨタカローラ愛媛の中央通店、ネッツトヨタ沖縄の南風原店、鳥取トヨペットの米子店、トヨタカローラ宮崎の日南店、徳島トヨペットの阿南店、沖縄トヨタの宮古支店、長崎トヨペットの琴海店――の11店舗である。

不正の内容は、４輪駆動車の速度計未検査、他人のＩＤで電子保安基準適合証を承認・発行、検査員が自ら整備作業を実施、ディーゼルエンジン車の排出ガス検査の未実施、ガソリンエンジン車の排出ガス検査の未実施、ヘッドライト光度の改ざん、ブレーキ制動力検査の不適切実施、サイドスリップテスターをロックしたまま検査、一部の部品を交換せずに保安基準適合証を発行、同一性の異なる車両に保安基準適合証を交付、保険が不足している状態で保安基準適合証を交付といったものだった。

車検不正が行われた車両は合計１３４５台に達した。ネッツトヨタ愛知を含めると、販売店12社の13店舗が車検不正を行い、その対象は合計６５０３台にも上った。

なお、車検不正を行っていた12店舗のうち、8店舗はトヨタ自動車で見つけたが、4店舗は国土交通省の監査で判明したものだ。

車検不正の原因について、トヨタ自動車は次の5つを挙げた。（1）サービス現場における過大な業務量とエンジニアの人員不足、（2）車検制度への役割認識と順法意識の不足、（3）経営層・管理者と現場作業者の風通しの悪さ、（4）指定整備における監査機能の不備、（5）車検を正しく行うための顧客への確認や説明の不足――である。

具体的には、（1）のサービス現場における過大な業務量とエンジニアの人員不足では、作業手順や作業内容が決まっていなかったり、見直しが不十分だったりした。加えて、エンジニアが顧客の納車の引き取りや洗車作業など付随する業務に追われていた。

（2）の車検制度への役割認識と順法意識の不足では、経営層・管理者や検査員本人が国の業務を代行しているという認識に甘さがあった。また、サービスと営業間のコミュニケーション不足やサービスへのしわ寄せがあった。

（3）の経営層・管理者と現場作業者の風通しの悪さでは、経営層と管理者が目標や実績のみを管理し、現場の実態を把握できていなかった。加えて、エンジニアが働く環境やストレス、処遇などについて悩みや不満を言いづらい雰囲気があった。

（4）指定整備における監査機能の不備では、監査の目的や内容への理解が不足しており、帳票類の確認にとどまるなど監査手法が不十分だった。また、完成検査が正しく行われたかどうかを第三者が確認する手段がなかった。

そして、（5）の車検を正しく行うための顧客への確認や説明の不足では、車種・年式などを問わず１台当たりの作業時間が一律に固定されており、時間が目的化していた。加えて、クルマからの荷物降ろしや来店時間など、顧客への依頼事項が徹底できていなかった。

こうした不正の内容や原因を見ると、販売店でもメーカーでも似たような内容や原因で不正が起きていることが分かる。要は、不正の発現メカニズムは企業や業種、職種を問わず同一ということだ。

2 エンジン用鋼材の「公差外れ」発覚

そして、トヨタグループで不正を行った企業のうち5社目となったのが、自動車向け特殊鋼を手掛ける愛知製鋼である。２０２３年5月17日、寸法公差が規定から外れた製品（以下、公差外れ品）を顧客に納品していたことを公表した。

公差外れの不正が見つかったのは、知多工場（愛知県東海市）が製造する特殊鋼。具体的にはクランクシャフトなどエンジン部品の材料として多用される、直径が10〜１００㎜の丸棒鋼材で、長さが６０００㎜の製品だ。

日本産業規格（ＪＩＳ）および顧客と取り決めた仕様（以下、顧客仕様）では公差が「−ゼロ㎜〜＋40㎜」であるのに対し、愛知製鋼は「−ゼロ㎜〜＋60㎜」の公差外れ品を出荷していた（**図2**）。

公差外れ品であるという認識は30年近く前の１９９５年からあったことが愛知製鋼による社内調査で判明している。ところが、一部の製品について「是正処置を後回しにした」（同社）という。

不正が発覚したきっかけは、顧客からのクレームである。愛知製鋼の丸棒鋼材を材料に使う生産ラインでチョコ停（設備や生産ラインが一時的に停止するトラブル）が頻発し、顧

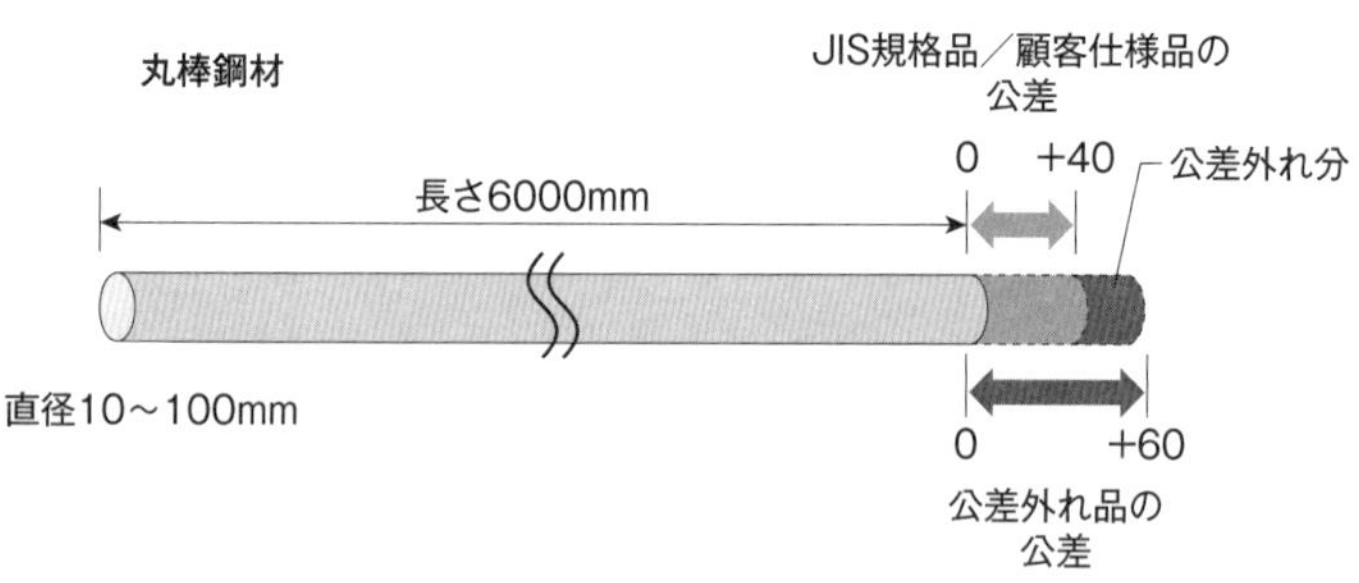

図2　丸棒鋼材と長さと公差
長さは6000mmであるのに対し、JIS規格品および顧客仕様品では「−0mm〜＋40mm」の公差が求められていた。これに対し、愛知製鋼は公差が「−0mm〜＋60mm」の公差外れ品を出荷していた。（出所：愛知製鋼の資料を基に日経クロステックが作成）

客がその原因を調べたところ、丸棒鋼材の寸法が最大で20㎜長すぎる点に気がついた。この顧客からのクレームを受けた愛知製鋼が社内調査を実施したところ、知多工場が公差外れ品を出荷していたことが分かったというのが、今回の不正発覚の経緯だ。

冷却による収縮分を「想定し切れず」

愛知製鋼は、丸棒鋼材の長さを最大でも６０４０㎜（６０００㎜＋最大公差40㎜）に収めることを狙って知多工場の工程を組んでいる。ところが、狙い通りの長さの丸棒鋼材を造るのは工程能力的に難しく、６０４０㎜を超えて最大で６０６０㎜まで長くなるケースが発生し得るという。

その理由は、熱による収縮分を見極め切れなかったからだ。丸棒鋼材は５００℃程度の高温に熱した状態で切断する。この切断時に同社は、規定の公差の中央値である６０２０㎜の長さが得られるように丸棒鋼材を切る。だが、このときの丸棒鋼材は熱によって膨張した状態だ。切断後、丸棒鋼材の温度は常温まで下がっていく。すると、今度は丸棒鋼材は収縮に向かう。この加熱による膨張と冷却による収縮を「想定し切れず」（愛知製鋼）、正しい公差である製品（長さが６０００～６０４０㎜の製品）を造れないケースがあるという。

こうして長さが６０４０㎜を超えた場合は、作業者が正しい公差に収まるように切断することになっていたが、「能力的に追い付かず」（同社）に公差外れの長い製品をそのまま出荷していた。

同社には「是正しなければならないという認識はあった」。それでも30年近く不正を続けた理由については、問題の重大性に対する認識が薄かったからだと思われる。

「長い分には顧客は損はしない」

というのも、今回の公差外れ品は規定よりも短いのではなく、逆に長いからだ。規定よりも短くして材料の使用量を減らしたのなら、コストを抑えて利益を増やしたかったという動機が考えられる。ところが、愛知製鋼のケースでは規定よりも長い分、材料の使用量が増加するため、むしろコストは増す。

加えて、顧客は購入した丸棒鋼材を切断して使用する。例えば、６０００＋α（α：公差分）㎜の丸棒鋼材から、長さが６００㎜のクランクシャフトを10本切り出すというイメージだ。公差は切断する際のマージン（余裕分）に当てられ、使用せずに残った分は廃棄される。それが最大40㎜でも最大60㎜でも顧客の工数などの負担が特に増えるわけではない。

すなわち、「丸棒鋼材の成分に問題はなく、顧客が造る製品の品質に悪影響を及ぼすわけではない」というのが、不正が長く続いたことに対する愛知製鋼の見解だ。要は、丸棒鋼材が多少長い分には顧客に損失は与えないという考えが同社の根底にあり、それが不正解消の機会を潰したというわけだ。

公差外れ品の出荷量は少ない。全出荷量が95万ｔであるのに対し、公差外れ品は20ｔ。割合で見ると０・００２％だ。ただし、顧客への影響は皆無ではない。

顧客への販売形態は、本数当たりの販売（本数課金）と質量当たりの販売（質量課金）の２種類がある。このうち、顧客が損失を被るのは質量課金のほうだ。本来は最大でも６０４０㎜の長さしか必要ないのに、最大で20㎜の余計な長さ分の質量が加算された料金を顧客は支払わされたからである。愛知製鋼は、この分の「金額保証を含めて対応を検討する」という。

コンプライアンスとガバナンスに甘さ

愛知製鋼の場合、問われるのはコンプライアンス（法令順守）およびガバナンス（企業統治）の緩さだ。愛知製鋼はこの不正事案に関して不可解な対応を取っている。丸棒鋼材のうちＪＩＳ規格品については、２０１６年に検査基準を正しい公差を満たすように是正したものの、監督官庁である経済産業省や業界団体、ＪＩＳ規格認証機関への届け出は行っていない。

すなわち、愛知製鋼はこのＪＩＳ法違反を社内で秘密裏に処理したというわけだ。ＪＩＳ法違反を公表すれば、メディアなどに大きく取り上げられた可能性がある。２０１６年当時は、三菱自動車やスズキによる燃費試験不正や、神鋼鋼線ステンレス（大阪府泉佐野市）によるＪＩＳ法違反（ばね用ステンレス鋼線の強度試験データの改ざん）が相次いで発覚し、後に社会問題にも発展することになる「品質データ偽装問題」が日本で勃発した年だからだ。そして、ＪＩＳ法違反が問われない顧客仕様品については是正せず、公差外れのまま愛知製鋼は出荷し続けた。

しかも、件《くだん》の不正については同社の経営陣にまで報告が上がっている。にもかかわらず、今回顧客からクレームが来るまでの少なくとも7年間、愛知製鋼はこの問題を放置した。

確かに、悪質性はトヨタグループで発覚した他の不正事案と比べると低い。だが、コンプライアンスとガバナンスに問題を抱えているのは全社の共通事項だ。「不正は悪質性が高いとか低いとかに関係なく、1件でも許してはダメだ。それを許せば、いずれ大きな不正へとつながっていく」とトヨタ自動車ＯＢは憤る。

愛知製鋼は今回の不正を、トヨタ自動車が２０２３年5月12日に開いた会合で報告した。トヨタ自動車を含むグループ17社の社長や会長が出席したこの会合で、愛知製鋼の藤岡高広社長（当時）が伝えたという。なお、藤岡社長（当時）はトヨタ自動車役員からの「天下り」だ。この点は日野自動車やダイハツ工業と共通している。

第7章

問題の核心 ——真因の追究——

1 不正は「設計者主導」

トヨタグループはなぜ不正に手を染めたのか。その真因（問題を引き起こした本当の原因）の筆頭として挙げられるのが、「技術力不足」である。

不正に及んだ日野自動車と豊田自動織機、ダイハツ工業の3社に対し、調査報告書の指摘として共通するのは、経営陣の責任に言及しながらも、不正原因の全てを法規認証（以下、認証）業務担当の現場（部署や担当者）に押し付けた点だ。時間や人員の面で余裕がなく、やむにやまれず不正を行ったからだというのである。確かに、誰が不正に直接手を染めたのかといえば現場の社員である。どのような理由があったとしても、それは許されることではない。

だが、認証業務の担当者に不正の責任があるという見方は甘いと言わざるを得ない。同時に、この問題が起きた真因を見いだす上でも間違っている。なぜなら、認証業務の担当者が不正を働いたと判断するには、動機が弱すぎるからだ。

認証業務の担当者の本来の仕事は、法規が定める試験を実施し、開発設計が完了した量産相当の製品（クルマやエンジン）の性能が法規の基準を満たすか否かを確認して、認証申請を行うことである。性能が未達だった場合は、開発設計部門に「ＮＧ」と伝えるだけでよいはずだ。なぜなら、性能に対する責任も出荷に対する責任も、彼らが負う必要はないからである。

にもかかわらず、ばれたら減俸や左遷など懲罰的な処分を受けることが必至の不正を、性能不足や出荷に関する責任を負わない認証業務の担当者が自発的に行ったという見方は不自然極まりない。

では、不正の首謀者は誰か。結論から言えば、開発設計をリードする設計者だ。すなわち、日野自動車と豊田自動織機、ダイハツ工業の不正は「技術者主導」なのである。

これはトヨタグループに限らず、日本の製造業で起きた不正の多くに当てはまる。不正が見つかった企業は、よく「検査不正」や「試験不正」だったと説明する。だが、その不自然さは不正の責任を認証現場に押し付けたトヨタグループの調査報告書と変わらない。性能や出荷に対する責任を負わない検査員が自ら不正に手を染めると判断するには、得られるメリットの割にデメリットが大きすぎるのだ。やはり、動機が弱すぎると言えるだろう。

日本の製造業にとって製品の性能は生命線。それを担うのは技術者だ。技術者が不正を主導したとは、日本企業としては決して認めるわけにはいかないのだろう。

真因は「技術力不足」

では、なぜ技術者が不正を主導するのか。その理由はシンプルだ。ずばり、「技術力が不足している」からである。

日野自動車も豊田自動織機もダイハツ工業も、実に手の込んだ不正工作を繰り出している。考えられるありとあらゆる手練手管を駆使し、性能が法規を満たしているかのように見せ掛けた。明らかに間違った方向にわざわざ労力を割いてまで彼らはなぜ不正な工作を行ったのか。それは、正しい方向、すなわち法規が定める通りに性能試験を行ったら「ＮＧ」という結果となる恐れがあるからだ。

もしも、十分な技術力を備えていたらどうだろうか。当然だが、わざわざ不正な工作など考えない。不正行為に及ぶ必要がないからである。正々堂々とルール通りに試験し、法規が定めた基準を楽々とクリアすることだろう。

そもそも、技術者は本能的に「良いものを造りたい」と考えているものだ。不正工作によって法規基準を満たしたように偽った製品を自らの手で世に出したいとは思わないはずである。

日野自動車と豊田自動織機に十分な技術力があれば、エンジンの排出ガス性能や燃費性能の開発において不正など犯さなかった。ダイハツ工業も「短期開発」と呼ぶスピード開発に耐える技術力を備えていれば、衝突試験をはじめとする各種の試験において不正行為に及ぶことはなかった。必要十分な技術力がなかったからこそ、彼らは不正に手を染めたと見なければならない。

本来なら、環境規制が厳しくなる法令の動向を見据えて、規制が施行される前に法規基準を満たす製品を造れる技術力を磨く必要がある。同じく、競合企業に対して劣らないスピードで製品を市場投入できる技術力を身に付けなければならない。不正とは無縁の競合他社は、こうした製造業として当たり前のことを実践している点を忘れてはならない。当然のこと（正しいこと）を行うために、彼らは経営リソースを投入しているのである。

ところが、企業はもちろん、外部の識者で構成される調査委員会も「技術力不足」に関して一切言及していない。これでは真因を追究することなど到底できない。企業のイメージ戦略上、あえて触れないようにしているとしか思えない。

不正の真因として技術力不足を素直に認め、法規基準を満たして、かつ競合他社にも劣らない技術力を身に付ける方策を真剣に考える。そうしなければ、トヨタグループは不正の芽を摘み取ることはできない。

2 「管理職の機能不全」が不正問題の共通項

「管理職が不正に関与していない？　そんなことは絶対にない。下（現場）の人間に責任を取らせる最低な組織だ」――。ダイハツ工業の不正を調べた第三者委員会が、２０２３年12月20日に開いた会見で「管理職は不正に関与していない」と発表。これを聞いたトヨタ自動車の関係者はこう憤る。製造業に詳しい経営コンサルタントは「これが事実なら、無能な管理者と言わざるを得ない」と手厳しい。

調査報告書にはこうある。「部室長級以上の役職者が現場レベルの不正行為を指示し、あるいは黙認したというようなダイハツが組織的に不正行為を実行・継続したことを示唆する事実は認められなかった」（ダイハツ工業の調査報告書）と。

管理職が不正に関与していたら論外だが、部下による不正行為を見逃しているのも問題だ。いずれにせよ、著しい「管理職の機能不全」である。

実は、こうした管理職の機能不全の実態が発覚したのはダイハツ工業だけではない。日野自動車および豊田自動織機を含む、不正行為が見つかったトヨタグループ3企業の「共通項」だ。これら3社の開発現場は技術力不足によって不正に手を染めた。そして不正を誘引したと言えるのが、この管理職の機能不全なのである。

管理職は本来、経営陣が決めた方針や目標に達するように現場を導く役割を担う。だが、クルマづくりは計画通りには進まない。現場はトラブルとの戦いと言ってもよいほど日々さまざまな課題が発生するからだ。それらの課題を把握し、現場の社員と共に1つひとつ課題を解決していく。必要ならば人・物・金といった経営リソースを手当てし、社内の他部門や他企業との交渉や折衝も行う。それでも、自らの権限と責任の範囲では乗り越えられない課題があるのなら、より上の管理職や経営陣にかけあって計画の変更を主張する必要がある。言うまでもなく、管理職は経営陣と現場をつなぐ大切な「要」の役職である。
ところが、実態は3社とも惨憺《さんたん》たるものだ。調査報告書はこう指摘している。

ダイハツ工業の実態

まず、ダイハツ工業の管理職に対し、調査報告書が問題点として挙げているのは知識不足だ。管理職なら当然身に付けているべき業務に関連する知識が足りていない。

「管理職が認証試験の**実務や現場の状況に精通しておらず**、また、報告や相談を行っても認証試験の担当者が抱える問題の解決が期待できない結果、現場の担当者レベルで問題を抱え込まざるを得ない状況が生じたことであると思われる」（ダイハツ工業の調査報告書）

加えて、技術力も不足しているため、問題を解決に導く能力に乏しい。それを見抜いた開発現場は管理職への報告や連絡、相談、いわゆる報連相を無駄なものと捉えてしまった。

「管理職は表向きは『何でも相談してくれ』というものの、**実際に相談すると『で？』と言われるだけ**で相談する意味がない。問題点を報告しても『何でそんな失敗したの』『どうするんだ』『間に合うのか』と詰問するだけで、親身になって建設的な意見を出してくれるわけではない」（ダイハツ工業の調査報告書）

開発現場から管理職への報連相が途絶えると、両者の間には次第に大きな溝が形成されていく。実際、ダイハツ工業では「断絶」が生んだと言うべき深い溝があったと調査報告書は指摘している。

「**現場と管理職との間に断絶ともいえる深い溝**があり、通常のレポーティングライン（業務報告や意思疎通を行う指揮系統）が機能不全に陥っていたと考えるべきである」（ダイハツ工業の調査報告書）

日野自動車の実態

続いて、日野自動車の管理職では、部下から報告された技術内容を確認すらしていないケースがある。

「日野において、製品開発機能や商品開発機能を統括する機能担当役員、エンジン設計部及びパワートレーン実験部を所管する担当役員、部長、室長、グループ長、担当者それぞれについて、**部下から受けた報告**

内容が技術的に実現可能なものかを確認していないことを意味する」（日野自動車の調査報告書）

なぜ、技術内容を確認しないのか。その背景には、本来は管理職が備えているべき技術力および知識が不足しているという問題が透けて見える。

「車両全体の開発に責任を持つ車両ＣＥ（チーフエンジニア、開発リーダーのこと）も、主にエンジンの先行開発に責任を持つエンジンＣＥも、エンジン主査も、総じて劣化耐久試験についてほぼ理解していない。**業務内容が分からずに、パワートレーン実験部に丸投げしていた**」（日野自動車の調査報告書）

「燃費を偽る行為は、エンジン設計部などの管理職が、エンジンの燃費の実力やその改善に要するスケジュールや**技術的な裏付けを全く無視して燃費改善を安請け合い**し、その後、これを放置して、最後に適合業務を行うパワートレーン実験部の担当者にその**責任を丸投げ**した」（日野自動車の調査報告書）

極めつけは、日野自動車の管理職は最も重要な役割と言える、問題発見能力および管理能力についても決定的に不足していることだ。現場は「問題がある」という声を上げていたにもかかわらず、である。

「エンジン開発に携わる日野の従業員のほとんどが、開発スケジュールや能力がリソースに見合っておらず、策定された時から逼迫することが目に見えているとか、ベンチ（試験装置）などの施設利用の日程が余裕なく組まれており、ある開発プロジェクトに問題が発生すると全体的な開発スケジュールに影響が出てしまうなどの声が上がっていた」（日野自動車の調査報告書）

このように、日野自動車の開発現場は「そもそも実現が難しいスケジュールが組まれている」という問題を管理職に指摘しているのだ。ところが、現実は次のように管理職が認めることはなかった。

「部長以上の役職員や経営陣からは、そのような**認識はなかった**との声が多く、経営陣と現場との間に、日野自身の能力やリソースに対する認識の断絶があったが、**現場が有する問題意識や課題状況が適切に経営陣に届く仕組みが機能していなかった**。経営陣の側としても、事業戦略を立てる上で、進んで現場の情報を吸い上げようとする意識が十分ではなかった」（日野自動車の調査報告書）

豊田自動織機の実態

豊田自動織機に対しては、調査報告書は管理職による「職務放棄」とまで踏み込んで指摘している。次の通りだ。

「開発スケジュールの問題を認識しつつも、その是正のための動きを取らないというのは、**管理職としての職務を放棄**しているのに等しい」（豊田自動織機の調査報告書）

開発現場の実力が伴っていないのに、開発スケジュールに関する最適な期間の設定のために管理職が動いていないのだ。

「開発スケジュールを踏まえると、排出ガスの各成分値が規制値を超えるなどの問題が生じた段階では、既に適合を見直して劣化耐久試験などをやり直す時間的な余裕はない状態にあった。にもかかわらず、不合理な開発スケジュールが策定され、スケジュールの見直しも行われなかった。これは、エンジン事業部の**管理職が、その役割を十分に果たしてこなかったことが大きな原因**であると認められる」（豊田自動織機の調査報告書）

実は豊田自動織機でも、開発スケジュールが自分たちが認識している実力を超えて短すぎるとの声を開発現場が上げたケースもあった。ところが、その声を管理職が聞き入れることはなかった。

「開発室の担当者やグループマネージャーの中には、開発スケジュールに無理があることを認識し、室長らに対してその旨を進言する者もいたが、**室長らがスケジュールを是正すべく行動を起こすことはなかった**」（豊田自動織機の調査報告書）

「開発スケジュールが厳しいことを上司に伝えても、上司がＬ＆Ｆ（エンジン開発部門がエンジンを納めるフォークリフト事業部）に対して**スケジュールの見直しを申し出ることはなく**、むしろ、決められたスケジュールに間に合わせるよう指導を受けるのみであったため、スケジュールが厳しくても、上司に相談することはしないようになった」（豊田自動織機の調査報告書）

　思い切って「その条件では難しい」「その期間では不可能」といった不都合な事実を具申しても、結果的に管理職が耳を塞いだり、無視したりする状況が続けば、次第に社員は現場で問題が生じても管理者に何も伝えなくなる。実際、開発現場は次のような状態に陥っていた。

「量産開始日の変更は無理であり、スケジュール変更を申し出ようという気すら起きなかった」（豊田自動織機の調査報告書）

「例えば、（産業車両用ディーゼルエンジンである）『１ＫＤ』エンジンの量産開始日が２０１３年５月に前倒しされた際には、適合グループのグループマネージャーが、室長に対して、無理のあるスケジュールであることを伝えたが、スケジュールが変更されることはなかった。その理由について、室長は、『Ｌ＆Ｆの担当者らに相談しても量産開始日の後ろ倒しを受け入れてもらえる見込みは低く、また、技術部長に相談しても助けてもらえないと思っていたため、量産開始日を後ろ倒しにすることを相談しなかった』などと述べている」（豊田自動織機の調査報告書）

これには室長にとっての管理職（上司）である「部長職の機能不全」という問題があることも、報告書は指摘している。

「不正行為については、室長までは報告・相談されたものが少なからず存在したが、その上司である技術部長まで報告・相談されたものは見当たらなかった。この理由に関し、室長は『産業車両用エンジンの開発部門においては、上司に相談したところでどうせ何とかしろなどと言われる雰囲気があり、**技術部長に相談したとしても無駄であると半ば諦めていたため、**技術部長に報告することはなかった』」（豊田自動織機の調査報告書）

「１ＫＤの開発スケジュールに無理がある旨を部下から相談を受けたにもかかわらず、スケジュールの是正に動かなかった理由として、『エンジン事業部長に相談しても助けてもらえないと思っていたため、量産開始日を後ろ倒しにすることをＬ＆Ｆに相談しなかった』と述べている。これは、室長が自らの権限と責任で解決し得ない現場の問題を適切に上司にエスカレーション（上司に相談して判断を仰ぐこと）するという管理職としての職責を果たしていなかったことを示す事実であるが、同時に、技術部長（副部長も含む）においても、開発の現場が抱えている問題を適時に吸い上げることができていなかったことを意味しており、**技術部長の部下への対応のあり方や組織風土に課題があった**ことを示すものといえる」（豊田自動織機の調査報告書）

部長職が機能していなかったのは、豊田自動織機の中で現場と部長職以上の管理職との間で断絶が起きていたためだ。

「技術部長経験者らは、開発スケジュールに無理があったとは認識していなかったと口をそろえているし、週報にトラブルの記載があったことなどにも十分に意識に止まらなかったと述べている。このように現場の問題を技術部長が把握できていなかったという事実自体、**技術部長が開発現場の実情を十分に把握しようとはしていなかった**ことの何よりの表れであるというべきである」（豊田自動織機の調査報告書）

部長の決裁が不可欠

要は、管理職の知識・技術不足により、開発現場が抱えている問題や苦労を把握できなかった。そのため、開発現場から管理職に不都合な情報が上がらず、開発現場だけで問題を抱えることとなった。結果、人・物・金、時間の余裕もなく、解決する技術力も持っていない開発現場は不正に及ぶしかなかったというのが、3社の調査報告書に共通する指摘である。

調査報告書のこうした指摘に対し、自動車の技術に詳しい専門家は「管理職の関与がない」という見方については、「あり得ない」と一刀両断する。自動車メーカーでは通常、クルマづくりにおける重要なポイントの判断を部長が行うからだ。部長の決裁なしで開発設計プロセスが先に進むことはなく、開発部門による最終的な成果である図面が出来上がるはずがないのだ。

しかも、クルマの開発には部長が意見することもしばしばだ。例えば、日産自動車では部長はもちろん、役員が開発に口を出し、それまでの開発方針や設計がガラリと変わることも珍しくないという。自動車メーカーの技術者出身故にクルマ好きという側面がある上に、開発に携わる全員でクルマを開発していくからだ。これはトヨタ自動車にも当てはまる。少なくともこれら2社の実態は、管理職が関与しないのではなく、むしろ積極的に関与するからこそ、クルマを開発できると表現すべきだ。

冒頭のトヨタ自動車関係者の怒りは、こうした自動車の開発現場の実態から乖離《かいり》し、管理職が保身にのみ走っているように思えるからだ。管理職は不正について知らなかった、悪いのは現場の責任であると。3社とも長年不正が続いているのに、そんな言い訳は不自然だ。歴代の管理職が開発現場で継続されていた不正を知らないはずはない。

このように、管理職の機能不全は不正を誘発させる大きな要因なのである。

3 リスク評価および法規解釈プロセスの不備 ―専門性の不足―

リスクを踏まえた上で、法規解釈プロセスを織り込んだ開発プロセスを構築して製品を造る――。本来は製造業が行うべき、こうした専門性が不足しているのも、日野自動車と豊田自動織機、ダイハツ工業の3社に共通する不正の真因である。豊田自動織機を例に挙げよう。

「規制値に未達であることに気づくのが遅すぎる。きちんとしたエンジン開発プロセスおよび認証プロセス（以下、エンジン開発プロセス）を持っていない証拠だ」――。豊田自動織機で発覚した不正について、エンジンの専門家はこう指摘する。

同社による産業車両（フォークリフトおよび建設機械）用エンジンの不正は、エンジン認証試験の1つである排出ガス性能の「劣化耐久試験」で見つかっている。この試験を実施する開発の最終段階で、規制に対する排出ガスの超過が見られた。ところが、対策を講じるには時間的に厳しく、開発に遅れが生じる可能性がある。そこで、①実測値と異なる数値の使用、②試験中における部品などの交換、③量産品と異なる制御ソフトウエアを組み込んだ電子制御ユニット（ECU、試験用ECU）の使用、④複数の測定値からの値の選択——などの不正を行って劣化耐久試験をクリアしたように装ったというのがエンジンの専門家の見立てだ。

詳細設計前にリスクを評価

なぜこうなったのか。エンジンの専門家は、豊田自動織機の産業車両用エンジンの開発部門が「エンジン認証試験に関するルールを定めた開発プロセスを持っていないのだろう」と見る。エンジンの開発では本来、開発の初期段階で排出ガスの値を予測して排出ガスが超過するリスクを検討しなければならない。すなわち、開発プロセスにおいて、企画の次に来る「構想設計」の初期段階で「リスク評価」を行う必要があるのだ（**図1**）。

例えば、トヨタ自動車のエンジン開発プロセスでは「変化点管理」もしくは「変更点管理」を行う。これは設計の変更点や製品が使われる環境などの変化点に着目し、品質不具合の発生をより効率的に防ぐための手法だ。エンジンのモデルチェンジや、部品や触媒の変更、環境規制の強化といった変化点や変更点があった場合は、品質不具合の未然防止手法であるDRBFM（Design Review Based on Failure Mode：故障モードに基づく設計審査）を実施する。

そして、このDRBFMで抽出された評価項目のうち、リスクが大きなものを評価する。リスクの度合いが想定以上に大きければ、対応策をがらりと変えて構想設計の中に投入する。

翻って、豊田自動織機の産業車両用エンジンは「もともとあるエンジンで実績も十分だからリスクはそれほど大きくないと踏み、リスク評価を省いて開発設計を進めたのではないか」とエンジンの専門家は推察する。

このように、詳細設計に入る前にリスクを追究するトヨタ自動車のエンジン開発プロセスと比較すると、豊田自動織機の産業車両用エンジン開発における不正を防ぐ上

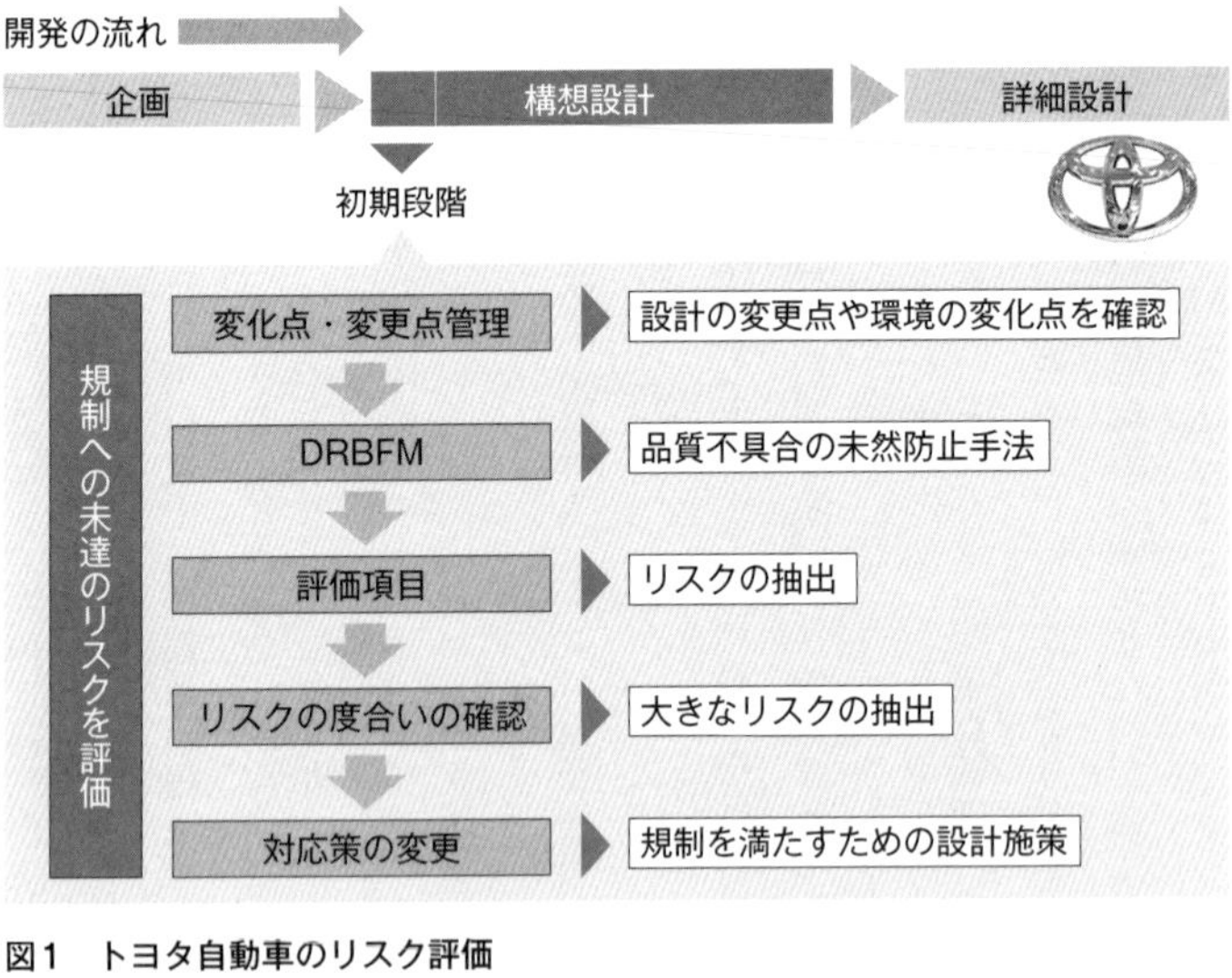

図1　トヨタ自動車のリスク評価

エンジン開発プロセスに規制への未達に関するリスク評価を織り込んでいる。実施するタイミングは構想設計の初期段階。要は、設計のごく初期の段階でトラブル（排出ガスの超過リスク）の芽を摘むフロントローディングの仕掛けの1つ。（作成：筆者）

での欠陥が浮き彫りになる。この点は日野自動車のエンジン不正のケースと酷似している。

法規解釈プロセスなし

不正が起きた原因を問われた豊田自動織機の大西朗社長（当時）は「法規に対する知見や認識が欠けていた」と答えた。同じ質問に日野自動車は「法規に対して違反している認識がなかった」と、豊田自動織機と同様の回答を示している。法規に従わない製品をメーカーが販売することは許されない。にもかかわらずこうした回答になるというのは、両社が共にエンジン開発プロセスに十分な「法規解釈プロセス」を備えていないからにほかならない。

トヨタ自動車ではエンジン開発プロセスに法規解釈プロセスを組み込んでいる（図2）。法規を正

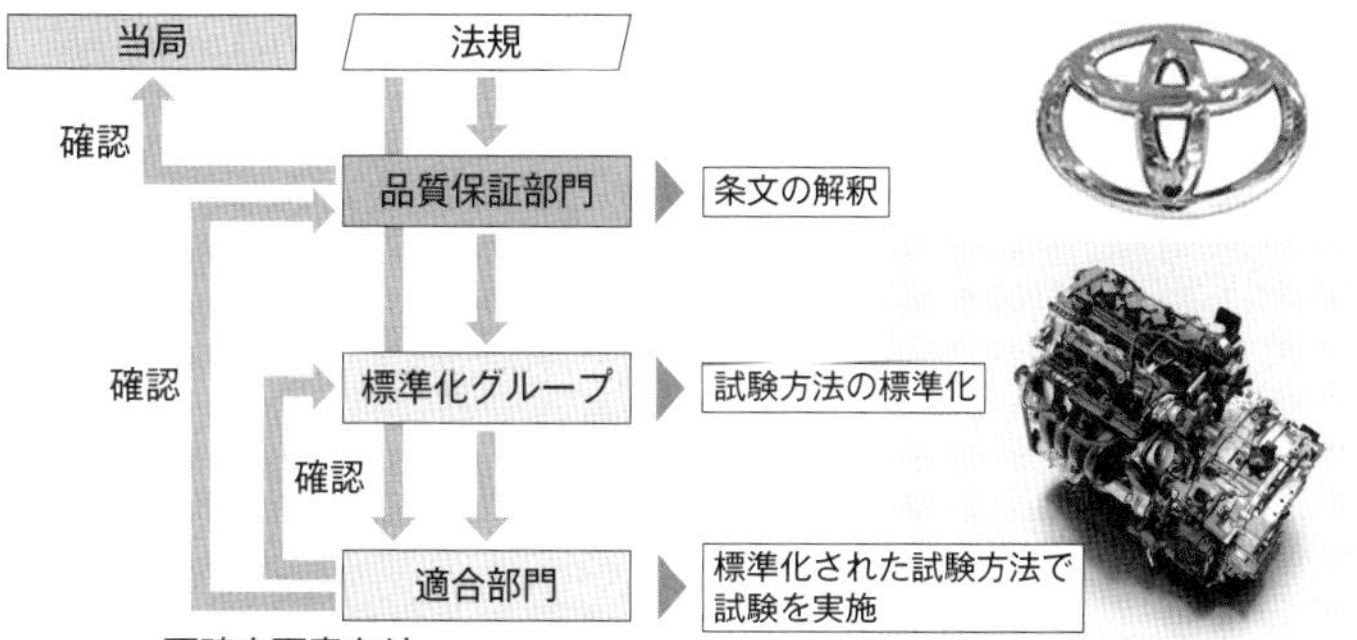

図2　トヨタ自動車の法規解釈プロセス

この法規解釈プロセスはエンジン開発プロセスに織り込まれている。品質保証部門が条文を読み解く専門組織となり、条文を解釈する。それを受け取った標準化グループが試験方法を標準化し、適合部門に展開する。適合部門は自らも条文を読み、標準化グループから展開された試験方法の妥当性を適合の視点から確認する。不確定要素があれば、標準グループや品質保証部門に問い合わせる。それでも曖昧さが残る場合は、品質保証部門が当局に確認する仕組みとなっている。（作成：筆者、エンジンの写真：トヨタ自動車）

しく解釈し、かつ解釈の属人化を防ぐための仕掛けである。逆に言えば、これがないと規制から逸脱する余地を残してしまう。

この法規解釈プロセスには、（1）品質保証部門、（2）標準化グループ、（3）適合部門〈＊1〉——の3つの組織が関わる。品質保証部門は法規を読み解く専門組織となる。抽象的で時に分かりにくいともいわれる法規の条文を解釈し、それをエンジン開発部門にある標準化グループに伝える。

標準化グループは、試験方法の標準化を図る組織だ。品質保証部門の解釈を基に、試験に関するプロセスやルールを改定したり新たに設定したりした上で、それらの試験方法を「標準」として定める。これにより、エンジン開発部門に属する適合部門における担当者ごとの属人的な解釈を防ぎ、試験方法のばらつきを抑えるのである。

続いて、標準化グループはその標準を適合部門に展開する。適合部門は基本的にこの標準に従って試験業務を行うが、一方で、適合部門の担当者自身も法規の条文を読み、標準化グループから渡された標準が技術的な根拠を満たしていることなどを確認する。ここで不確定要素があれば、標準化グループや品質保証部門に問い合わせる。それでも解決できない場合は、品質保証部門が各国や地域の当局に問い合わせて

＊1　適合部門は、排出ガスや燃費などの性能が設計目標値を満たすように電子制御ユニット（ECU）などの制御（ソフトウエア）などで調整する作業を行う組織。

法規の正しい解釈を確認する。

これに対し、日野自動車では属人的な法規解釈となっていたことが分かっている。法規解釈は適合部門である「パワートレーン実験部」が担っており、試験担当者によって法規解釈がばらついて試験方法が異なるケースが見られたのだ。豊田自動織機の産業車両用エンジンの開発プロセスも「正しい解釈を担保する法規解釈プロセスがあれば、こんな事態にはなっていない」（エンジンの専門家）。

4　牽制機能の不備

そして、認証業務を含む開発部門が暴走しないように牽制《けんせい》機能を備えていなかったことも、日野自動車と豊田自動織機、ダイハツ工業の不正を招いた真因と呼ぶべきものだ。

「お手盛り試験」による不正への誘惑

3社は、いわゆる「お手盛り」の認証試験を行っていた。エンジンやクルマを開発する部門内で認証業務を行っていたのだ。

この点について、トヨタ自動車出身者は「開発部門で閉じた認証試験は不正の温床になる。牽制機能が働かないからだ」と指摘する。事実、トヨタ自動車はお手盛りの認証試験をできる限り排除する仕組みを開発プロセスに導入している（図3）。要は、エンジン認証に関する最終的な判断を開発部門から切り離し、品質保証部門に担わせる仕組みだ。

現に、お手盛りの認証試験が不正を許した点を反省した日野自動車は、再発防止策としてエンジン認証試験（および認証申請）の機能を「開発本部」から切り離して「品質本部」に移管した（図4）。ダイハツ工業も、認証業務を開発部門から切り離した。認証業務を担う「法規認証室」を開発部門から分離し、品質保証部門である「品質統括本部」に移行。これにより、開発部門によるお手盛りの認証業務を避ける考えだ。

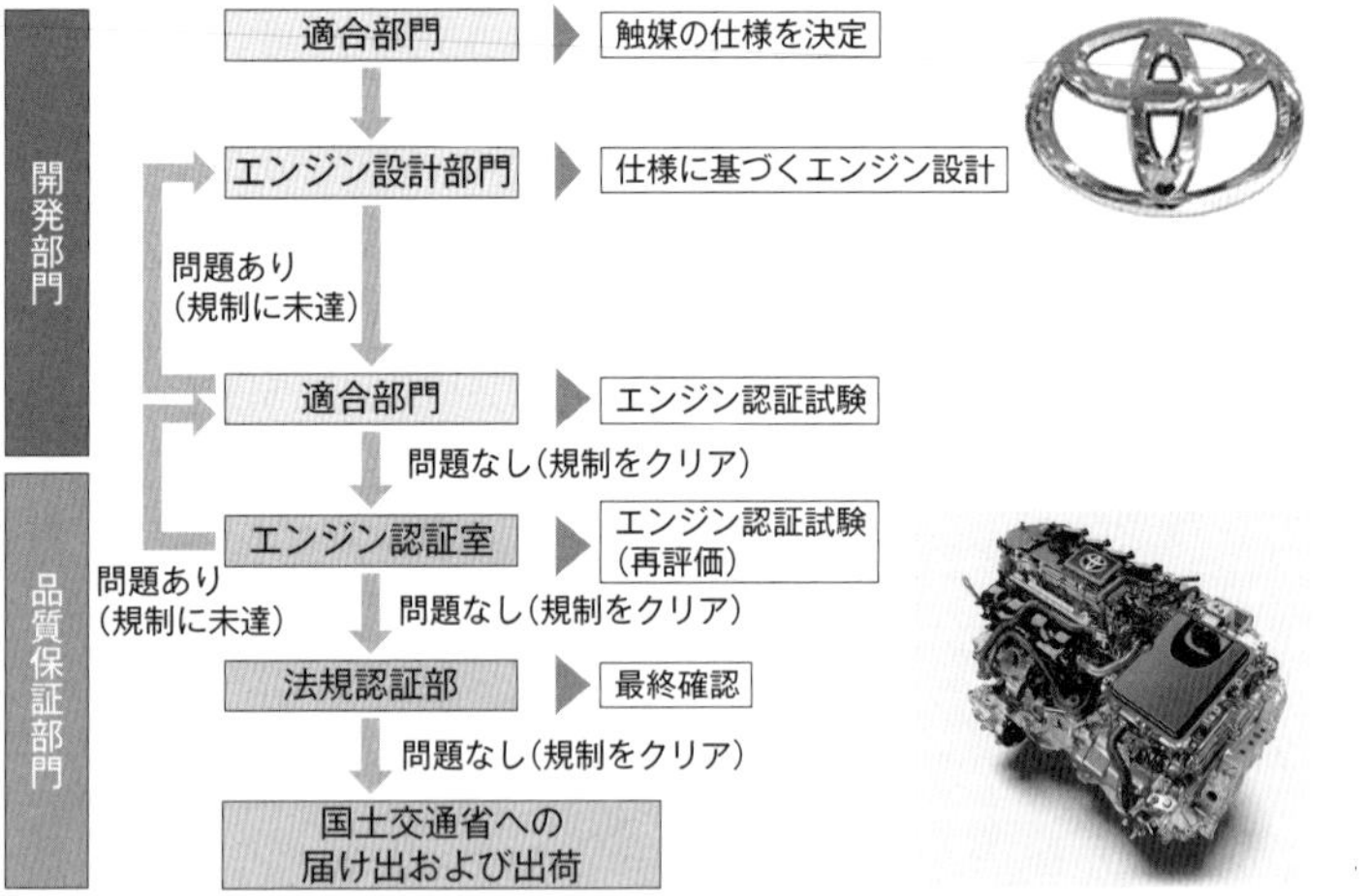

図3　トヨタ自動車の牽制機能（エンジン開発の例）

開発部門のエンジン認証試験を鵜呑みにせず、品質保証部門が同じ試験を実施して規制をクリアしているか否かを判断する。いわゆる「お手盛り」の認証試験を排除する仕組み。（作成：筆者、エンジンの写真：トヨタ自動車）

実は、日本の自動車メーカーでは開発部門内でエンジン認証試験（および認証申請）を行っているケースが多い。認証試験を品質保証部門が行っているのは「トヨタ自動車だけではないか」（エンジンの専門家）という声もある。実際、2022年12月31日時点で確認した日産自動車とマツダ、スズキ、いすゞ自動車、三菱ふそうトラック・バスのいずれも、認証試験を品質保証部門が担っていない。こうした企業は「認証試験および認証申請の機能については人も設備も場所もきちんと分離している」（日産自動車）、「認証試験については開発部門のエンジン実験担当が実施しているが、実験担当が取得したデータを開発部門の商品企画と設計、実験、法規認証、品質保証部門によるクロスチェックで確認した上で認証業務を進めている」（いすゞ自動車）、「品質保証部門ではないが、設計

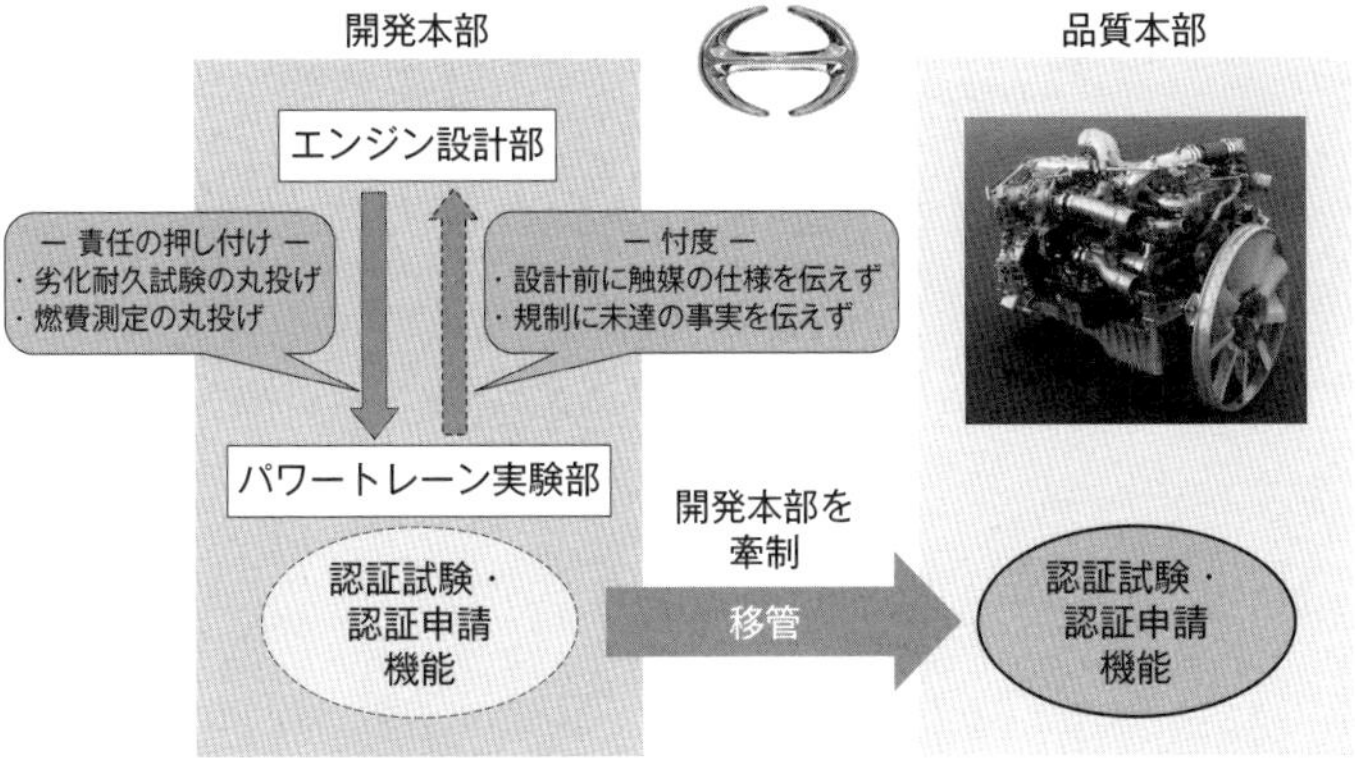

図4　日野自動車の「牽制構造の確立・強化」

再発防止策の1つとしてエンジン開発プロセスに牽制機能を導入した。エンジン認証試験（および認証申請）の機能を開発本部から引き離し、品質本部が担当する。日野自動車では「エンジン設計部」が無責任な開発設計を行い、それを適合部門であるパワートレーン実験部に押し付けていた。パワートレーン実験部はエンジン設計部に物が言えず、エンジン認証試験（および認証申請）で不正を行っていた。（作成：筆者、エンジンの写真：日野自動車）

部門から独立した認証技術部が行っている。エンジン単体の出力認証試験は設計部門が行うが、法規通りに実施されているか認証技術部が試験に立ち会いチェックをしている」（スズキ）、「認証試験は開発部門とは別の認証専門の法規認証部門が行っている」（マツダ）といった方法で不正を回避しているという。

これに対し、トヨタ自動車では品質保証部門のエンジン認証室がエンジン認証試験を行い、その結果を法規認証部が確認する仕組みとなっている。しかも、これは開発部門内の適合部門（日野自動車のパワートレーン実験部に相当）が開発段階で行うエンジン認証試験の後に実施する「2度目の試験」だ。開発部門側の出した結果を鵜呑《うの》みにせず、品質保証部門が規制をクリアしているか否かを自らの責任で判断するエンジン開発プロセスを同社は採用しているのである。

逆に、品質保証部門が認証試験を行うトヨタ自動車の仕組みについては、他の自動車メーカーから「なぜ、同じ試験を2度も行う必要があるのか」と不思議がる声が聞こえてくるほどだ。

トヨタ自動車が開発側と品質保証部門とで別々に認証試験を実施するのは、不正を防ぐ牽制機能を働かせることの他に、もう1つの理由がある。それは、「念には念を入れて確実に規制を満たすため」（エンジンの専門家）だ。背景には、性能の「ばらつき」の存在がある。中でも、排出ガスの浄化性能のばらつきについては評価が難しいというのだ。

事実、かつてトヨタ自動車では排出ガスの浄化性能に関して開発側の対応がギリギリだったことがあるという。適合部門が認証試験を行い、その結果は規制を満たしていた。ところが、品質保証部門が改めて認証試験を実施したところ、未達の結果が出た。これが開発側にフィードバックされ、設計変更を余儀なくされた事例が存在したというのだ。

トヨタ自動車では規制値に関して他社よりも大きめのマージン（余裕度）を見込んでいる。それでも年々厳しくなる規制や開発コスト、時間といった制約を受けてマージンが小さくならざるを得なくなるケースもある。ばらつき次第で時には規制値に対してギリギリで、エンジンの個体差や環境条件などによっては規制値を超えることがあるかもしれない。しかし、たとえそうだとしても、規制値への未達を許すわけにはいかない。「信用していないとまでは言わないが、トヨタ自動車の品質保証部門は適合部門の評価を鵜呑みにしない。自ら認証試験を実施し、その結果を見て彼ら自身が責任を持って合否を判断する」（エンジンの専門家）というのである。

専門家の警鐘

この点について、エンジンの専門家は「開発部門で閉じた認証試験では牽制機能は働かない」と次のように警鐘を鳴らす。

エンジンの専門家：エンジン認証試験は絶対に「第三者」が行うべきだ。品質保証部門など開発部門とは別の部門が担当しなければ、本当の意味では牽制機能が働かず、不正を招く可能性を否定できない。

確かに、開発部門内で複数の部署が確認し合うといった方法もあるだろう。どれほど厳しい内容でも本当のことを言い合える関係を開発部門内で構築できていれば、それでも構わない。だが、実際にそうした理想的な状態になっている企業はどれだけあるだろうか。少なくとも私は知らない。

結局のところ、開発部門内は「身内」だ。日々苦労しながら働いている仲間に対し、規制に関する「不都合な真実」をストレートに口にできる人間は少ない。身内で処理すれば、どこかに甘えが出るものだ。それが分かっているからこそ、トヨタ自動車は品質保証部門に認証試験を担わせているのである。

だが、トヨタ自動車でも、例えば劣化触媒の製作については開発部門に頼っている。この点に関しては、同社でも牽制機能が十分に働いているとは言い切れない。

開発部門が劣化触媒を作る場合は、開発部門から渡された劣化触媒の真偽を見分ける力を品質保証部門が身に付けなければならない。そのためには、触媒の劣化メカニズムを把握し、劣化具合をシミュレートする計算式を理解する必要がある。その上で認証試験を実施し、得られた結果と計算結果とを照らし合わせて評価する。そうすれば、たとえ不正があってもそれを見破ることができる。「走行距離がここまで長いのに、排出ガスがこんなにきれいなわけがない」などといった具合に。

認証試験の機能を品質保証部門に移管しても、大してコストはかからない。開発部門内で閉じているのは、私の目には「怠けているだけ」としか映らない。ドイツＶｏｌｋｓｗａｇｅｎ（フォルクスワーゲン）

の排出ガス不正事件「ディーゼルゲート」や、スズキや三菱自動車の燃費不正を、なぜ彼らは社内で防げなかったのか。自動車メーカーは改めて考えるべきだ——。

日野自動車も豊田自動織機もダイハツ工業も、お手盛りの認証試験を行っている企業が駆られやすい不正への誘惑に抗《あらが》いきれなかったというわけだ。

5 技術の過信

ここまで述べてきた通り、トヨタ自動車はエンジン開発において法規解釈プロセスを織り込み、牽制機能を持たせている。法規を正しく理解して解釈の間違いをなくし、認証試験でごまかしが利かないようにするためだ。にもかかわらず、同社で不正が発生した。車体の安全性に関する認証試験において、条件に変更があったのを開発現場が知らなかったという過失による不正に加えて、エンジン開発の認証試験でもコンピューター制御に手を加えて出力値を偽る行為まで発覚した。

なぜ、不正を許さない仕組みを整えたはずのトヨタ自動車で不正が起きたのか。その真因は、「技術の過信」にあると言えるだろう。

トヨタ自動車では、法規が求める基準を超える高い性能の実現を目指して開発を進めている。そのため、開発で実施する試験の条件は認証試験よりも厳しい。実際、同社が造るクルマの安全性能や環境性能は世界レベルの高い水準にあると言える。当然、認証試験が定める基準は余裕を持って超えているはずだ。だが、その半面、認証試験を軽視する傾向がトヨタ自動車の開発部門に見られることは否めない。「もちろん、認証試験を実施しなければならないことは分かっている。だが、本音では『自分たちが開発した製品の性能は国が求める水準よりもずっと高いのだから、わざわざ緩い条件で認証試験を行う必要はないのではないか』と疑問に思っている技術者はいる」とトヨタ自動車の関係者は証言する。

疑問に思いながらも、いつもは認証試験を行っている。ところが、時間や工数が不足しているといった状況に追い込まれると、つい省略したいという誘惑に駆られてしまう。そして、「技術的な妥当性がある」という言い訳が背中を押した結果、起きたのがトヨタ自動車の認証不正だ。「省略しても、あるいはインチキをしても、実質的には認証試験の基準を超えているのだから問題はない」と。

これぞまさに技術の過信であり、技術者の勝手な言い分と言える。確かに、トヨタ自動車は高い安全性能や環境性能を備えたクルマを生産・販売していることだろう。だが、技術的な妥当性にとらわれて、見失っているものがある。それは、「顧客の気持ち」だ。

顧客は技術的な妥当性だけでクルマを選ばない。例えば、高い安全性を実現していると自動車メーカーがいくらアピールしても、「国が定めた試験を通っていない製品」に安心感を覚える顧客はまずいない。「実質的には安全だ」と説明されても、不安に思う顧客はいるものだ。むしろ、顧客の立場からすれば、「国が定めた試験の基準は余裕でクリアしている。その上で、このクルマはさらにここまで高い安全性を実現している」とトヨタ自動車には言ってもらいたいだろう。少なくとも不正が明るみに出る前は、トヨタ車を選んだ顧客は、国が定めた試験をまさかトヨタ自動車が省略しているとは思いもしなかったはずだ。

あるトヨタ自動車OBはこう語る。「我々は競合企業に勝とうとか、世界一になろうとか思って技術を開発したことはない。あくまでも顧客に喜んでもらうため、満足してもらうために技術を開発してきた。もちろん、競合企業のクルマよりも高い性能のクルマを開発することはある。例えば燃費性能などだ。だが、それは競合車に勝つためではなく、より燃費性能に優れるクルマを望む顧客の声が大きかったからだ」と。

技術は顧客ニーズを満たすためにある。そう考えて開発してきたからこそ、トヨタ自動車は世界一の自動車メーカーにまで成長できたのではないか。トヨタ自動車が重視する「お客様第一」と「安全・安心」という価値観に立ち返ると、優れた技術力によって高い性能を実現するのはもちろん、心理的な面を含めて安心できるクルマを顧客に提供することの大切さが改めて分かるはずだ。

第8章

トヨタ自動車の責任

1　油断・慢心

販売面での過ちである車検不正がトヨタ自動車で見つかった後、日野自動車、豊田自動織機、ダイハツ工業と、グループ企業において開発における法規認証（以下、認証）不正が次々と発覚した。だが、トヨタ自動車で不正が見つかったという発表はなかった。グループ企業とは比較にならない台数のクルマを開発しているにもかかわらずである。

「絶対にないとは言い切れない」「どこかに不正が隠れているかもしれない」という声が一部のトヨタ自動車関係者から上がってはいたものの、不正が起きにくい開発プロセスや牽制《けんせい》機能の導入といった施策を同社が実践しているのは事実だ。そのため、「トヨタ自動車の開発において不正は起こりようがない」と見ていたトヨタ自動車関係者もいた。

にもかかわらず、結局はトヨタ自動車も不正を行っていたことが判明した。しかも、同社にとって本業であり、最も大切にしているクルマづくりにおいてである。この原因について、トヨタ自動車ＯＢから「油断や慢心があったと見るべきだ」との指摘が上がっている。

それが顕著に現れたのが、技術の過信による「認証試験の軽視」だ。トヨタ自動車の技術者には、自分たちは開発において認証試験が定める基準よりも高い基準（性能）を満たしているという自負がある。実際、同社が備えている技術力は総じて高く、競合他社に勝るとも劣らない性能の製品を開発し続けている。健全な自信がそれを可能にしているとも言えるだろう。確かに、トヨタ自動車が行った6種類の不正のうち、3種類は認証試験よりも高い基準を満たすために、より厳しい条件で実施した開発試験データを型式指定の申請に使った結果の不正だ。

だが、その半面、本音の部分では「認証試験はムダ」だと捉えている技術者は少なくないという。なぜなら、「開発においてトヨタ自動車が満たす基準を100点とすれば、認証試験が定める基準はせいぜい70～80点程度だから」（トヨタ自動車関係者）というのである。この点数はあくまでも分かりやすく伝えるためのイメージだが、技術的な妥当性や定量的な評価を重視する多くの技術者は、レベルの高い試験をクリアすればレベルの低い試験は自動的にクリアしていると考える。そのため、開発試験の基準を満たしている中で、あえて認証試験を実施することに意味を見いだせない技術者がいるというのも理解できなくはない。

国が定める認証試験を実施してその基準を満たさなければクルマを量産・販売することは許されないということは、頭では理解しているはずだ。それでも、技術者が「認証試験はムダ」という本音を抱えていると、時間や人員の不足などちょっとしたことが言い訳となり、不正に発展する恐れがある。それが現実になったのが、トヨタ自動車による認証不正である。「『より厳しい条件で試験しているのだから問題ない。

もう一度楽な条件で試験するのは手間だから省いた』というのが、今回のトヨタ自動車の言い訳だと思う」と国土交通省は指摘した。この指摘を同社は否定できないはずだ。

加えて、不正の公表が遅れた点にも、油断や慢心が透けて見える。日野自動車が不正の事実を発表したのは2022年3月4日のことだ。これに対し、トヨタ自動車が不正の事実を発表したのは2024年6月3日である。日野自動車の発表から2年以上も経過している。おまけに、トヨタ自動車が自発的に調べたわけでもない。あくまでも国土交通省の指示に従った結果だ。

同省は、ダイハツ工業などの不正事案を踏まえ、型式指定を取得している自動車メーカーを含む85社に対し、型式申請における不正行為の有無などに関する調査・報告を指示した。トヨタ自動車が公表した6種類の認証不正はこの中間報告に他ならない。

子会社などグループ企業の不正を非難する一方で、自社には不正などないとトヨタ自動車は思い込んでいたのだろう。そこには、技術力や法令順守（コンプライアンス）などへの過信があったはずである。本来は、トヨタグループで最初に認証不正が見つかった時点で、トヨタ自動車は自社を含む全てのグループ企業に対して不正の有無を総点検すべきだったのだ。それを邪魔したのは、トヨタ自動車には不正はないという油断や慢心ではないか。

その代償は小さくない。まず、トヨタ自動車のコンプライアンス意識に疑問符が付いた。加えて、不正の公表で後手に回った上に、認証試験を軽視するかのような姿勢まで見えた。さらには、国土交通省が調査を指示しなければ、トヨタ自動車の不正は明るみに出なかったのではないかという疑惑まで世間に残ってしまったのである。

2　忖度体質

自身が起こした不正の責任をトヨタ自動車が負うのは当然だ。では、グループ企業で起きた不正に対してトヨタ自動車の責任がないかといえば、それは違う。トヨタグループを牽引《けんいん》する企業として、また世界最大の自動車メーカーであり日本最大の企業として、グループ企業の不正を抑えられなかったことに対する責任からトヨタ自動車は逃れられない。トヨタグループで不正の再発を防ぐには、トヨタ自動車自身にも改善すべき点がある。そう捉えているからこそ、一連のトヨタグループの不正に対して世間は厳しい目で見るのだ。トヨタグループ企業の不祥事を放置すればトヨタ自動車はもちろん、トヨタ車のブランドも毀損する恐れがある。

トヨタ自動車にとって改善点の1つ目は、忖度《そんたく》体質である。こう述べると、開発を委託する側のトヨタ自動車が、受託側である企業に対して忖度するのか、あるいは親会社であるトヨタ自動車が子会社に対して忖度するのかと不思議に思うかもしれない。確かに、通常は発注側だったり、資本的あるいは規模的に優位にあったりすると、自社の考えや仕事の進め方などを相手企業に強いるケースが多い。だが、トヨタ自動車はそうはしないのだ。

トヨタ自動車は１９６６年に日野自動車を傘下に収め、２００１年には完全子会社化した。日野自動車は１９９８年度と１９９９年度に2年連続で営業赤字に転落している。トヨタグループにおいて、それまで赤字の企業はなかった。この事態を受け、経営再建のためにトヨタ自動車は出資比率を33・4％から50・1％まで高めるとともに、トヨタ自動車の副社長を日野自動車の社長として送り込んだ。

経営再建は成功する。２０００年度には営業黒字に転換し、その後も営業利益は順調に増えていった。営業損益の折れ線グラフを描くと、見事な「V」字形回復を描く。当時の社長が持ち込んだトヨタ仕込みの改革が功を奏したのだ。

ところが、トヨタ自動車は日野自動車の開発プロセスには介入しなかった。そのため、日野自動車は自前の開発プロセスをそのまま使ってエンジンの開発設計を続けた。今から振り返ると、トヨタ自動車はここに改善のメスを入れるべきだった。すなわち、トヨタ自動車が使っている不正が起きにくい開発プロセスを導入していれば、日野自動車の多くの不正は回避できた可能性が高いのである。

なぜトヨタ自動車は、自社が使っている開発プロセスを日野自動車に導入しなかったのか。この根本の理由こそ、忖度にあると筆者は見ている。当然だが、トヨタ自動車と日野自動車とでは造っている製品が違う。トヨタ自動車は乗用車が中心で、日野自動車はトラックやバスといった商用車が中心だ。この違いから、トヨタ自動車は「日野自動車は商用車のプロフェッショナルだから、我々は口を出さないでおこう」

と考えるのである。

トヨタ自動車には、職位に関係なく「最もよく知っている人」を尊重する文化がある。例えば、生産ラインのある工程の作業であれば、その作業を実際に行っている作業者が最もよく中身を知っている。そのため、管理職であっても役員であっても、何らかの理由でその作業内容について知りたいときには、一作業者の話であっても真摯に耳を傾ける。ましてや日野自動車の場合、相手は商用車づくりのプロである。業績や企業規模の差、親会社と子会社の関係などはどこかに吹き飛び、トヨタ自動車は日野自動車の開発プロセスを尊重して、自社の開発プロセスを押し付けることはもちろん、改善の必要性を思いつくことすらしない。

もちろん、乗用車と商用車とではコストの条件が大きく異なる。商用車では低コストの要求が、乗用車のそれとは比較にならないほど厳しい。従って、コストの観点からも、トヨタ自動車の乗用車向け開発プロセスをそっくりそのまま持ち込むことは難しいかもしれない。だが、リスク評価と法規解釈プロセス、そして牽制機能という、不正を防ぐ上で重要なポイントを導入することはできたはずだ。

同じことは、ダイハツ工業に対しても言える。同社の場合、造っているのは軽自動車を中心とした小型車である。トヨタ自動車が扱うクルマよりも小さいものの、乗用車である点は同じだ。従って、本来はトヨタ自動車の開発プロセスをダイハツ工業に移植したり、重要な部分だけでも調整しながら導入したりすべきだった。だが、できなかった。これも、「ダイハツ工業は小さなクルマづくりのプロだから、我々よりもうまく造れるだろう」という忖度が働いたと見るのが自然だ。

資本の論理を振りかざすことなく、相手企業の立場や能力、自主性を尊重する。決して居丈高に迫らず、強制的に従わせようともしない。そうしたトヨタ自動車の企業統治（ガバナンス）の考え方は、トヨタグループ内に強い「絆」を育んできた。だが、その半面、相手企業が問題を抱えている場合でもそのまま受け入れてしまう恐れがあるというわけだ。企業買収の際にはデューデリジェンス（資産査定）が厳しく問われる。本来はトヨタ自動車も、相手企業が不正体質に染まっていないかどうかについて査定すべきだったのだ。

3 「現地・現物」の軽視

ダイハツ工業では、量的あるいは技術的に自社の実力を超えた開発業務をトヨタ自動車から受託したことが不正の数を増やした。これについてダイハツ工業および調査報告書は、主に与えられた環境（時間や人員といった面でのリソース不足）のせいにしている。だが、本来はキャパシティーを超えた業務をリソース不足という事実（現地・現物）を説明せずに黙って受けた受託側であるダイハツ工業の姿勢が間違っているのだ。実際、「我々はだまされた」という声がトヨタ自動車関係者からは上がっている。

だが、委託側に目を転じると、この問題はトヨタ自動車側にも大いに責任がある。結論から言えば、開発設計現場に対する「現地・現物」が足りなかったのだ。現地・現物は、文字通り、トラブルが起きている場所に足を運び、そこで起きている事象を自分の目で確かめて事実を把握するという、トヨタ自動車が実践している問題解決のための手法である。

ダイハツ工業の不正問題の場合、具体的には、業務を委託する際のフィージビリティースタディー（実現可能性の調査）が甘かったと言える。トヨタ自動車はダイハツ工業の開発設計現場の状況をもっと詳細に把握した上で、開発委託の契約を結ぶべきだった。さらに契約書には、曖昧にせずに不正を防ぐための文言を入れなければならなかった。トヨタ自動車側の責任者の確認や指示に従って業務を進めることや、必要なデータの開示を行うことなど、高品質を保つことはもちろん、不正などのトラブルを起こさずに開発設計業務を進めるために必要な文言を、抜けや漏れなく入れる必要があったのだ。

例えば、海外企業と資本提携や協業を行う際に、トヨタ自動車が相手企業と結ぶ契約の項目や条件に抜けや漏れがあるとは思えない。極めて慎重に事を進めるはずだ。これに対し、ダイハツ工業との開発委託の契約では、ここまで多くの不正が起きた事実から、契約において「暗黙の了解」的な曖昧な部分を残したと容易に推察できる。もちろん、この背景には先述の忖度の影響や、トヨタグループであり子会社なのだから従うだろうという甘い判断があった点も、見逃すことはできない。

トヨタ出身経営者が不正を見抜けぬ訳

現地・現物が甘かったのは、トヨタ自動車出身の歴代の経営者にも当てはまる。それが如実に表れたのが、ダイハツ工業のケースだ。同社の白水宏典元会長と、同じく奥平総一郎元社長がその代表格と言える。白水元会長は、2005年にトヨタ自動車の副社長からダイハツ工業の経営トップに転じた。そこで打ち出した施策の1つが「短期開発」と名付けたスピード開発である。開発期間を短縮して開発コストを抑えるのが最大の狙いだ。

白水元会長はトヨタ自動車が成果を出したスピード開発をダイハツ工業に導入した。経営トップの判断として、それ自体が間違っているとは言えない。問題は、ダイハツ工業の実力を十分に把握していなかった点、すなわち現地・現物が不足していた点にある。「生産技術畑出身ということもあって、トヨタ自動車の開発設計部門がどのように苦労して開発リードタイムを減らしていったのか、そのノウハウの取得プロセスについてよく知らなかったのではないか」（元トヨタ自動車の開発設計者）。

スピード開発に関してトヨタ自動車には技術やノウハウの蓄積がある一方で、ダイハツ工業にはそれが不足していた。本来なら白水元会長はその差をきちんと把握した上で、ギャップを埋めるために必要な経営的な施策を打ってから、ダイハツ工業に短期開発を導入、もしくは開発のリードタイム短縮に関する適正な目標値（時短目標値）を指示すべきだったのだ。

ところが、現実は施策を講じずにダイハツ工業に短期開発を押し付ける形となった。親会社であるトヨタ自動車副社長出身の会長を前にして「できない」と言える人間は、役員を含めてダイハツ工業側にはまずいない。結果、叱責を恐れてクルマづくりの現場が不正に走ったと見るのが妥当だ。

短期開発における「成功体験」とダイハツ工業が社内で評価していた軽自動車「ミラ イース」の開発でさえ、本当は開発リードタイムの短縮はできていなかった。後工程から認証業務をなくした分、納期のギリギリまで開発設計業務を行って帳尻を合わせていただけだ。

経営リソースの厚いトヨタ自動車が時間をかけて徐々にスピード開発を実現していったのに対し、なぜ、ダイハツ工業がいきなり成果を出せたのか。そのからくりに白水元会長は気づかなかったのである。本来はその時に、「ミラ イースの短期開発がなぜ成立したのか、どのようにして成し遂げたのか」とダイハツ工業側の役員に問い、短期開発を支える具体的な技術やノウハウの有無について確認すべきだった。

こう見ると、今回の一連の不正に関してトヨタ自動車の責任は、グループ企業に転じた経営トップの現地・現物の不足と言うこともできる。そのことは、２０２３年12月20日にダイハツ工業が開いた会見における奥平元社長の言葉にも表れている。

「真面目な会社」と見た奥平元社長

コンプライアンスの徹底は社長の重要な任務の1つである。にもかかわらず、ダイハツ工業が34年間も不正を継続・隠蔽してきたのに気づかなかったのはなぜかとの筆者の問いに、奥平元社長はこう回答した。

「なぜ私がこの不正を生む風土や不正そのものが分からなかったのかということだが、実は、私がダイハツ工業に来て仕事をして最初に感じたことは、大変真面目な会社であるということだった。他社で不正が発生した時も、自分自身でその問題となった工程まで見に行き、そこで仕事をしている人の話も聞いた。完成車検査で問題が起きれば完成車検査の所に、燃費の問題が起きた時には燃費測定の所まで行って、（自社では）きちんとなされているということを、自分自身は確認した。そうしたことからも非常にしっかりしたことをやれていると思ってしまったことが1つには問題だったかもしれない」

実態は「不正のデパート」（自動車系アナリスト）状態にあるダイハツ工業を、「真面目な会社」だと捉えたというのである。入社以来、現地・現物をたたき込まれたはずのトヨタ自動車出身の経営者でありながら、子会社の不正の実態を見抜けなかったのだ。ここに経営者としての甘さがあると指摘せざるを得ない。

4 性善説の妄信

日野自動車、豊田自動織機、ダイハツ工業と不正が発覚するたびに、トヨタ自動車関係者は皆、非難の声を上げた。「トヨタグループの企業が不正を働くとは信じられない」、「我々は仕事をしていて不正をしようなどと思ったことは一度もない」、「お客様をだますなんていう発想はトヨタにはない」「同じ技術者として恥ずかしい」、「不正に手を染めた技術者は技術者を名乗るな」などといった具合だ。

だが、筆者のような第三者からすると、トヨタ自動車関係者のこうした考え方には違和感を覚える。トヨタ自動車の人間が「自分たちは決して不正などしない」と主張するのは分かる。だが、彼らが自分たちと同様に「トヨタグループ企業も不正などしない」と信じ切っていたことを不思議に感じるのだ。同じグループに属するからといっても、所詮は他社にすぎない。にもかかわらず、なぜ他社がトヨタ自動車と同じように不正行為には手を染めないと言えるのかと。

この点について調べると、「性善説」というキーワードが浮かび上がる。トヨタ自動車では性善説に基づいてほとんどの業務が進んでいる。なぜなら、「トヨタ自動車にはインチキをする人間がいないため、性悪説に慣れていない」（トヨタ自動車ＯＢ）からだというのだ。そのため、委託した開発業務においても、現実には裏に不正が隠れていたのにそれを疑うことすらなく、相手企業からの「問題はない」という報告を信じて進めてしまったというわけだ。

トヨタグループに属する企業だからといって、コンプライアンスが備わっていると無条件に信じてはならない。「今後はある程度、性悪説を取り入れた判断をすべきだろう」と自動車系アナリストは指摘する。

面白いことに、トヨタ自動車は自社のエンジン開発プロセスには「性悪説」を取り入れてきた。デザインレビュー（設計審査）には証拠となる生データを添付し、認証試験は開発部門ではなく、第三者である品質保証部門が行う。製品の性能を担う開発部門が認証試験を行えば、試験評価が甘くなる恐れがある。そうなれば、性能未達や認証不正につながりかねない。だからこそ、トヨタ自動車は認証試験に牽制機能を働かせているのである。

不正が起きにくいこうした考え方を、トヨタ自動車はグループ企業とのやり取りにも取り入れるべきだったのだ。

日野自動車では、トヨタ自動車出身の経営トップが排出ガス規制に先駆けてエンジンを開発するように発破をかけた。業界における環境技術の先行者になることで社員に誇りを植え付けるという前向きな方向に背中を押したつもりだった。ところが、その経営トップが発した要求は技術的な難易度が高すぎ、満足に対応できない日野自動車は結局、不正に走った。

トヨタ自動車では経営トップや上司が難しい課題を与えても、何とかクリアする実力を備えた社員がそろっているし、できないときにはそれを上に報告して対応策を皆で考える仕組みが出来上がっている。少なくとも、クリアできないときに不正という手段を選ぶ人間はまずいない。トヨタ自動車の中は性善説で成り立っているからだ。

ところが、日野自動車はそうではなかった。技術的な実力でトヨタ自動車にはかなわない同社に、トヨタ自動車社内と同じ感覚で難しい課題を与えたら、それが過大なプレッシャーとなる。規模の大きな親会社から天下ってきた経営トップに「できない」という「本当の事」は、日野自動車のプロパー（生え抜き）の役員すら言えない。そこで、追い詰められたとはいえ、安易に不正を選んだのだ。

日野自動車にわたったトヨタ自動車出身の経営者はそのことに気付かずに、トヨタ自動車と同じ感覚で経営してしまった。日野自動車も性善説で動いており、難しい課題でも背中を押せばクリアできると、根拠のない信頼を寄せたのだ。性善説の妄信である。

この構図はダイハツ工業でも同じだ。相手を疑うことを知らず、性悪説に慣れていないと、最悪の場合は不正につながるということだ。経営者は人がいいだけでは務まらない。相手企業を信頼しても、確たる根拠なく妄信してはならない。トヨタ自動車出身の経営者は、要所で性悪説を取り入れて牽制機能を働かせるべきだ。

5 天下り人事

ダイハツ工業に小型車を中心としたクルマの開発から生産までを丸投げした結果、トヨタ車は不正に巻き込まれた。これに敏感に反応したトヨタ自動車は、経営トップ層の人事の刷新に素早く動いた。2024年3月、トヨタ自動車中南米本部長だった井上雅宏氏をダイハツ工業の社長に、トヨタ自動車九州副社長だった桑田正規氏をダイハツ工業の副社長に就任させた。トヨタ自動車が主導した人事だった。トヨタ自動車の小型車事業に深く関わるダイハツ工業の不正体質を改めるには、トヨタ自動車から経営トップ層を送り込み、トヨタ流の経営やものづくりの価値観を注入するのが一番と考えたのだろう。数多くの不正を起こした後だけに、トヨタ自動車のこの動きは妥当にも思える。

日野とダイハツにトヨタ出身社長がずらり

だが、ダイハツ工業で不正が発覚した1989年以降を見ると、トヨタ自動車出身の経営者（会長および社長）は8人もいる。ダイハツ工業の経営トップの椅子は、実質的にトヨタ自動車にとっての「天下り先」になっているのだ。これは日野自動車にも言える。日野自動車が完全子会社になった2001年以降、同社の社長には4人連続でトヨタ自動車出身者が就いた。その後、日野自動車プロパーの下義生氏が社長になったが、その次は再びトヨタ自動車出身の小木曽聡氏が日野自動車の社長に就任した。

実は、こうした天下り人事はトヨタグループの企業では珍しくない。長年行われてきた慣習とも言うべきもので、トヨタ自動車ではごく普通の役員人事と捉えられており、気にする人間は少ない。グループにおける「絆」を深め、経営基盤を盤石なものとする利点もある。ピラミッド組織となっている企業の職位では、上に行くほど椅子の数は減る。従って、貢献者にしかるべき処遇をするために、トヨタ自動車内では用意できない椅子をグループ企業に用意させるというわけだ。社長や会長といった経営トップだけではなく、その他の役員の椅子を提供させる場合もある。

だが、グループ企業の中にはこれを苦々しく見ている者もいる。トヨタグループ主要7社における1社で役員を経験したある人物は言う。「(こうした天下り人事は)トヨタ自動車にとっては都合がいいだろう。トヨタ自動車の社員には『社員のことを考えた会社の処遇』ということになる。だが、グループ企業からすれば、社長や会長といった最重要ポストが初めからないということを意味するため、モチベーションが下がる社員がいる。だが、だからといって、誰も表立って口にできない」と。

こうした天下り人事の課題に気付いているトヨタ自動車ＯＢもいる。「長年、トヨタ自動車出身者だけの経営トップが続くと、その企業内で『事なかれ主義』がはびこる。どれほど頑張っても、どうせ社長や役員にはなれないのだから、トヨタ自動車から言われた通りにやっていればいいなどと考える社員が出てくる」（同ＯＢ）というのである。

日野自動車やダイハツ工業の不正の背景にも、こうした天下りの負の影響があったのではないかとこのＯＢは見る。どうせ社長も会長もトヨタ自動車の人間。我々が何か言っても通じない。意を決して話しても、考え方や実力の差などが大きすぎて分かってもらえない。だったら、黙って言われた通りに動く。そして、技術力不足などで言われた通りにできない部分は不正によってごまかす――といった具合だ。要は、トヨタ自動車出身の経営トップとプロパー社員との間に、簡単には埋められない大きな溝が出来てしまうというのである。

もちろん、トヨタ自動車出身の経営トップの全てがこうした溝を生むと言うつもりはない。目線を合わせてグループ企業の社員に接している人や、社員から人望の厚い人物もいることだろう。だが、「中には、大きな断絶につながる間違った対応をしてしまう経営トップがいるのは事実」とトヨタ自動車ＯＢは証言する。

ダイハツ「白水天皇」の功罪

よくあるのが、否定から入る経営トップだ。それまで経験してきたトヨタ自動車の考え方や技術力を基にグループ企業の実力を評価し、「君たちのレベルは低すぎる」「言われないと動かないのか」などと頭ごなしに叱りつけるケースがあるという。

その典型例としてトヨタ自動車とダイハツ工業の関係者から名前が挙がり、第三者委員会による調査報告書でも指摘されたのが、先述の白水宏典氏だ（**図1**）。2005年にトヨタ自動車の副社長からダイハツ工業の会長に転じて6年間務めた後、2011年から2015年まで同社の相談役、そして2016年に技監を務めた。

この間、白水氏は実質的にダイハツ工業の経営トップとして実権を握った。2005年からの4年間はトヨタ自動車の専務から転じた箕浦輝幸氏がダイハツ工業の社長に就くなど、他にもトヨタ自動車出身の社長がいたが、彼らを押しのけて経営トップとして全権を掌握し、文字通り社内で君臨した。その様子から、ダイハツ工業の社内では陰で「白水天皇」と揶揄《やゆ》されて

図1　ダイハツ工業の会長などを務めた白水宏典氏

2005年にトヨタ自動車副社長からダイハツ工業に転じ、経営トップとして君臨。軽自動車の製造コストを徹底的に下げる新工場を建設するなど、大胆な事業の構造改革を断行した。同社の軽自動車事業を赤字体質から黒字体質に転換するなど成果を収めた。半面、その強権的な進め方が不正を招いたともされる。白水氏の写真は2008年当時のもの。（出所：筆者）

いた。

白水氏は「やり手で頭が良い人物。生産技術畑出身でものづくりの戦略にも長《た》けていた」と同氏をよく知るトヨタ自動車ＯＢは言う。「力強いリーダーシップを発揮し、ダイハツ工業の中には付いていく人もいた」と証言するのはダイハツ工業の社員だ。こうした評価の通り、白水氏はダイハツ工業の経営トップとして辣腕を振るった。

それまでダイハツ工業は、価格が低い軽自動車事業の恒常的な赤字体質に苦しんでいた。これを黒字体質に変えるべく、白水氏は大胆なリストラを矢継ぎ早に打ち出した。有名になったのは、不正の温床とされたスピード開発「短期開発（正式名称：短期開発　予算制思想の定着）」だ。他にも、欧州市場や中南米市場まで広がっていた海外事業について「選択と集中」を断行し、インドネシア市場とマレーシア市場に絞り込んだ。

極めつけは、ダイハツ工業の子会社であるダイハツ九州（大分県中津市）の大分（中津）第2工場の新設である。２００７年12月に操業を開始した。特徴は「シンプル・スリム・コンパクト」（ダイハツ工業）。建屋面積や設備投資額、工程数を大幅に削減し、グローバルに通用する低コスト・高品質なクルマを造る軽自動車専用の工場である。ダイハツ九州には既に第1工場があった。ところが、いわゆる重厚長大な設備を導入したため、稼働率が低かった。この第1工場を見た白水氏は、持ち前の生産技術分野の技術と知見から駄目出し。「低価格な軽自動車を造るのだから、無駄なものを徹底的に削ぎ落として、軽自動車でも稼げるシンプルかつスリム、そしてコンパクトな工場に仕上げよ」とトップダウンで指示を下した。

ここまでを見る限り、極めて有能な経営者だ。実際、ダイハツ工業の軽自動車事業を黒字体質に転換させ、営業利益を生み出す収益構造に改善。軽自動車販売シェアランキングでも、２００６年度から２０２２年度まで17年間連続で1位を記録する原動力を同社にもたらした。業績面での白水氏の功績は大きい。

ところが「功」の裏には「罪」もあった。「何事にもトップダウンで『やれ！』と強行に迫り、ダイハツ工業側の言い分には耳を傾けないパワーハラスメント（パワハラ）カルチャーをダイハツ工業にもたらしたのは事実」とダイハツ工業の社員は言う。トヨタ自動車ＯＢは「社長ではなく俺の言うことを聞けと、ダイハツ工業の中で強権を振るった」と語る。

白水氏は「派閥を作るタイプ。トヨタ自動車時代は社員を敵か味方に分け、優秀な社員を自分の部下に引き込んで言うことを聞かせて、従うと上のポストに引き上げる方法で部下を掌握していった。味方になれば肩書のない社員とでも付き合うフランクな一面もあった。ただし、こびを売ってくるような社員は相手にしなかった」（同ＯＢ）という。

こうしたやり方でトヨタ自動車において副社長まで上り詰めた白水氏が、会長としてダイハツ工業に行くと、同社の業績にも技術力にも我慢がならなかったのは容易に想像できる。確かにダイハツ工業の業績は上げたが、その強権的なやり方に問題があったのだ。

不正の根源はダイハツ工業にあった。白水氏が会長になる前から同社は不正を起こしているのだから、それは明らかだ。だが、その不正体質を悪化させた責任は白水氏にもある。そして、そうした人物を選んでダイハツ工業に送り込んだトヨタ自動車の天下り人事にも責任はあると言わざるを得ない。

経営者としての資質に問題

とはいえ、トヨタ自動車がグループ企業に経営トップとして送り込む人材の多くは優秀だ。なにしろ、世界一の自動車メーカーで出世競争に勝ち残った人材なのだ。ところが、中には経営者としての資質に欠けているケースもあるという。「社長の役割を十分に認識できていないまま、グループ企業の経営者に就任するケースもある」（トヨタ自動車ＯＢ）というのである。どういうことか。

本来、トヨタ自動車からグループ企業の経営トップとして送り込まれた経営者は、原価低減や技術開発を進める前に、その企業の現場の隅々までコンプライアンスが徹底されているかどうかを確認しなければならない。コンプライアンスが根付いていることを前提に経営の舵《かじ》取りをしてはならないというのだ。

ところが、この重要性を理解していないトヨタ自動車出身の経営者が意外にも存在するのだという。よくあるのが技術系出身の経営者だ。技術畑で開発責任者であるチーフエンジニアなどを経験し、その功績が認められてトヨタ自動車の役員を経験した後、グループ企業の経営者に転じる。ところが、「社長の器ではない人物が経営者として送り込まれる場合がある。いわゆる〝技術馬鹿〟と呼ばれるケースだ」（トヨタ自動車ＯＢ）。こうした経営者は往々にして、企業の経営において最も重要なのはコンプライアンスの徹底であり、それが社長マターであると分かっていない。故に、グループ企業内で継続された悪しき慣習（不正）を正すことができない。経営者でありながら、せいぜいその企業の風土に慣れるだけで精いっぱいというのである。

グループ企業だから問題ないだろうと捉えて、コンプライアンスが定着しているか否かを再点検しないトヨタ自動車出身の経営者は「社長として何もしていないに等しい」とトヨタ自動車ＯＢは手厳しく指摘する。

トヨタとグループ企業の「断絶」

日野自動車と豊田自動織機、ダイハツ工業で起きた不正は開発部門が主導し、評価部門と認証部門の3部門で同調した上で進めたものだ。国土交通省やトヨタ自動車など、管理・監査する人間にばれないように不正な操作を行うには、技術を詳しく知っておく必要がある。それができるのは開発部門しかない。この事実は当然、部長クラスも知っているはずだ。知らないというのであれば、職務怠慢だと言わざるを得ない。実際、トヨタ自動車関係者からも「絶対に管理職は関与している」という声が上がっている。やはり、トヨタグループの不正は組織的と見るべきだ。

だが、元社長の奥平総一郎氏をはじめ歴代のトヨタ自動車出身の経営者がこの事実を知っていて隠蔽していたかといえば、それは考えにくい。むしろトヨタ自動車における「バッドニュースファースト」のような価値観で育った人間であれば、不正のように会社の経営基盤を揺るがしかねない大きなトラブルに直面すれば、事実を把握した時点で一刻も早く手を打とうと考えるはずだ。自分が直接手を染めていないのだから、明るみに出すことへの心理的な抵抗感もそれほど大きくはないだろう。

ここで注目すべきは、奥平氏がダイハツ工業に転じてから6年間も経営トップに就いていながら、不正の事実を把握できなかったという問題だ。これはつまり、ダイハツ工業側、すなわち現場はもちろん、同社のプロパーの管理職や役員から、トヨタ自動車出身の経営者へ現場の正しい情報が伝わっていないことを意味する。すなわち、トヨタ自動車からの天下り経営者とダイハツ工業の人間には「断絶」があるということだ。

この断絶はやっかいな問題だ。2017年に完成検査不正を起こした日産自動車でも、マネジメントと現場の断絶が問題点として指摘された。このとき、同社の西川廣人社長兼最高経営責任者（CEO、当時）は「トップからの指示や命令は課長まではきちんと伝わる。ところが、課長から係長との間でコミュニケーションのギャップ（断絶）があり、指示や命令が係長以下に十分に伝わらない」と説明した。これは日産自動車に限らず、多くの日本企業に見られる問題である。

同じ会社の人間同士でも職位の差によって断絶が起き得るのだ。ましてトヨタ自動車は売上高が45兆円を超える世界一の自動車メーカーであり、巨大なグループのトップに君臨している。そんな企業から任期満了のたびに天下ってくる経営者に対し、全く壁を感じずに接するというのは、グループ企業の人間からすると極めて難しい。

トヨタ自動車の佐藤恒治社長は、これから先に進んでいくには、不正を起こした企業の現場に「寄り添うことが大切」だと説明する。現場で一緒に仕事をして良好な人間関係を構築する必要性について触れたのだ。トヨタ自動車とグループ企業との間に生じた溝をできる限り埋めようと考えているのだろう。だが、ここまで企業規模や実力が離れている上に、天下りの経営トップが実権を握ることが暗黙の了解となっている2つの企業間で、断絶を完全になくせるとは考えにくい。

例えば、トヨタ自動車と部品メーカーの関係を考えてみよう。以前、トヨタ自動車の近健太副社長（当時）が、同社側の発言力の大きさに言及した。トヨタ自動車の人間が部品メーカーの工場に行き、少し気になった点を一言述べた。実際には大した問題ではなかったのだが、部品メーカーは重大な改善点と捉え、大仰な対策を施した。結果、現場の負担は増し、コストも上がったというのである。トヨタ自動車の人間の何気ない一言が、受注企業側の人間には何倍もの大きさの声になって耳に響く。この点にトヨタ自動車の人間は気を付けなければならないと戒めるエピソードだった。

グループ企業に転じたトヨタ自動車出身の経営者は、単に現場に寄り添う以上の手を講じなければ、断絶によって両社の間に生じた大きな溝を埋めることはできないだろう。

6 問われるガバナンス

トヨタグループの中で不思議なのは、社長をはじめ歴代の経営トップの多くがトヨタ自動車の出身者で占められる企業と、そうではない企業があることだ。例えば、日野自動車とダイハツ工業はトヨタ自動車から社長になる人物が送られるケースが多い。とこころが、豊田自動織機はトヨタ自動車出身の社長がほぼ見当たらない。

実は、トヨタグループ企業の中で、トヨタ自動車と豊田自動織機の関係は外部の人間には非常に分かりにくい。例えば、トヨタ自動車とダイハツ工業は親会社と子会社という間柄であることもあって、分かりやすい主従関係を感じる。ところが、トヨタ自動車と豊田自動織機とではどちらが主でどちらが従なのか、はっきりしないのだ。

豊田自動織機はトヨタ自動車の源流企業とも呼ばれる。もともとトヨタ自動車が豊田自動織機製作所（現豊田自動織機）自動車部から誕生したからだ。ところが、豊田自動織機はトヨタ自動車の親会社ではないし、もちろん子会社でもない。ただし、資本関係はあり、互いに大株主同士となっている。豊田自動織機はトヨタ自動車の株を7・31％、トヨタ自動車は豊田自動織機の株を23・51％所有している（共に

２０２３年９月時点）。

具体的なビジネスのつながりについていえば、トヨタ自動車が豊田自動織機にエンジンの開発・生産や車両の組み立てを委託している。豊田自動織機で発覚したエンジン不正のうち、自動車向けディーゼルエンジンの不正はトヨタ自動車から受託したもので起きている。

つまり、豊田自動織機はトヨタ自動車から仕事をもらう立場であり、普通ならトヨタ自動車が主となり、豊田自動織機が従の関係となるはずだ。企業規模もはるかにトヨタ自動車の方が大きい。ところが、明らかに豊田自動織機の方が格上の扱いを受けているように見える。

トヨタ自動車は「恩」を大切にするところがある。ビジネスライクにドライに判断するのではなく、意外に「義理や人情を大切にする」（トヨタ自動車ＯＢ）。部品メーカーや設備メーカーなどの協力会社とでも、いったん取引を開始すると長期的な関係を築く。簡単に転注（発注先を変えること）しようとしないし、協力会社のコストが高くなったり何らかのトラブルが発生したりしたら改善の指導を行う。もしも赤字になった場合は、その会社に入り込んで黒字化するまで経営を指導する。

極めて日本人的な価値観であり、海外企業には理解できないと思うが、これが「絆」を生み、プラスの効果をトヨタグループにもたらしているのは事実だ。この価値観が資本的な親子関係はないにもかかわらず、その成り立ちから豊田自動織機に対して自分を生んでくれた「親」として敬う意識がトヨタ自動車にはあるようだ。

ところが、その価値観が負の効果をもたらしているのが、豊田自動織機の不正における「不可解な役員人事」である。

不正企業の社長が副会長に昇格

不正問題の渦中にある企業の社長が副会長に昇格へ――。豊田自動織機がこの不可解な役員人事を発表したのは2023年4月27日だ。この発表の通り、同年6月の株主総会を経て、同社の代表取締役社長だった大西朗氏が、代表権を持ったまま副会長（代表取締役副会長）に就任した（図2）。

この時、同社の不正問題は特別調査委員会が本格的な調査を始めたばかりだった。にもかかわらず、経営責任を負うどころか、不正を犯した企業の社長が副会長に「出世」するという人事には首をかしげざるを得

図2　豊田自動織機の大西朗氏

不正発覚後、同社の副会長に昇格。その後、同社の取締役にとどまった。16年間も不正を続けていた企業の経営トップとしての責任から逃れたと言われても仕方がないだろう。（大西氏の写真：豊田自動織機、展示会ブースの写真：日経クロステック）

ない。
しかも、もともと同社に副会長ポストは存在しなかった。社長の上には会長ポストしかなく、当時は創業家出身の豊田鐵郎氏が取締役会長に就いていた。要は、副会長は新設したポストなのだ。そのポストに大西氏が座る一方で、新たに代表取締役社長には経営役員の伊藤浩一氏が就任した。この社長交代人事について、大西氏は「若返り」と語ったが、自身が副会長に就任する理由についての説明はなかった。

筆者が広報部に大西氏が副会長に就く理由を聞いたところ、その回答はこうだった。「当社の課題として、エンジン認証（に関する不正）などがあるため、『特命事項担当』ということで、エンジン認証の問題や社内風土改革、危機管理対応などを担当していくためだ。エンジン認証の問題があったからというわけではないが、特命事項の担当としてやっていくためである。新しい社長と協力しながら、副会長として陣頭指揮を執っていく」（豊田自動織機広報部）と。

どうにもすっきりしない回答だ。案の定、トヨタ自動車関係者からは、豊田自動織機のこの人事について厳しい声が飛んだ。「トヨタグループの代表格の企業の中に、こんなにガバナンスの緩い経営者がいるとは、開いた口が塞がらない」と。特命事項担当として不正問題の解決を行うという同社の説明には、「なぜ、副会長に就任する必要があるのか。単に特命事項担当として業務に就けばいい。ポストが必要だというのなら技監など、他にも適当なものはある」と同関係者は言う。

元トヨタ自動車の技術者（以下、元技術者）は「大甘な人事。今回の豊田自動織機のエンジン不正は、大西社長体制下での不正体質の問題。最後まで自ら解決する責任を負うために社長を貫き、調査結果を待って人事を考えるというのならともかく、その結果が出る前にわざわざ副会長に昇進する意味がさっぱり分からない」とあきれる。また、トヨタ自動車ＯＢは「本来はあってもなくても構わない副会長のポストをつくって自らそこに就くというのは、高額報酬を得るための〝延命手段〟と見られても仕方がない」と辛辣だ。

２０２１年度の豊田自動織機の有価証券報告書によれば、社長の報酬は1億９００万円で、会長のそれは1億１１００万円である。同社は副会長の報酬については言及していないが、社長と会長の間に位置するポストであることを踏まえると、1億１０００万円程度が妥当だろう。自身が社長を務めていた時に起きた不正を解決するために、あえて副会長ポストを新設して社長時代と変わらぬ報酬を手にするのだとしたら、さすがにトヨタグループのガバナンスやコンプライアンスに対して世間の非難が集まるのではないか。

「絆」の副作用

普通の感覚なら、この副会長人事は株主総会での承認を得られそうにないように思う。豊田自動織機の筆頭株主はトヨタ自動車だ。ところが、前出のトヨタ自動車ＯＢは「世間からは甘いと見られるかもしれないが、大株主だからといってトヨタ自動車は豊田自動織機の人事に口を出さないだろう」と語り、果たして、その通りになった。この不可解な副会長人事は成立したのだ。

なぜ、大株主のトヨタ自動車はこの役員人事に物申さなかったのか。これを説明するのが、トヨタグループ内に作用している「不思議な力学」だ。

トヨタ自動車はグループ企業を、いわば「家族や親戚のように見ている」（トヨタ自動車ＯＢ）。中でも、豊田自動織機の扱いは別格だ。先述の通りトヨタ自動車を生み出した豊田自動織機を、トヨタ自動車は今なお「親会社」のように見ているというのである。「豊田自動織機はトヨタ自動車よりも明らかに格上の扱い。豊田自動織機に物申すとしたら、トヨタ自動車でそれができるのは創業家直系の豊田章男会長ぐらいだろう」（先の元技術者）という声がトヨタグループから上がるのは第1章でも紹介した通りだ。

外部の多くの人間がおかしいと感じるのに、豊田自動織機には率直に物を言えないというのは、もはや絆ではなく、単なる「身内への甘さ」ではないか。

実際、前出のトヨタ自動車関係者は「トヨタ自動車がこの問題を静観するなら、崩壊の始まりと言っても過言ではない。トヨタ自動車は顧客を第一に考え、安全・安心な製品を提供することで世間に受け入れられた会社だ。グループ企業だからといって、それができなくなった会社を見過ごすなら、いくら足元の業績が良くても、トヨタ自動車もその程度の会社だと世間に見なされる」と手厳しい。

しかも、この不可解な役員人事は次の機会にも改善されることはなかった。

取締役に残る謎

豊田自動織機が2024年2月29日、代表取締役の人事を発表した。この時、創業家出身の豊田鐵郎会長が相談役に退き、大西副会長が代表権のない取締役に就任すると同社は説明した。会長はトヨタ自動車のＥｘｅｃｕｔｉｖｅ Ｆｅｌｌｏｗである寺師茂樹氏が就任するというものだった。

真剣に不正体質を改める気があるのかと疑われるのが、やはり、大西氏の人事である。同社は否定するものの、形式的には「降格扱い」（トヨタ自動車の関係者）に見える。だが、国土交通省から是正命令を受けたトヨタグループ企業3社のうち、日野自動車は下義生会長（当時）が、ダイハツ工業は奥平総一郎社長（当時）が実質的に引責辞任となった。そうした中、豊田自動織機だけ経営トップが辞任せず、不正の渦中に社長だった大西氏がいったん副会長に昇格した後、降格とはいえ、依然として取締役にとどまっている点は奇異に映る。

大西氏の人事の狙いについて、同社はこう説明する。「前社長としての経験を踏まえて、これからの経営課題である『風通しの良い職場風土の醸成』や、どうやって当社が社会に貢献していくかについて、現社長の業務執行をサポートする」（豊田自動織機）。

先述の通り、2023年3月に不正を公表した直後、同社はもともとなかった副会長ポストを新設し、大西氏は代表権を持ったまま副会長に就任した。役割は特命事項担当、言い換えると不正問題担当だ。不正事案に関する解決の陣頭指揮を執ることが大西氏のミッションだった。

今回の人事で大西氏は同担当を外れるが、「認証問題の課題に対する（改善）業務を今後もやっていく」（同社）という。大西氏を含めて今回の役員人事は、「当社が前を向いてものづくりを進める中で最適の体制」と豊田自動織機は説明した。

だが、こうした説明を不正問題に詳しい経営コンサルタントは一蹴する。「本気でそう言っているのなら、豊田自動織機の再生は遠いと言わざるを得ない」と。

「本当の事」を言えない会社にしたのは誰か

なぜなら、これでは取締役に留《とど》まる理由になっていないからだ。特別調査委員会による調査で判明した通り、豊田自動織機は少なくとも16年間、不正を継続していた。そのうちの10年間、社長を務めていた人物が、引責辞任をするどころか取締役の肩書を持つというのなら、しかるべき理由が必要だ。同社の説明に従えば、「社長特別補佐」や「体質改善担当」などとして不正問題の解消に当たればよいだろう。「経営トップの責任の有無を明確にしなければ、現場で働く社員の多くは本気で不正のない会社に変われるとは思えない」（経営コンサルタント）。

そして、この肩書問題以上に違和感を覚えるのは、「風通しの良い職場風土の醸成」に対して伊藤現社長に助言するという点だ。不正を行った産業車両用エンジン開発の現場は、法規解釈を含めて技術力が不足しているという「本当の事」を上に言えなかった。管理職には伝えたケースはあったが、彼らもまた人や金、時間といったリソースが不足しているという「本当の事」を上層部に伝えられなかった。

豊田自動織機をそうした会社にした最終責任者は誰か。言うまでもなく、その時に社長を務めていた大西氏だろう。

特別調査委員会はこう指摘した。「経営陣から、共に問題の解決に汗をかこうという姿勢が日常的に示されていれば、部下からの報告が上がりやすい雰囲気、特にバッドニュースが速やかにエスカレーションされる風土が醸成されてきたのではないか」（調査報告書）と。

すなわち、大西氏を筆頭に経営陣が問題を開発現場だけに押し付け、平時でも難しい都合の悪い情報の吸い上げに心を砕くのを怠ったという指摘だ。

こうして豊田自動織機を「本当の事」を言えない会社に導いた、あるいはその状態のまま放置した大西氏が、「一体、何を現社長に助言するというのだろうか」と経営コンサルタントは首をひねる。

トヨタ自動車の関係者はこう指摘する。「大西氏の社長就任期間は長すぎた。創業者などは別として、せいぜい6年程度が限度ではないか。社長を長く続けると、周りから反対意見や耳の痛い助言ができる人間がいなくなる。すると、独裁色を強めていき、周囲にはイエスマンばかりが集まる一方、社内はどんどん不都合な事実を言いづらくなっていく」と。

2度目となる不可解な役員人事から、豊田自動織機の中でガバナンスが利いていないのは明白だ。だが、それ以上に不安視されるのが、トヨタグループのガバナンスである。

ガバナンス力の弱体化

あるトヨタ自動車OBは「普通では考えられない人事。トヨタ自動車としても非常にまずい。世間の非難が見えていないのではないか。トヨタグループ全体のガバナンスに問題があると捉えるべきだ」と危機感をあらわにする。

2024年1月30日、トヨタ自動車の豊田章男会長は「グループの責任者として、もう一度グループを見ていく」「今回いろいろな不正を起こした3社は、やってはならないことをやったのだ。それに対しては、会社を造り直すぐらいの覚悟でやらざるを得ないと思っている」などと語り、グループ全体で不正と決別する強い姿勢を見せていた。

しかも、繰り返すがトヨタ自動車は豊田自動織機の筆頭株主だ。にもかかわらず、トヨタ自動車が豊田自動織機のこうした役員人事に異を唱えようとしないのは、やはり不可解と言わざるを得ない。先述の通り、寺師氏を豊田自動織機の会長に就任させるものの、電動化など技術開発の助言のためであり、不正問題には関与しない。一方で、ダイハツ工業に対しては前社長の退任も、新社長および新副社長の人選もトヨタ自動車主体で行った。ダイハツ工業と共同会見まで開き、ダイハツ工業の新社長に就任する井上雅宏氏をメディアに披露して選任の理由まで詳細に説明した。

ところが、豊田自動織機に対しては、大西氏が副会長に就任した人事にも取締役にとどまる人事にも、トヨタ自動車はだんまりを決め込んでいる。これには「まさに、忖度という言葉しか見つからない」（前出のトヨタ自動車OB）、「トヨタグループがやりたいこと（＝不正の再発防止）と役員人事との整合性がとれていない」（経営コンサルタント）といった指摘が上がっている。

世間は今、日野自動車、豊田自動織機、ダイハツ工業、愛知製鋼、そしてトヨタ自動車と5社の不正発覚が相次いだことで、トヨタグループ全体のコンプライアンスに厳しい目を向けている。これはすなわち、グループを牽引するトヨタ自動車に対する疑いの眼でもある。要は、トヨタグループ全体に対するトヨタ自動車のガバナンスが問われているのだ。

豊田自動織機に物申せるとしたらトヨタ自動車しかいない。不正体質を払拭するために何が必要なのかについて「本当の事」をトヨタ自動車は豊田自動織機に直言すべきだ。もっとも、そもそも豊田自動織機の役員人事の問題が見えないのであれば、トヨタ自動車のガバナンス力が弱体化していると見なさざるを得ない。

第9章

再生への道――再発防止策――

1　技術力を高めよ

日野自動車と豊田自動織機、ダイハツ工業のトヨタグループ3社の不正は、開発を担う設計者（技術者）が主導したものだ。技術者が主導し、法規認証（以下、認証）業務を担う部署をはじめ関係する部署に指示、もしくは忖度《そんたく》が働くように圧力を加えるなどして不正な操作を行わせ、認証試験をクリアしたように見せ掛けた。これが取材から導き出される不正の真相である。

では、設計者が不正を企てた根本の理由は何か。答えは実にシンプルで、第7章で述べたように技術力が足りなかったからだ。時間や人員の不足やパワーハラスメントなどは、不正行為を促した要因に過ぎない。そもそも十分な技術力を備えていれば、リスクの高い不正な行為をわざわざ企図する必要がない。従って、トヨタグループが不正の再発を防ぐために、真っ先に取り組むべきは「技術力の向上」だ。日野自動車と豊田自動織機の場合、排出ガスに関する規制値を超過したエンジンがあり、型式指定が取り消された。技術力が足りないのは明らかだ。

ダイハツ工業でも型式指定が取り消された小型トラックがある上に、エンジンの開発では高出力に見せ掛けるために不正な加工などを施している。技術力が足りずに不正に走った証拠である。クルマの開発では「短期開発」と元会長のパワハラが不正の原因になったと多くのメディアが報じているが、必ずしも正しい見方ではない。それらは不正を正当化する要因にはなり得るが、真因（問題を引き起こした本当の原因）とは言えない。やはり、短期開発というスピード開発を実現するだけの技術力が不足していたために不正に走ったと捉えるべきだ。ダイハツ工業の技術力が絶対的に低いと言っているのではない。設定した短期開発の目標（時短の目標）が高すぎて、それを満たすための技術力が同社に不足していたという指摘である。

不足している技術力の洗い出し

3社がまず取り組むべきは、法規を満たすために、どのような技術力が不足しているかを全て洗い出すことだ。不正を行った認証試験に関連する技術力の不足については、すぐに分かるだろう。なにしろ、自ら技術力が足りないと認識した上で不正に手を染めているからである。

だが、自社では認識していない、あるいはできない部分で技術力不足の点もあるだろう。これについては競合企業をベンチマークするなど、他社の状況を分析する必要がある。この分析を自社だけで行っても構わないが、3社の場合はトヨタグループであるという利点を生かす方法がある。すなわち、トヨタ自動車から設計者（技術者）を派遣してもらい、トヨタ自動車が備えている技術とその実力水準を知るところから始めるのが最も手っ取り早いだろう。

もちろん、トヨタ自動車が扱っている乗用車と、日野自動車のトラックや豊田自動織機のフォークリフトなどとは異なるし、軽自動車を中心とする小型車を扱うダイハツ工業とトヨタ自動車のクルマとでは車体の大きさが違う。要求される性能も品質もコストも違うことだろう。そのため、トヨタ自動車とは必要とする技術やその実力水準が必ずしも合致するとは限らないが、それでも同じ輸送機器を量産しているメーカー同士である上、同じグループで人事を含めた業務上の交流があるのだから、大いに参考になるはずだ。

技術および開発方法の外部からの導入

実力が不足している技術を洗い出したら、まずは技術力を高めるための正攻法を採る。対象となる技術分野に関して専門技術を備えていたり、素養や適性を身に付けていたりする人材を社内で探して、技術開発を担わせる。人だけではなく、物や金を含めた経営リソースを集中投下して、技術力の底上げを図るのだ。

ただ、この方法をあまり期待できない企業もある。そうした人材が社内にいるのであれば、そもそも不正は起きていない可能性が高いからだ。従って、自社が全く持っていない技術分野や、持っていても実力水準が低すぎる技術分野、自力では技術力を引き上げることが難しい技術分野については、人材を含めて外部企業から取り込むことを検討する。

具体的には、その分野の専門技術を備えた企業から知的財産の実施料を支払って使わせてもらったり、そうした企業と協業したり、資本提携したりする方法を検討する。場合によっては、対象となる部門や企業自体の買収も検討に値する。もちろん、不足している専門技術を備えた人材を新たに採用する方法もあるだろう。

だが、こうした社外からの技術の取り込みという点でも、3社にとって最も手っ取り早いのはトヨタ自動車に頼る方法だ。トヨタ自動車から技術者を派遣もしくは出向してもらって足りない技術を取り込み、併せて技術開発の方法を導入するのである。もちろん、ここでも必要とする技術の違いや、規模の差による経営リソース（技術者の人数など）の違いなどがあり、トヨタ自動車の技術や技術開発をそのまま取り込むことは難しく、取捨選択や調整などが必要になるだろう。それでも、自力で賄うよりは時間も費用も節減できるはずだ。

部門横断チームの結成

技術開発では設計目標値を設定し、それをいかに実現するかが鍵となる。ここでは、同じトヨタグループ内である部品メーカーが採った方法が参考になる。部門横断（クロスファンクショナル）チームの活用である（**図1**）。

法令が定めた厳しい規制を満たす性能を実現するためには、高い水準の設計目標値を設定しなければならない。この設計目標値に到達するには、当然、新しい技術を要するなど技術的な課題の難易度が上がる。すると、開発設計を担当する個人や少人数のチームだけで乗り越えるのは困難になる。こうした場合に開発設計の専門家が提案するのが、部門横断チームの結成だ。

この部門横断チームは、開発設計を直接担う部署が主体となり、技術的な課題の解決に向けて必要となり得る専門知識や技術、ノウハウを持ったメンバーで編成する。社内はもちろん、必要であれば社外からも人材を集めて、難しい技術開発を乗り越える。有益な知識・技術・ノウハウを持っていそうな人材を社内の他部門や他部署、あるいは社外の専門企業などから探し、チームに加わってもらうのである。

もちろん、部門横断チームを組織したからといって簡単に解決できるとは限らない。メンバー探しやチームの運営・管理と

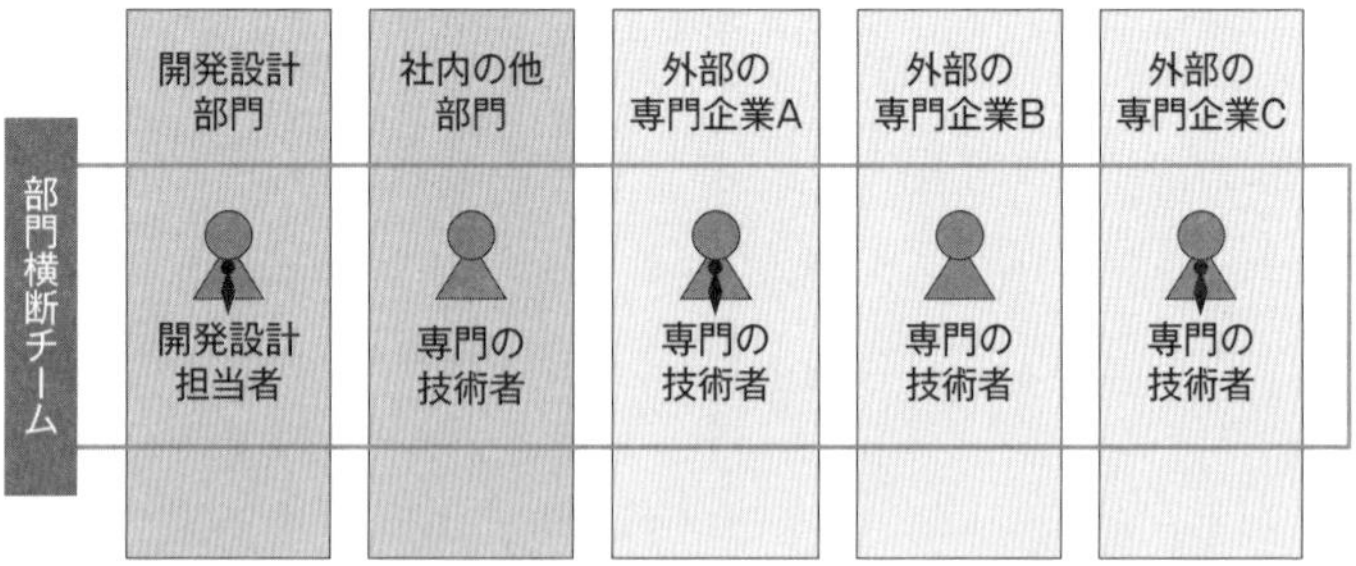

図1　部門横断チームのイメージ

開発設計部門の担当者が中心となり、そこに社内外の専門知識・技術を備えたメンバーを集めてチームを結成。これにより、自社の開発設計部門だけでは難しい高い水準の設計目標値の達成を狙う。（作成：筆者）

いった新たな負荷も生じることだろう。それでも、開発設計者個人や、自部署で閉じた小チームだけで担当するよりも、設計目標値の達成の可能性は高まるはずだ。「簡単に諦めてはならない。どこまでトライするのか、開発設計者の力量が問われる」（開発設計の専門家）。

2 トヨタのエンジン開発プロセスを導入せよ

第7章で、日野自動車と豊田自動織機、ダイハツ工業の3社で不正が起きた真因について、リスク評価と法規解釈プロセス、そして牽制《けんせい》機能の3つが欠落している点を指摘した。不正の再発を防止するために必要な施策は、この裏返しだ。

すなわち、［1］設計の初期段階で規制への未達に関するリスクを評価する、［2］開発プロセスに法規解釈プロセスを織り込む、そして、［3］認証試験を開発部門とは異なる部門が担当する――という3つの条件を満たせば、不正の再発はかなりの確率で防げる。そして、これらは「不正が起きにくい仕掛け」としてトヨタ自動車がエンジン開発プロセスに織り込んでいるものでもある。

リスク評価の導入

［1］のリスク評価では、開発プロセスにおいて企画の次に来る「構想設計」の初期段階で、規制の未達に関するリスクを評価する。まず、設計の変更点や製品が使われる環境などの変化点に着目し、これらがある場合は、品質不具合を未然に防ぐための手法であるFMEA（故障モード影響解析）やDRBFM（Design Review Based on Failure Mode：故障モードに基づく設計審査）を活用し、リスクを抽出する。

続いて、抽出したリスクのうち、特にリスクが大きなものを評価する。ここで、リスクの度合いが想定以上に大きければ、新たな技術を盛り込むなど、対応策を大きく変えて構想設計の中に投入する。

要は、製品の開発において、法令が求める規制が厳しくなったときに、従来の延長線の設計で構わないのか、それとも新設計を施す必要性があるのかを、開発プロセスの最初の段階で判断する。これにより、十分な設計時間を確保するのだ。こうすれば、「規制を満たすには設計の時間が足りないので、不正を働く」という事態をかなりの確率で避けることができる。

法規解釈プロセスの導入

［2］の開発プロセスに法規解釈プロセスを織り込むというのは、法令が定める規制を正しく理解し、かつ解釈の属人化を防ぐための仕掛けを開発プロセスに導入するということだ。これはトヨタ自動車のエンジン開発プロセスの中身を見るとよく分かる（**図2**）。

　エンジン開発において、法規に従った認証試験を実施することは大前提だ。そのために、トヨタ自動車では「適合部門の技術者が自ら条文を読んで試験条件を確認する」と、同社の関係者（以下、関係者）は証言する。海外市場向けエンジンに適用される法規の条文では、日本語に訳された文章だけではなく、原文（英語）まで確認することも

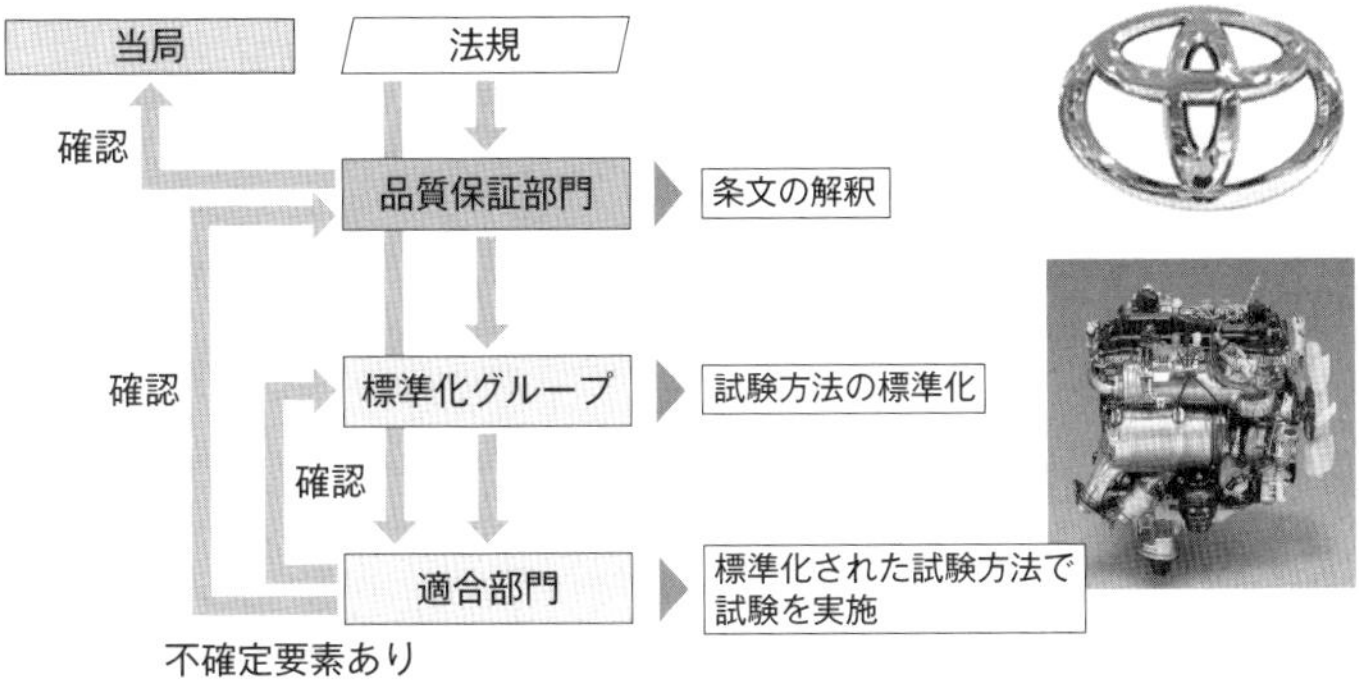

図2　トヨタ自動車の法規解釈プロセス

法規解釈プロセスは、エンジン開発プロセスに織り込まれている。品質保証部門が条文を読み解く専門組織となり、条文を解釈する。それを受け取った標準化グループが試験方法を標準化し、適合部門に展開する。適合部門は自らも条文を読み、標準化グループから展開された試験方法の妥当性を適合の視点から確認する。不確定要素があれば、標準グループや品質保証部門に問い合わせる。それでも曖昧さが残る場合は、品質保証部門が当局に確認する仕組みとなっている。（作成:筆者、エンジンの写真:トヨタ自動車）

珍しくないという。ところが、それでも完璧とは言えない。「条文によっては解釈が一意に定まらないケースが間々ある」（関係者）からだ。

そのため、適合部門の技術者個人に条文の最終的な解釈を任せると、人によって解釈が揺れて試験条件がばらつく可能性がある。つまり、ある担当者のときには規制をクリアするものの、別の担当者のときには規制を満たさないという事態を招きかねないのだ。

これを防ぐために、トヨタ自動車は法規解釈プロセスをエンジン開発プロセスの中に設けている。すなわち、これが法規解釈の属人化を防ぎ、正しく解釈を得るための仕組みである。

条文解釈を「標準化」するトヨタのプロセス

トヨタ自動車がエンジン開発プロセスに織り込んだ法規解釈プロセスでは、条文を最初に取得するのは品質保証部門である。この品質保証部門が条文を読み解く専門組織となる。改訂されたり新たに設定されたりした法規に関して条文を解釈し、その内容をエンジン設計部門内にある適合専門の標準化グループに渡す。

この標準化グループはその名の通り、条文の解釈を標準化する部署だ。具体的には、品質保証部門の解釈に基づいて試験に関するプロセスやルールを改めたり新たに設定したりした上で、その試験方法を「標準」として定める。これにより、個々の適合部門の技術者が条文を読み、それぞれが勝手な解釈を行うことで起こり得る試験方法のばらつきを抑えるのだ。

こうして試験方法を標準化したら、標準化グループはそれを適合部門に展開する。適合部門は基本的に、標準化された試験方法に従って業務を進めればよい。ただし、先述の通り、適合部門の技術者も自ら条文を読んで試験条件を確認する。展開された試験方法が技術的な根拠を満たしているかどうかを適合の視点から確認し、彼ら自身が納得した上で業務を進めるためだ。

ここで不確定要素などがあり、適合部門の技術者が納得できない場合は、標準化グループに問い合わせる。そこでも納得できる回答が得られなければ、品質保証部門にまで戻って条文をどのように解釈したのかを聞く。それでも曖昧な部分が残った場合は、品質保証部門がその法規を作った国や地域の当局に問い合わせて、解釈の正しさを担保するというのである。

翻って、日野自動車をはじめ豊田自動織機にもダイハツ工業にも法規解釈プロセスと呼ぶべきプロセスはない。調査報告書を踏まえると、例えば日野自動車は法規関連の試験を全てパワートレーン実験部に押し付けていることから、条文を解釈して試験方法を導き出すまでの一連の業務を担っているのもパワートレーン実験部だろう。

さらに言えば、標準化する仕組みがないため、試験方法は担当者個人の解釈次第になっていると見られる。そうなると、ある試験担当者の法規解釈は正しいものの、別の試験担当者の法規解釈は間違っているという状態に陥りかねない。同じ試験なのに試験方法が統一されていないため、担当者によって試験方法が微妙に異なる恐れがあるのだ。つまり、「たまたま担当者が優秀なら問題なし、そうでなければ規制に未達か、もしくは不正になる」（エンジンの専門家）という危険性をはらんでいるというわけである。

ものづくりでは、正しいプロセスがなければ品質を保証できないというのは常識である。従って、法規解釈プロセスを持たない日野自動車と豊田自動織機、ダイハツ工業の3社は、法規を満たす品質（性能）を確実に担保できる仕組みを備えていないということになる。

開発プロセスに法規解釈プロセスを織り込んでいない場合、性能については最終結果で判断するしかない。「一発試験の結果がＯＫだった。よって、規制をクリアしている」といった具合だ。こうしたやり方について、エンジンの専門家は「意図的にチャンピオンデータを作り、それを使った1回の燃費測定で燃費を出していた、かつての三菱自動車の燃費不正を彷彿《ほうふつ》とさせる」と指摘する。

牽制機能の導入

続いて、［3］の認証試験を開発部門とは異なる部門が担当するというのは、製品の開発を手掛ける部門から認証試験を切り離し、品質保証部門など別の部門が担うように変えることだ。すなわち、開発部門を牽制する機能の導入である。

もっとストレートに言えば、「お手盛り」の認証試験をやめさせるということである。日野自動車と豊田自動織機、ダイハツ工業の3社では、自分が開発した製品の認証試験を自ら行い、その合否を自ら判定していた。これが各社において不正の発生を許してしまった。その機会を潰すのが、この牽制機能を導入する狙いである。

さすがにこの点は3社も反省したようだ。3社とも再発防止策に牽制機能を盛り込んだ。例えば、日野自動車は「牽制構造の確立・強化」を打ち出し、認証試験と認証申請の機能をエンジンの「開発本部」から「品質本部」に移管した。豊田自動織機は、開発部門から独立した法規認証の専門部署として、エンジン部門に「法規認証監理部」を、産業車両部門に「法規認証部」を設置した。さらに、自動車用ディーゼルエンジンについては、豊田自動織機が受託していた法規解釈および認証機能をトヨタ自動車に変更した(戻した)。ダイハツ工業も認証業務を開発部門から切り離した。具体的には、認証業務を担う「法規認証室」を開発部門から分離し、品質保証部門である「品質統括本部」に移行した。これにより、開発部門によるお手盛りの認証試験を避けるのである。

牽制機能をすり抜ける

ただし、牽制機能を導入し、認証試験を別の部門に担当させたとしても、それだけで不正を完璧に防げるとは言えない点には注意が必要だ。人は動機さえあれば、不正を行う手練手管はいくらでも考えられる。特に技術者の場合は技術的な知見を身に付けている分、いざとなれば技術的に高度な不正行為に手を染めることも可能だ。

加えて、いくら牽制機能を強化しても完璧というわけにはいかない。どこかに牽制機能の死角や盲点、管理・監視の網をすり抜ける穴や抜け道が見つかるものだ。

事実、エンジンの専門家は「日野自動車が不正を撲滅できるとは限らない」と指摘する。先述の組織変更により、牽制機能を備えた品質本部が開発本部に対して厳しい監視の目を光らせるはずなのに、である。その理由は、依然として不正の温床となり得るものが存在するからだ。例えば「劣化触媒」である。

日野自動車が手を染めた不正の1つである排出ガス性能の「劣化耐久試験」では、規定の走行距離を経て劣化した触媒（以下、劣化触媒）を使用する。劣化触媒は実際に走行して劣化させるか、もしくは加速試験によって同等のストレスをかけて製作することによって用意する。

問題は「この劣化触媒を誰が作るか」にある。トヨタ自動車の場合、劣化触媒は開発側にある適合部門が製作する。これを利用して適合部門が劣化耐久試験を行うとともに、品質保証部門も劣化耐久試験を実施する。つまり、品質保証部門が使うのは、適合部門が用意した劣化触媒だ。実は、ここが不正を招き得る抜け穴もしくは抜け道である。

エンジンの専門家は「適合部門から渡された劣化触媒の外観を見ても、規定通りの走行距離分の劣化が施された触媒かどうかが品質保証部門には分からない」と言う。要は、例えば「45万km走行分の劣化触媒である」と説明を受けたものの、実際には30万km走行分しか劣化していない「偽の劣化触媒」を適合部門（開発側）が品質保証部門に渡したとしても、品質保証部門はその嘘を見破ることができないというのである。

従って、開発部門や認証業務を担う部署を牽制する機能を導入するのは重要だが、それで不正を完全に防げるという過信は禁物だ。むしろ抜け穴や抜け道が新たにつくられると見て、監視の目を緩めないことが大切となる。

3 トヨタの問題解決方法を応用せよ

日野自動車と豊田自動織機、ダイハツ工業の3社では、管理職が開発現場の問題に背を向け、対応を開発現場に丸投げしてしまった。この理由について、トヨタ自動車出身のコンサルタントは「問題解決の仕方が分かっていないからだろう」と指摘する。

3社の管理職は、発生した問題を担当者が解決すべきものと捉えており、担当者から相談を受けると、自分に解決するための知識や技術力がない場合には、責任を自分が一身に負うことになると考えているのではないか。つまり、問題を解決できないとマイナスの評価を受けることになり、それを嫌って担当者に責任を押し付けるというわけだ。

そもそも、1人で考えることには限界がある。担当者や管理職が1人で問題を抱え込む必要はないし、個人の責任に帰すべきでもない。もしもそうなっているのなら、その企業の人事評価の問題であり、経営陣の責任である。

では、どうすればよいのか。これにはトヨタ自動車本来の問題解決の方法が役に立つ。結論から先に言えば、トヨタ自動車では全体最適を目指した「全員参加」で問題解決に当たる。すなわち、問題はみんなに与えられたものであると捉え、みんなで解決する。「問題を誰か1人に押し付けるようなことは決してしない」と同社の関係者は口をそろえる。

トヨタ自動車の場合、開発現場の社員が自分で解決できない問題に直面したら、課長をはじめ管理職に報告する。すると、管理職はその問題を「大きくする」。その問題を特定の部署だけで抱え込まず、商品企画部門や品質保証部門など他部門に広げたり、部長などより上の管理職に報告したりするのだ。これにより、問題をいろいろな部門や人と共有するのである。

もちろん、開発現場の社員が問題を報告した際に、「なぜ解決できないのか」とその社員を詰問したり、「それで、どうするのか」と現場に責任を押し付けて丸投げしたりはしない。むしろ、社員が問題を伝えたことや問題を見つけたことを管理職は褒めることとすらある。

トヨタ自動車が問題を大きくするのは、2つの利点があるからだ。1つは、不正の防止である。より多くの人が問題の存在を知っていれば、ごまかしたり隠蔽したりすることは難しくなる。

もう1つは、対策を考案・実行しやすくなるからだ。より上位の管理職が対策への道筋を立て、人・物・金といった経営リソースを確保する一方、開発現場では異なる部門から人が集まり、さまざまな専門的な知見を集めて対策を考え出す。こうして、みんなで問題解決に当たるのである。

トヨタ自動車ＯＢはこう証言する。「担当者の能力が足りないと分かれば、他の部門も含めて能力のある人間を連れてくる。ただし、メンバーは変えずに、助言してもらう。そして、最終的に責任を個人に負わせることはなく、みんなで助ける。みんなで知恵を絞って対策会議を進める」と。

同社では、仕事においてサボったり抜けがあったりしたときには管理職が社員を叱るが、問題が生じたときに個人攻撃はまずしないという。一方で、対策会議など皆が助け合うときに、能力があるのにアイデアを出さないで黙っているなど協力しない人間は、仕事ができても評価しないという面がトヨタ自動車にはあるという。「人が困っていても、自分は関係ないという態度の人間は管理職として不適格と判断される」（トヨタ自動車ＯＢ）。

よく「クルマは3万点の部品から成る」などと言われる。このうち1点でも欠けたら完成はしない。ということは、問題が発生してどこかの部品が1つそろわないだけで、自分たちが開発している製品が実現しないということだ。だからこそ、トヨタ自動車では、問題の発生は開発に携わる全社員の一大事と捉えるのである。

不正を起こした3社は、全体最適を目指したトヨタ自動車が掲げてきた「全員参加」の考え方を導入すべきだ。１つの製品をみんなで造り上げるという考え方ができないからこそ、管理職および経営陣と現場との間で断絶が起こり、管理職の機能不全が起きるのである。

「みんなで知恵を絞る」トヨタの仕組み

では、トヨタ自動車は具体的にどのようにして全員参加でクルマを造り上げていくのか。開発設計の現場視点で見てみよう。

同社では市場を見て、すなわち顧客ニーズを基に機能や性能、品質などに関する設計目標値を定める。そして、いったん設計目標値を定めたら途中で変更することはない。

従って、例えばある車種の開発において燃費に関する設計目標値を「１L当たり何km」と決めたら、それを技術的に満たせそうな案（開発案）をまずはアイデアベースで考える。そして、それらの案の中からＱＣＤ（品質、コスト、納期）の観点で最もバランスが取れたものを見つけ出して開発設計を進めていく。

この開発案はチームで考える。具体的には、車両開発を主導する「製品企画部」とユニット（部品）を造る各「設計部」が共に知恵を絞る。製品企画部が概略仕様や仕様に関する会議を開き、そこに製品企画部のメンバーと、各ユニットから「車種担当」と呼ばれる主任レベル（リーダー格）が参加して一緒に開発案を考えるのだ。人数は製品企画部と各車種担当を合わせて10～15人ほどになるという。ときには車種担当が現場に持ち帰ってアイデアを考えるケースもあるようだ。

　ポイントは、開発設計における権限委譲がトヨタ自動車では早いことである。車種担当に抜擢《てき》されるのは、新卒で入社した場合で5～6年目、年齢としては30歳前後だ。車両開発に関する情報は課長ではなく、製品企画部から直接車種担当に伝達される。課長は車種担当を取りまとめ、全体の進捗や問題の解決を行う。車種担当はマネジメント業務を課長に任せ、自らは組織的に動いて開発設計に専念する。

　開発案の創出を担当者1人に丸投げすると個人の能力に依存することになり、成功率が下がるだけではなく、特定の社員の負荷が高まる。これに対し、開発案を組織的に考える方法では、個人への負荷を高めずに成功率を上げられる。これが分かっているからこそ、トヨタ自動車は開発案をチームで考える体制を採っているのだ。

　車種担当者への権限委譲が早いのも、そのほうが開発設計のスピードがアップし、成功率が高まるからである。権限が一向に委譲されず、部長から課長、そして車種担当者といったルートで開発設計を指示する方法をいつまでも続けていると、情報伝達1つとっても遅くなり、その分、開発設計という「本業」に打ち込める時間が短くなる。結果、考える時間が不足して優れた開発案を創出できない可能性が高まってしまう。

そして何より、設計目標値をチームで追求するこうした開発設計体制は、不正を防止するという点でも効果的だ。設計目標値の未達の責任を誰か1人に負わせることがないからである。もしも日野自動車と豊田自動織機、ダイハツ工業の3社がトヨタ自動車のような開発設計体制を採っていたら、不正はここまで深刻化しなかったはずだ。そう考えると、3社では設計目標値の責任を個人や部署が負う体制が不正につながったと見ることもできる。

チーフエンジニアが問題を発見

トヨタ自動車の開発設計領域には、究極の管理職機能と呼ぶべきものがある。それは、開発設計のリーダーであるチーフエンジニア（ＣＥ）の存在だ。ＣＥ制度はトヨタ自動車の製品開発システムの根幹を成す制度。要は「売れるクルマ」を生み出す最大の鍵と言っても過言ではない。最大の特徴は、開発チームを率いるＣＥが車両の最終責任を担うことだ。開発を担当するクルマの全てを決める権限と責任を持つ。そのため、ＣＥは「担当車種の社長」と呼ばれることもある。車両のコンセプトから寸法諸元、車両全体の計画図、車両の基本性能、各部の車両構成、品質、原価目標、開発日程などまで、開発に関する全てを指示するのが、ＣＥに求められる役割となっている。

このＣＥが不正を極力防ぐ機能も果たしていると言える。

クルマの開発設計では3万点の部品のそれぞれに担当者がいる。そして、先述の通り、このうちのどれか1個でも部品が欠けるとクルマは完成しない。そのため、トヨタ自動車でも技術者は皆、暗黙のプレッシャーを受けながら仕事をしている。もしも自分が担当している部品が出来なければ、クルマは造れない、認証試験を受けられない、発売日が遅れてしまう……。販売店や部品メーカー、顧客など全てを合わせると数十万人にも上る関係者がおり、そうした人たち全員に迷惑を掛けてしまう恐れがあるのだ。

こうした現実を知っている技術者には当然、重圧がかかる。故に、トヨタ自動車でも「そう簡単に『できない』とは言えない」と同社の関係者は語る。大事に至るので言いにくい点はトヨタ自動車も他社と同じ、いや企業規模が大きい分、それ以上とも言える。

ここで不正への誘惑を断つのが、ＣＥである。担当するクルマの開発全体を見渡しているＣＥは、問題の有無についても常に目を光らせている。仮に担当者本人が開発設計の遅延や、性能やコストの未達など問題が起きているのに、言い出せずに隠していたり言いよどんでいたりした場合でも、ＣＥが問題の発生を見抜くのだ。

ＣＥは「現地・現物」による確認、すなわち開発設計の現場に足を運び、自分の目で開発設計の進捗を確かめる。このときに必ず行うのが、定量的な確認だ。「数字」による裏付けを取ることで、問題の有無を判断するのである。数字を確認すれば問題の有無は一目瞭然、問題を隠しようがない。

こうしてＣＥは問題を見いだす。つまり、ＣＥが不正を防ぐ「関所」としても機能しているというわけである。

4 「本当の事」を言える組織に変えよ

なぜ現場の社員は隠れて不正を行うのか。それは上司に「本当の事」を言えないからだ。ここでいう本当の事とは、「都合の悪い情報」を指す。では、なぜ都合の悪い情報を伝えられないのか。それは、上司に報告しても無駄だったり、ペナルティーを被ることになったりするからである。部下からすれば、上司は相談に乗ってくれることもアドバイスをくれることもなく、「自分で解決せよ」と丸投げするだけ。ひどい場合は上司から叱責されることすらある。実際、日野自動車でも豊田自動織機でもダイハツ工業でも、社内がこうした実態だったことを3社の調査報告書が明るみに出している。

こんなことでは、社員が本当の事を言わずに沈黙を選んだとしても無理はない。従って、現場が不正を隠蔽することがないように、都合の悪い情報であっても上に報告できる環境を整える必要がある。そのためには、上司と部下とで日ごろから円滑なコミュニケーションを取れるように良好な関係を構築しなければならない。大声で怒鳴りつけるなどの度を超えた叱責や、パワーハラスメントをはじめ各種のハラスメント行為などは問題外であることは言うまでもない。

都合の悪い情報を優先する仕掛け

本当の事を言えるようになる仕掛けの1つに「バッドニュースファースト」がある。例えば、トヨタグループの1社であるデンソーがこれを導入している。

2020年以降、デンソーは欠陥燃料ポンプによる大規模リコールに苦しんでいる。作動不良に陥り、走行中にエンジンストール（エンジンの失速・停止、エンスト）を起こす恐れがある。これを「経営の基盤を揺るがす品質問題の発生」と捉えた同社は、変革プラン「リボーン21」を策定。この中で「品質の再出発」と銘打ち、品質を立て直すべく3つの柱を据えた。（1）基盤技術の抽出、（2）技術者の意識改革、（3）職場改革――である。このうち、（3）の職場改革については、「バッドニュースファーストという形でいろいろなニュースが上がってくる風通しの良い健全な職場に努める」ことだと同社は説明した。

トヨタ自動車も同様だ。同社では会議のうち「うまくいっている事ばかり報告しても仕方がない。うまくいっていない事を報告し、それを解決するために皆が議論する場」（トヨタ自動車出身のコンサルタント）と捉える会議があるという。会議において進捗が遅れているとか問題が発生しているとかいった都合の悪い情報を吸い上げ、その場で解決策まで練るというわけだ。これもバッドニュースファーストの仕掛けと言えるだろう。

トヨタ自動車の工場では、組み立てラインに「ひもスイッチ」が垂れ下がっている。これは異常を検知するためのスイッチだ。異常が発生したら作業者がひもスイッチを引き、定位置で組み立てラインを止める仕掛けとなっている。このように異常が起きた際に業務をいったん止めることを、トヨタ自動車は「アンドンを引く」と表現する。アンドンとはトヨタ自動車による造語で、異常の発生を「見える化」することである。

通常の工場では、生産ラインを止めることは一大事だ。製造コストが跳ね上がったり、納期が遅れたりする可能性が高まるためである。事故的に扱われると言っても過言ではない。これに対し、トヨタ自動車では作業者が異常だと感じたらすぐにひもスイッチを引く。中には、早合点しただけで本当は異常ではなかったというケースもある。それでも、管理者や監督者がその作業者を責めたりはしない。むしろ、褒める場合さえあるほどだ。

管理者や監督者がこうするのは、心理的安全性を担保するためである。間違ってひもスイッチを引いたことを責めれば、次から作業者はひもスイッチをひくことを躊躇《ちゅうちょ》する。すると、ひもスイッチを引くのが遅れ、本当に異常が発生していた場合に、生産ラインはどんどん不良品を造り続けることになる。そうなれば、生産ラインを間違って止めるよりも、よほど会社にとってマイナスなのだ。

デンソーもトヨタ自動車も、バッドニュースファーストの仕掛けを問題の早期発見のために使っている。だが、この仕掛けは、不都合で言いにくい本当の事を言い出しやすい職場や環境を構築する上でも効果がある。従って、不正の再発を防止するためにバッドニュースファーストの仕掛けを有効活用すべきだ。

5 国際ルールをリードせよ

トヨタ自動車で発覚した認証不正のうち同社が強調したのは、認証試験が定める基準よりも高い基準を開発試験で満たしているという主張だ。6種類の不正のうち3種類の不正について認証試験よりも厳しい条件で開発試験を行い、そのデータを認証申請、すなわち型式指定の申請に使用した。

認証試験では手順と基準が定められており、それらに従わないと不正と判断される。ところが、トヨタ自動車をはじめ多くの日本の自動車メーカーは認証試験が求める基準よりも高い基準（性能）を目指して開発を進めている。そのため、開発試験は認証試験が定めたものとは違う、より厳しい条件を採用しているというのが自動車メーカーの開発現場の実態だ。

だが、この問題については国土交通省が見解を示している。率直に言って、トヨタ自動車の主張よりも説得力がある。同省は、トヨタ自動車が「技術的に正しい」と考えてより厳しい条件の開発試験を行い、それを認証試験のデータの代わりに使いたいのなら、事前に認可当局（同省）に説明して許可を得る必要があると語る。

その理由は、基本的に認証試験が定める基準や手順は国際ルールとして定められているからである。国際連合（国連）の場〔自動車基準調和世界フォーラム（ＷＰ２９）〕に各国・地域の政府や当局、各国の自動車メーカー（自動車工業会）などが集まって議論し、合意した上で認証試験の内容が決まる。ここには技術の専門家も参加しており、相応の技術的な理由を踏まえて試験の条件や手順が定められている。

国際ルールとしているのには、しかるべき理由がある。同一の手順や基準にすることで世界の国・地域や自動車メーカー間での比較を可能にしたり、国・地域ごとで異なる認証試験に自動車メーカーが対応しなければならない手間や工数を抑制したりできるからだ。

「技術的な妥当性」がないケースも

世間には「低い基準の認証試験を国土交通省が自動車メーカーに押し付けている」「ルールを守ることが目的化している」といった認証制度や国土交通省への批判も見られる。実は、「本音では同じように思っている自動車メーカーの技術者は多い」という声も自動車関係者からは聞こえてくる。

だが、実際は本当に技術的な妥当性がある、より厳しい条件での開発試験データを認証申請に使用することは、条件付きで認められている。自動車メーカーが各国・地域の認可当局の了解を得ればよいのだ。

つまり、トヨタ自動車は事前に国土交通省に相談や確認をすれば、不正を防げた可能性が高い。不正と判断されるリスクを残すくらいなら、同省に技術的な妥当性があることを説明して認めてもらうステップを踏めばよかったのだ。それを怠って自己判断すれば、ルール違反として国土交通省が不正だと見なすのは当然だ。

しかも、同省は単にルール違反であることだけを懸念しているわけではない。今回、トヨタ自動車は「技術的な妥当性がある、より厳しい条件の試験だ」と説明している。だが、果たして本当にそうなのか。自動車メーカーがそう主張しても、技術的な妥当性が疑わしいケースもあり得る。「測定対象の性能のパラメーターは高くなっても、他の性能のパラメーターが低くなる可能性も考えられる」（製造業に詳しい経営コンサルタント）からだ。

例えば、質量や角度といった条件を認証試験よりも厳しくし、それで測定対象である性能で認証試験が定める基準よりも高い値が得られたとする。ところが、実は測定対象ではない他の性能に負の影響が及んでいる可能性がないとは言い切れない。トヨタ自動車が狙ってそうするとは思わないが、気づかずに行うという過失のケースは考えられる。逆に、あえてそれを狙う悪意を持った自動車メーカーが現れないとも限らない。悪用しようと思えば、それが可能だからだ。

こうした事態に発展するのを防ぐためにも、自動車メーカーが主張する「技術的な妥当性」については鵜《う》呑《の》みにせず、認可当局である国土交通省が検証しなければならない。

参入障壁を築く

国土交通省は、国際ルールを変える方法もあるという見解も示している。技術的な妥当性に自信がある条件が厳しい別の試験を認証試験として使いたいのなら、トヨタ自動車は国連の場で提案し、各国・地域の政府や自動車メーカーに説明して合意を得たらよいという考えだ。

トヨタ自動車はもはや世界トップの自動車メーカーなのだから、安全性や環境性を担保するために設けられている認証試験に関しても世界をリードしていくべきではないか。より厳しい条件で高い基準を求める新たな試験方法をどんどん提案し、国際ルールメーカーとしての役割を担うという提案である。

こうすれば、自社で考案した開発試験だけで効率的に認証試験をクリアできる。それだけではない。他社に対して「参入障壁」を築ける可能性もある。トヨタ自動車が持つ技術力を存分に生かし、高い基準を満たさなければならない自社が考えた試験方法を、国際ルール（認証試験）として設定されるように動くのだ。これができれば、技術力が劣る自動車メーカーは認証試験をクリアできず、クルマの量産・販売ができなくなる。

トヨタ自動車に限らず、高い技術力を持つ日本メーカーには国内の認証試験などに汲々《きゅうきゅう》とするのではなく、もっと賢く世界で振る舞うことを期待したい。

6　納期の延長を認めよ

認証業務が全く仕組み化されていない――。トヨタ自動車が2024年6月3日に開いた会見で世間を驚かせたのは、不正行為の発覚に加えてもう1つある。それは、認証業務がほぼシステム化や効率化とは無縁の状態で行われているという事実だ。

認証業務について豊田章男会長はこう説明した。「認証業務の全容を把握している人間がトヨタ自動車にはもちろん、自動車業界にもいない」「仕事が非常に曖昧で属人的な技能に頼っている」「ベテラン社員に依存しており、新人（若手社員）には分からない」「ルールもない」「1年以上かかる長いプロセスとなっている」……。こうした課題があるために、「曖昧なまま最終の試験で問題が発覚し、短い納期で何度もやり直しをするということで、最後のところで大きな負担をかけてしまったのではないか」（豊田会長）。この負担が認証不正を誘発したと同会長は見ているというわけだ。

こうした説明からは、業務ごとにベテラン社員が属人的に判断を繰り返す一方で、今どのような状況になっているのかを客観的に判断できていない認証業務の現場の姿が目に浮かぶ。客観的な情報の精度が低いとその対応に時間がかかり、トラブルや想定外の事が起きるたびにスケジュールが後ろにずれ込んでいく。しかし、それでも業務の進め方が属人的要素に依存しているため、結局は各社員が頑張るしかない。

そこでムリが生じたり時間が足りなかったりしてどうしようもなくなると、属人的な部分の判断を甘くして不正という手段を選ぶ恐れが出てくるというわけである。

製造業に詳しい経営コンサルタントは「今のトヨタ自動車において、ここまで標準化が進んでいない領域があるとは驚きだった。属人的な判断に頼るところが想像以上に残っている印象だ」と語る。豊田会長の説明によれば、同社の認証業務には生産現場には存在する作業標準書すらなさそうだ。これは不確定要素が多く、ベテラン社員が経験やノウハウを基に判断している業務が多いからだと思われる。それが膨大すぎて手間や時間がかかるため、これまで作業標準書の作成に及び腰だったのだろう。

時間よりも認証業務を優先すべし

トヨタグループで不正が続いたことを反省したトヨタ自動車は、日野自動車と豊田自動織機、ダイハツ工業、トヨタ自動車東日本と共に認証業務の改善に着手した。認証業務における行動（業務）と判断を「見える化」し、標準化して作業標準書を作っていく作業だ。作業標準書を作るというのは、判断の内容を決めるということである。そのために「物と情報の流れ図」を使い、実際に認証現場でどのような物と情報が流れているのかを見える化して、認証業務のフローを作る。この流れ図が書けない所は業務が曖昧になっている可能性が高く、改善点になり得るという。こうして、認証業務において不正が起きにくい業務フローをトヨタ自動車が主導して作る計画だ。

では、こうした業務フローが完成して実践に移せば、不正を撲滅できるのだろうか。「それだけでは難しい」というのが経営コンサルタントの意見だ。業務フローがあれば認証業務の全容を把握でき、業務の抜けや漏れを防いで効率化も進むだろう。だが、属人的な判断はどうしても残るため、そこで社員が不正行為を働く余地がある。

再発防止のために必要なのは、まず認証業務における認証試験はもちろん、やるべきことをやっていないと次の業務に進めない「関所」を設けることだ。開発設計における設計審査（デザインレビュー）をイメージするとよいだろう。

加えて、納期よりも認証業務を優先し、時間が不足した状況にある場合は納期の延長を許容することである。これは経営トップの責任である。現場の管理者はどうしても納期を守ろうとする方向に動くからだ。納期を延ばせばクルマの発売日が延期になる。販売面に与える影響は小さくはないだろう。だが、そもそも認証試験の基準をクリアしていないクルマは量産することも販売することも許されていないのだ。それなのに、納期を優先して不正を招いたことをトヨタ自動車は忘れてはならない。

「万が一の時には納期を延長してでも、必ず認証試験を実施して国が定めた基準を満たす。そうしないクルマは生産・販売しない」とトヨタ自動車の経営トップが宣言すれば、認証不正の防止に相当な効果があるはずだ。

7 改善の手を緩めるな

先の通り、不正の再発防止のためにトヨタ自動車のエンジン開発プロセスの導入を勧めた。同社のエンジン開発では、法規解釈プロセスによって法規を正しく理解した上で認証試験などを行う。認証試験については開発部門ではなく品質保証部門が実施することで、牽制機能を働かせている。

ところが、トヨタ自動車のエンジン開発においても認証不正が見つかった。しかも、より条件が厳しい開発試験を行った結果の不正でも、過失による不正でもない。エンジン出力試験において、コンピューター制御を操作して狙った出力値を得た「悪質」と言うべき不正である。

ただし、この1件の不正でトヨタ自動車のエンジン開発プロセスの再発防止に関する優位性が全否定されることはない。例えば、自動車メーカーの中には開発部門内で認証試験を行っている企業もある。開発と試験を同じ部門が行っているケースだ。そうした企業と比べると、トヨタ自動車のエンジン開発プロセスはよほど強い牽制力がある。さらに言えば、トヨタ自動車でも、ボディー開発では認証試験を開発部門が実施し、品質保証部門が立ち会う形を採っている。場所や設備などの制約があってそうしているのかもしれないが、牽制機能の面では、品質保証部門のように開発部門とは異なる部門が行うのが理想だろう。要は、トヨタ自動車のエンジン開発プロセスは模範的なプロセスの1つであることに変わりはない。

だが、その模範的なプロセスを採用しているエンジン開発ですら不正を許したのは事実だ。ここから学ぶべきは、「再発防止策に完璧なものはない」という教訓である。どれほど牽制機能を強化しようと、抜け穴や抜け道が残っているものだ。また、どれほど強固な再発防止策を講じても、それを突破する悪知恵を働かせる人間が出てくるものなのである。

先に、そして第7章でも「劣化触媒の製作に潜むリスク」を例に、「開発部門で閉じた認証試験では牽制機能は働かない」というエンジン専門家の警鐘を紹介した。この劣化触媒の製作は、品質保証部門が認証試験を実施する形にしても抜け穴や抜け道はあると指摘するために、例えとして取り上げたものだ。牽制機能にも「死角」があるのだから注意しなければならないと訴えた。だが、エンジン出力というごく普通の認証試験項目でも不正が可能だったという事実は、不正とは無縁のトヨタ自動車の技術者にとってもショックだろう。

従って、いったん再発防止策を考案したらそれで満足してはならない。それを使用しながら不足点はないか、牽制機能は十分かと常にチェックし、問題点が見つかったら改善し続ける必要がある。トヨタ自動車は常に改善を行うことでクルマづくりを進化させている。それと同じことを不正の再発防止策に対しても実践すべきだ。

同社の豊田会長は「不正の撲滅は無理」と語った。それならば、不正の撲滅は難しいということを前提に、絶え間ない改善を実行して不正を極力減らしていかなければならない。

8 社員のコンプライアンス意識を高めよ

「最後は社員の1人ひとりが、不正には絶対に手を染めないという倫理観を持つしかない。たとえ社長の命令に逆らってでも、不正な行為には及ばないと」。これは、どうしたら不正を防げるかとある自動車メーカーの幹部に聞いた時の回答だ。

まさに、その通りである。世の中には不正を行う企業と行わない真っ当な企業とがある。先述の通り、牽制機能に限界がある中で、なぜ真っ当な企業は抜け穴や抜け道を利用して不正行為に及ばないのか。それは詰まるところ、そこで働く社員1人ひとりの法令順守（コンプライアンス）意識が高いからに他ならない。これが不正の再発を防止する「最後の砦《とりで》」と言ってよいだろう。

日本のものづくりは「性善説」で成り立っているところが多分にある。いったん問題が起きると「性悪説」に立った対策が求められ、牽制機能などを組み込むことになる。だが、牽制機能をいくら働かせても、どこかに性善説で成立している部分は残るものだ。完全に不正を撲滅するには、ものづくりの全てを性悪説で覆い尽くさなければならないが、経営リソースに限りがある中でそれは不可能だろう。

トヨタ自動車以外の多くの自動車メーカーは認証試験を開発側が行っており、品質保証部門など他部門による牽制機能を有していない。性善説に大きく依存する方法だが、必ずしも不正が起きるというわけではない。これは社員1人ひとりのコンプライアンス意識が高く、不正という手段が選択肢にないからだろう。

では、社員1人ひとりのコンプライアンス意識をどのように高めたらよいのか。不正が発覚した企業は、必ずと言ってよいほどコンプライアンス教育の強化を掲げる。もちろん、そのこと自体は間違ってはいない。だが、筆者はその効果はあまり期待できないと考えている。なぜなら、ほとんどの企業が以前から社員に対してコンプライアンス教育を施しており、決して不正なことをしてはならないと教えているにもかかわらず、不正に手を染める社員が存在するからだ。すなわち、コンプライアンス教育には限界があると見るべきである。

「何のために働いているのか」を考える

ここに、通り一遍のコンプライアンス教育よりも効果的と思われる提案がある。「自分はなぜこの会社に入社し、何のためにこの仕事をしているのか」を、改めて社員の1人ひとりに考えさせることである。

ある日本企業の話だ。社長が経営トップの仕事として、ビジョンを考えて社内に発信した。ところが、それから何年たっても一向に社内に浸透しなかった。ある日、社長は1人の従業員から「ビジョンとは一体、何なのか。そんなカタカナで言われても私には分からない」と言われた。この言葉でこの社長は、経営トップのお仕着せのビジョンでは社員に伝わらないと気付いたという。

この反省から社長が採ったのは、会社の指針を社員に考えさせることだった。なぜ製品を造っているのかを改めて考えようと社員に問い掛けた上で、会社の指針をみんなでつくる会議を開いたのだ。こうして、社員の1人ひとりが自ら考え出した指針をビジョンの代わりに設定したというのである。

何のために働いているのかという根本的な問いを向けられると、「もっと安全・安心なクルマを造るため」「多くの人が喜んで使ってくれる製品を提供したいから」「顧客の苦労や負担を減らすため」「環境負荷を最小限に抑えたいから」といった、純粋で真っすぐな回答が出てくるはずだ。これこそが日本企業の社員の「あるべき姿」である。そこに不正行為の入り込む余地はないはずだ。

第10章

トヨタ豊田章男会長と佐藤恒治社長は何を語ったか

1 「ブルータスよ、お前もか」と豊田会長

トヨタグループで不正が発覚するたびに、グループを牽引《けんいん》するトヨタ自動車には世間の厳しい目が注がれてきた。国土交通省から是正命令を受け、2022年の日野自動車に続いて豊田自動織機とダイハツ工業が相次いで型式指定の取り消しや製品の出荷停止を余儀なくされた2023年末から2024年春にかけて、世間の非難の声が大きくなった。そして、2024年6月初めにトヨタ自動車自身の法規認証（以下、認証）制度に対する不正が発覚した際には、報道がさらに過熱した。

こうした世間の非難をトヨタ自動車の豊田章男会長と同社佐藤恒治社長はどのように受け止め、どのような言葉を発したのか。

1・1 豊田会長がグループビジョン説明会で謝罪

まず、豊田会長は2024年1月30日に開催したトヨタグループビジョン説明会に登壇し、グループの責任者として一連の不正について謝罪するとともに、報道陣からの質問に答えた（図1）。この時はまだ

トヨタ自動車の不正が見つかっていないため、豊田会長の回答にはどこか余裕があるようにも感じられた。自社では不正はないと信じていたのだろう。

「トヨタは一度潰れた」

質問の多くは不正に関するものだった。この時、最も印象に残ったのは、トヨタ自動車は２００９年から２０１０年に直面した大規模リコール問題により、「一度潰れた」と豊田会長が大胆な発言をしたことだ。豊田会長はここからトヨタ自動車を新たに「創業し直した」という自負があるのだろう。この時の経験を踏まえて、不正を犯した企業が立ち直るには「会社

図1　トヨタ自動車の豊田章男会長

2024年1月30日のグループビジョン説明会に登壇し、報道陣からの質問に答えた。この時、「トヨタは一度潰れた」。不正を犯した企業は「会社を造り直すくらいの覚悟が必要」と述べた。（写真：筆者）

を造り直すくらいの覚悟が必要」と述べた。

――グループ企業の不正を見抜けなかった自身の責任およびトヨタ自動車の責任をどのように考えているか。

豊田会長：私が社長だった14年間は平穏無事ではなかった。赤字の状態で社長を引き継いだ後、リーマン・ショック、リコール問題、東日本大震災、タイの洪水など、様々な危機が連続して発生した。ゆとりがなかったというのが、正直なところだ。トヨタ自動車を何とか立ち直らせるだけで精いっぱいだった。（グループの不正について）見ていなかったというよりも、見られなかったというのが本当のところだ。

その意味で、昨年（2023年）に私が会長になったのは大きな「変化点」だと思う。社長よりは会長のほうがもう少し時間にゆとりがあると考えていた（実際は違ったが）。社長から会長になったのは大きな変化点だと思うので、この変化点をこれからは活用する。トヨタ自動車の社長だった時は「トヨタらしさとは何だろう」というところから始め、さらにトヨタ自動車のビジョンを掲げるところからスタートした。今度はトヨタグループのビジョンを掲げ、そういう目（グループ全体を見る立場）で責任者としての役割を果たしていきたいと思っている。

だが、なんだかんだ言っても（グループ内の企業はそれぞれ）別会社だ。資本関係だけではなかなか解決できない企業間の歴史や付き合い方がある。従って、単に資本の論理だけではなく、従業員や取引先、顧客の全てのステークホルダーが「この会社はもっと発展していいよ」と言ってもらえるトヨタグループに再生するようにリードしていきたいと思っている。ぜひ叱咤《しった》激励を含めて少し長期的な目で見てほしい。

――グループの責任者として相次ぐ不正をどう受け止めているか。また、トヨタグループで不正が相次ぐのはなぜか。

豊田会長：不正というのは、やってはいけないことをやったということだ。やってはいけないこととは何か。日野自動車と豊田自動織機、ダイハツ工業に共通するのは、認証制度に対する不正を行ったことだ。

日本国内における認証試験は、安全と環境の分野においてルールに沿った測り方で、決められた基準に達成しているかどうかを確認する制度である。認証試験で基準に達成できなければ、クルマを製造・販売することはできない。認証を通らない限り、そのクルマを量産できないということだ。

にもかかわらず、認証で不正をしておきながら量産してしまった。3社は本来であれば生産・販売をしてはいけない商品を顧客に届けた。これが起こったこと（不正の内容）である。

再三言っているが、絶対にやってはいけないことをやってしまった。認証制度があるからこそ、顧客は安心してクルマに乗ることができるのに、その認証制度で不正を働いてしまった。認証において不正を働くということは、顧客の信頼を裏切り、認証制度を根底から揺るがす重いことだと受け止めている。グループ責任者としておわび申し上げる。また、顧客から信頼を取り戻すには時間がかかると思っている。

私が（トヨタグループの）責任者となる。ただし、トヨタ自動車の社長だった時はその（経営トップという）立場で決断でき、責任も取れた。（当時は）自分の覚悟でできたことが、今度は（できない）。グループの責任者というのは企業のトップではない（からだ）。

ただ、グループの中でも最初に（顧客の）信頼を失ったのはトヨタ自動車なので、私がトヨタ自動車で体験してきた経験が、今のトヨタグループにとっては相談相手として頼りになるのではないかと思っている。トヨタ自動車をどのように「クルマ屋」（自動車メーカーとして正しい会社）に戻してきたかという点に関して実績があるからだ。ただ、トヨタ自動車の時よりも時間はかかるかもしれないし、あるいはもう少し短い時間になるのかもしれない。

再発防止という話になると、原因追究ということになると思う。原因が1つであればソリューション（解決）も非常に簡単だが、今回の件は様々なことが重なり合って起きた現象だと感じる。

私が社長を辞めてちょうど1年になる。社長を辞めた変化点において、こうした問題が多々出てきたというのは、ある面で良いことかなとも思っている。私が会長になったことで、（トヨタ自動車の）現執行（メンバー）に対しても、他の会社に対しても、多少遠慮や微妙な距離感を覚えていた。だが、（今回のことにより）責任者としてもう一度、グループやトヨタ自動車を見ていきたいと思っている。

決して、屋上屋になるつもりはない。自分が再度出張るという気持ちもない。「主権」を現場に戻したという実績をぜひとも活用し、不正を起こした3社、そしてトヨタグループに対してビジョンに基づく今後の第一歩につなげていきたい。

――一連の不正がトヨタ自動車に与える意味は？

豊田会長：非常に重要な意味を持つと思う。何が一番重要かといえば、原点を見失っているところだ。

今日（2024年1月30日）、グループビジョンを説明する時に、改めて私自身が考えたのは「トヨタグループの起源はいつなのか」ということだ。設立年月日ではなく、豊田自動織機の中で自動車を造ろうと議論した場面が出発点（起源）ではないかと考えた。トヨタグループの系譜を整理してみると、最初のうちは縦に伸び、ある時期から横に広がった。そして今、自動車メーカーからモビリティーカンパニーへと変わろうとして、いろいろなこと（不正が）起きてきた。

ここ（この系譜）から考えると、それぞれが大きな会社になって別の価値観を持っているが、根っこは同じだ。だが、根っこの部分は同じだが、それぞれが大きな会社になったので、普段はオペレーション上、機能分業のところが（互いに）接する場合が多い。機能同士で接したところで、会社自体の評価や運営、経営という意味ではどうなのか（＝どこまでつながっているのか）。さらには、トヨタ自動車が発注者になっている場合も多い。そのため、トヨタ自動車に物が言いづらいという点もあると思う。

従って、変なヒエラルキーではなく、もともとは同根であり、ものづくりをやって来た同志であって、互いに発展してきた継承者ということを出発点にして、新たなビジョンを掲げる。そのために、まずは上から目線でも下から目線でもない、普通に話せるようになることが大切ではないか。

社長を辞めた私が、普通のマスタードライバーとしていろいろな人と語り合っていくことが必要ではないか。そのためには、トヨタ自動車の会長という肩書は、やはり、邪魔をするところがある。そこを崩しながら、14年間で得た仲間たちと共に1つひとつ探りながら話していくということ（が大切）ではないかと思う。

こうした原点を見失ったことが一番の問題だと思う。ただし、原点を共有したからスタートできるということではなく、共有し、しっかりと消化して理解して、そこから初めて行動や発言に移っていくのだと思う。私も見ていくが、皆さんからも厳しい指摘をお願いしたい。

――グループ内で他に不正はないか。

豊田会長：私が知っている限りは、ない。会見日を今日（2024年1月30日）に設定したのも、昨日（同月29日）、豊田自動織機が不正について発表すると知っていたので、この日を選んだ。

私が責任者でいるかいないかで、この発表において何が違ったかを正直に話すと、発表の時期が遅くなったと思う。例えば、日野自動車は私が知ってから1年以上たって世間に発表した。ダイハツ工業は（発表まで）6カ月ほどかかっている。豊田自動織機も10カ月ほどかかっている。もし私が初めから事象を理解していたら、今言った時期よりも前に発表したと思う。それは責任者だからだ。責任者だからそれができる。

14年前に米公聴会に行った時（2010年2月）、私はトヨタ自動車の社長だった。トヨタ自動車の様々な情報が社長である私の耳に入ってくるまでには3カ月のギャップがあった（時間がかかった）。現場でこういうことが起きているという情報は、いくらトップである私が下に降りて情報収集しようとしても、私の能力では限りがあるので3カ月ほどのギャップがあったと思う。

ところがそれ以降、トヨタ自動車のトップダウンはトップが下に降りていくものであり、情報は自分が取っていくものとなった。私の行動や実績を見てきた人がいるからだ。従って、私がトヨタグループの責任者として名乗りを上げたことにより、「こういうことを言ってもいいんだな」と安心感につながるのではないかと思っている。

今朝もトップが並んでいる中で、現場のリーダーが質疑応答の時に正直（ストレート）な質問を行った。（この質疑応答には）多様化した様々な人が質問した。そうした（社員が）話せる雰囲気というのは、私が14年間でつくってきたものだと思っている。もちろん、そこに頼るだけでは駄目だが、少なくともそのようなこと（話せる雰囲気がある）を感じている社員たちがいる。

私が全てを解決できるわけではないが、不安に思っていることや、「これはやってもよいことですか」とか「駄目ですか」などと言える相手の顔が見えたということだと思う。そうしたことから一歩一歩進めていくことではないかと考えている。

――不正が続いていることについて、トヨタグループの幹部はどう受け止めているのか。

豊田会長：トヨタグループを統括する会社はない。そもそもガバナンス（企業統治）に対する私の理解は、「統治」「支配」「管理」だ。企業におけるガバナンスとは、健全な企業経営を行うための管理体制をつくることである。私が（社長として）トヨタ自動車でやってきたことは、主権を現場に戻し、どのような立場や出身であったとしても経営に参加できるようにすることだ。これが、私流のガバナンスだったと思う。かっこいい言い方をすれば、「もっといいクルマをつくろう」という単純なビジョンに基づき、現場が自ら考えて動くことのできる企業風土をつくったことだ。そして、いわばビジョンドリブンの経営であり、現場経営であり、商品経営であると言い切れると思う。

ガバナンスの語源を調べてみると、「船の舵《かじ》を取る」「導く」という意味がある。語源からいくと、ガバナンスというのは統治、支配、管理というよりも、私がやってきたことに近いのではないか。

それができた理由は、まずトヨタ自動車の現場には「思想」「技」「所作」というものがあった。さらに、先述の通り、もっといいクルマをつくろうという単純なビジョンがあった。そして何よりも、私という人間が現在・過去・未来において責任者になり、トヨタ自動車の中で主権を現場に戻した。これがガバナンスができた理由だと思う。

企業の衰退の5段階（［1］成功から生まれる傲慢、［2］規律なき拡大路線、［3］リスクと問題の否認、［4］一発逆転策の追及、［5］屈服と凡庸な企業への転落か消滅）という話がある。これを踏まえて、トヨタグループに対して私自身が責任者になると表明することにより、現場が自ら考えて動くことができる企業風土の構築に一歩進み始めたいということを、グループトップの人々や現場でリーダーをやっている人々を含めて話をした。

一方通行の話だけではなく、現場の人を中心に様々な人から質問を受けながら、「私の考えはこうです」という情報交換の場を持った。最初は、私から相当強い言葉で言われると思って会場に来た人が多かっただろう。だが、そこは期待を裏切り、どちらかというと、「こうした状況をつくると、誰でも声を発することができる」ということについて、トップの人々を含めて多少共感してもらえたのではないかと思う。

――不正を起こした企業の経営陣の責任をどのように考えているか。

豊田会長：トヨタ自動車は14年前に一度潰れた会社だと思っている。そこから14年かかったが、いろいろな形で変革してきた。そして、今回いろいろな不正を起こした3社は、やってはならないことをやったのだ。それに対しては、会社を造り直すぐらいの覚悟でやらざるを得ないと思っている。

ここで造り直すという意味は、それぞれの会社が強みを生かすこと。そして、今までやってきた仕事が無駄にならないこと、すなわち人生を懸けて仕事をしてきた人たちが「ああ、やっぱりこの会社でよかった」「変革してもこの会社でよかった」と思えるような変革の仕方を探していくことだ。これが私が責任者としてやっていくべきことではないかと思う。

それぞれの変革の仕方については、時期を見て各社から発表があると思うので見守ってほしい。その間、私が責任者であると明確に示した以上、相談にも乗っていく。

私が相談に乗るポイントは、これまでその仕事をしていた人が「この会社にいてよかったな」と思える変革の仕方になっているかどうかと、未来における種まき、育成、刈り取りができる形で確実にリソーセスが配分されているかという2点だ。

トヨタ生産方式は「効率追求ではない」

――不正の背景には効率追求の負の側面があると感じる。トヨタ生産方式で知られる効率追求と品質の追

求をどのように両立させるのか。

豊田会長：トヨタ生産方式の目的は効率（追求）ではない。改善が進む風土をつくることだ。

どのような企業であっても必ず問題は起きる。今回、様々な手を打っても、必ずまた問題が起きる時が来る。その時にどのように対処するかだ。

トヨタ生産方式には、「異常管理」という考え方がある。正常な部分を全て管理することは非常に難しいというのが現実だ。そこで、何が問題であり、何をやってはいけないのかという「異常」を明確にする。すると、異常管理によって、限度を超えたことを直していく。そして、トヨタ生産方式の改善を進め、以降はそのサイクルを回していく。こうしてより良い企業に近づいていく。

ただ、より良い企業に近づいたとしても、何かにチャレンジする場合には、必ず問題は起きてくる。その問題を、今回のように大きな問題になる前に、分かった段階で早めに1つずつ潰していく。そうした体質を取り戻すことが必要ではないか。

だからこそ、まずはスタートポイントであるビジョンが必要であったと思っている。ビジョンをベースに株主総会に出たり、いろいろな人の話を聞いたりして、何を異常としているのかを探りながら進めていこうと思う。

私には2つの目と2つの耳、時間にして1日24時間、1年365日と、皆と同じ条件しか与えられていないため、1人でできることは限られている。ただ、トヨタ自動車の社長になった時と比べて、本当の事を言ってくれる仲間がたくさん増えてきたのも事実だ。14年間で培った仲間やネットワークを使いながら、ぜひともそうした風土を取り戻したいと思っている。厳しくも長い目で見てほしい。

1・2「不正の撲滅は無理」

2024年6月3日、トヨタ自動車は緊急会見を開き、国土交通省による調査指示に従った結果、認証不正の事実が見つかったことを公表した。先の通り、同年1月30日のグループビジョンの発表時には、トヨタグループ内に他に不正は「私が知っている限りは、ない」」、不正を行ったグループ企業に対しては「会社を造り直すくらいの覚悟が必要」と語っていた豊田会長。それらの言葉がブーメランとなって戻ってきてしまった。

認証不正の中身については、開発において認証試験の基準を超えているため「故意の不正ではない」と主張し、自動車メーカーの立場から認証試験の課題について触れた。また、自動車メーカーにおける認証業務の問題点として、リードタイムが長く、かつ全ての工程を把握している人間がいないという2つを挙げ、改善を進めていくと語った。

——トヨタグループで不正が相次ぐ中、トヨタ自動車には不正が見つからなかった（車検不正を除く）。だが、不正が発覚した。これをどのように受け止めているか。

豊田会長：正直、残念な気持ちと、「ブルータス、お前もか」という感じではないだろうか。再三言っているが、トヨタ自動車は完璧な会社ではない。

今回、国土交通省のリーダーシップの下、調査に全面協力する中でトヨタ自動車からも問題（不正）が出てきたことは、私自身は、ある面でありがたいことだと思っている。間違いをしたときには1度立ち止まり、「現地・現物」で何が起きたのか確認することで、我々にはまだ改善する余地があると気づきを得ることができたと思っている。

認証制度というのは、ルールに沿った測定方法で定められた基準を達成しているかどうかを確認する制度だ。そのため、認証試験で基準を達成して初めてクルマを量産・販売することができるわけだ。トヨタ自動車は量産メーカーである以上、認証制度を守ることがクルマづくりの大前提になっている。そのためには、まず自分たちが正しく認証に関わる業務を行っているのか実態を知ることが大切だと思っている。

今、「物と情報の流れ図」を使って業務を見直している。これにはトヨタグループにおいて、先に始めた4社（トヨタ自動車と日野自動車、豊田自動織機、ダイハツ工業）にトヨタ自動車東日本も加わった。自分たちは大丈夫というのではなく、グループ全体の共通の物差し（として）、共通の改善思想の風土づくりに結びつける良いチャンスが到来したと思っている。ぜひとも時間をいただきたい。

――なぜ不正が起きるのか。また、不正が行われているという声が上がらないのはなぜか。

豊田会長：（２０２４年）1月30日に、私がグループ3社の不正に対してグループビジョンを述べた。私も含めてどのような工程で何が行われているのかというのがはっきり分からなかった。そこで早速始めたのは、企画から開発設計、生産準備に至る認証に関わる全てのプロセスを、情報の流れや仕事がどのように流れているかということを表に（「見える化」）することだ。

そうして分かったことは、日野自動車ではリードタイムが９００日くらいの仕事で、ダイハツ工業では1年くらいの仕事。そして、豊田自動織機やトヨタ自動車東日本でも約1年かかる仕事を様々な部署を経て行っているということだ。1年単位の仕事になるため、どこで遅れが生じているのか、どこが早めに進んでいるのかということが分からずに、それぞれの部署が早く仕事をやろう（としていた）。

ところが、早く仕事をやろうというのはよいのだが、先の仕事が進んだ場合、手戻りややり直しの仕事がものすごく多発する。それで後工程のほうでは、待ち時間がものすごく発生していた。

私も含めて、この全体像を把握している人が恐らく自動車業界には1人もいないと思う。今回、こうした情報図を作ったことで、本当に多くの人が関わっており、しかもその認証に関わる事技員（事務職と技術職を合わせた事技系職場の社員）の仕事が非常に曖昧で、属人的な技能に頼っているケースが非常に多い（ことが分かった）。そのため、ベテランなら気づくことが新人では（気づけなかった）。では、何かルールがあるかというとそれもない。そして、各社でバラバラだというふうにも感じている。

こうして、曖昧なまま最終の試験で問題が発覚し、短い納期で何度もやり直しをするということで、最後のところで大きな負担をかけてしまったのではないかと思う。

再発防止を行うときには「何が原因か」ということになるが、1つの原因ではない。長いリードタイムで多くの部署が関わる仕事を、まず1度スルー（通し）で見て、どこに滞留が発生しているのかを調べたところだ。現在は、それぞれの認証項目において各工程が為《な》すべき作業を標準化し、保証すべき品質基準などを整理した段階である。もう少し標準化が進めば、異常管理ができる（はずだ）。では、それがいつかというと、多分、今年の年末くらい（ではないか）。（それくらい）かかると思う。

不正に関してルールに則《のっと》っていない事案が数万件中、6件出た。ただそれは本来よりも重い、厳しい試験を行ったものだ（注：実際は6種類の不正のうち3種類）。認証というのはあくまでも量産しても構わないというルールで、普通で考えると、量産するためにはいろいろなスペックのいろいろな仕様数の試作車を造ってそれらの全てを試験するということになると思う。それはやるべきなのかもしれないが、現実は不可能だ。

そこで当局（国土交通省）と一緒になり、「どの代表選手（試作車）にどの試験をすればよいか」について交渉しながら決めていくわけだ。その段階において、「これは（国が決めた認証試験よりも）厳しいものでやったのだから構わない」というのを（トヨタ自動車の）現場が判断してしまった。しかし、使っている人（顧客）にとってどうかといえば安全だ。安全・安心は担保されている。

私が言う話ではないが、各社で問題（認証不正）が起こっていることを考えると、今回こうして一斉調査をさせられたことにより、我々もものすごく気づかされた。その意味では、国土交通省にこういう場を持たせてもらったことは非常にありがたい（と思っている）。使い勝手や使う人（の利便性や）、自動車業界の競争力を担保するには、今回の事案で学んだことを自動車工業会（自工会）などを通じて、今後、国のほうにも関わりながら、皆が安全・安心で乗れるものを造るきっかけにぜひともしていきたいと思う。

不正といえば不正だが、みんなで安全・安心なものを造っていくのに、我々は認証の部分でやってはいけないことをやってしまった。そこはしっかりと正していく。そこを正したら今後は未来永劫そのままでいけるかというと、それはまだ自信がないので、その辺は少し時間をかけて（２０２４年の）12月までにしっかり見ていく。分かった段階でまた報告したいと思っている。

――不正が起きたのは、開発プロセスが複雑化してトヨタ生産方式が通用しなくなったからか。

豊田会長：（トヨタ生産方式の指摘は）全く違うと思う。リードタイムで見ても1年を超えたり、2年を超えたりする「物と情報の流れ図」が出てきた。企画から開発設計、生産準備に至る、全ての認証に関わるプロセスを現地・現物で見たところ、1年以上にわたって多くの部署や仕入れ先を経て認証業務は成り立っている。まずそれを工程にして、どこで情報が合流しているのか、どこで分岐しているのか、そしてその優先順位はどうかというのを把握する。

誰もこれを把握していないと思う。トヨタ自動車だけが把握していないのではなく、どの会社も把握していないと思う。把握していないことを自慢するなと思うかもしれないが、それだけの大変な業務を「物と情報の流れ図」という手段を使って見えるようにし、まずは、認証に関わる曖昧かつ属人的な仕事について各工程が為すべき作業を標準化する。これをトヨタ生産方式で行う。

（現在は）標準化すると同時に、保証すべき品質基準を整理した段階だ。それはなぜかというと、1年以上にわたるプロセスを誰かがずっと番人のように見続けるわけにはいかない。では、どのようにして問題を把握するかというと、異常管理になると思う。（２０２４年の）年末までかかると思うが、異常管理の仕組みを現在構築中だ。異常管理ができるようになれば、問題をより早く発見でき、初動も早くなって解決できるということになると思う。

その意味では、トヨタ生産方式の考え方やその技を用いながら、みんなが問題をスルーで見て、課題は何なのかを把握することになる。トヨタ生産方式を〝魔法の杖〟か何かのように捉えて、トヨタ生産方式があるから大丈夫だとは言っていない。その考え方や技を使いながら問題や課題を発見し、みんなでこうしたことが起こらないような世界をつくっていこうと現在やっている。ぜひとも理解してほしい。

「リードタイムが長く、全工程を把握している人がいない」

――どうしたら不正を撲滅できるのか。

豊田会長：不正の撲滅は無理だと思う。環境も変わるし、いろいろなことがあるからだ。故意に間違い（不正）をやろうという人はゼロに持っていかなければいけないと思う。しかし、故意ではなく、知らずにやってしまったとか、良かれと思ってやってみたとか、今回の事例はそれも多々あると思うが、そうしたことは起こり得ると思う。

トヨタ自動車が何度も言っているのは、トヨタ自動車は完璧な会社ではなく、間違いも起こるだろうということだ。しかし、間違いが起こったときにすぐに間違いを直す。そのサイクルを回していくことが企業として永続的に企業活動してよいということになると思う。

私自身は、「不正撲滅」というようなことを社内であまり言ったことはない。それよりも、「問題が起こったら、とにかく事実を確認して、しっかりと直そう。そして、また問題が起こったら、またそれをやろうよ」と（言っている）。それを繰り返すことこそ、今、必要なのではないかと思っている。

――トヨタ自動車で不正が見つかるまでに、日野自動車の不正発覚の発表から2年以上たっている。危機感の薄れはないか。

豊田会長：非常に難しいところだ。（それは）私は会長になった（からだ）。社長であれば、どこで何をしたかというのは別問題（すぐに把握しておかなければならない問題）であると思う。しかし、会長になったが故に、現場の情報から少し遠くなっているというのは事実である。そのため、日野自動車やダイハツ工業のケースでは、問題の報告までに時間がかかったと思う。例えば、私が知った段階でどうしたかというのはまた別問題であると思うが、この件もそうだが、（会長であるが故に）少し難しいと思う。

――日野自動車の不正が発覚した時は、豊田会長は社長だったと思うが。

豊田会長：アドバイスはしたが、公表までに1年3カ月かかった。しかし、日野自動車は別の会社なので、私は日野自動車の指示命令系統を持っているわけではなく、株主をしている会社の社長や会長をしている。日野自動車で起こったことの発表というのは、日野自動車の中の判断・決定で進んでいくものなのだ。

しかし、その責任は誰かといったときに、私が（2024年）1月30日に（会見に）出た。私が出たことによって、多くの人が本音で話ができるようになり、それ以降、一歩進み出したというふうに理解してもらいたい。

再発防止を進めると、原因追究というところにいくと思う。そのときに原因追究イコール、言葉を選ばずに言えば犯人探しになる。犯人は1人ではない。ものすごく長年にわたり、ものすごく多くの部署が関わって、非常に長いリードタイムの中で行われる仕事であるため、1つの理由でこういうことは起きていない。そうなると、「私が犯人です」と（私が）自首することによって、現場は落ち着き、本音の議論というのができたというところはぜひ、理解してほしいと思う。

私はグループの責任者としてこうして立っているので、私自身も理解を進めるように、トヨタ生産方式の中の「物と情報の流れ図」という手段を使って、現場で何が起こったのか、何が正しい道なのかというのを探っている段階だ。

――日野自動車の不正が発覚した時にトヨタ自動車でも調査していれば、後手に回らなかったのではないか。その時に現場から不正の声が上がらなかったのはなぜか。

豊田会長：現在こういう状態になっているので、過去のことを「仮に」ということで答えるのは答えかねる。

――一連の不正について現場からどのような声が上がっているか？

豊田会長：私自身もこの認証制度というものをよく理解できていなかったので、すぐに4社を集め、いわば「章男塾」、「法規認証ＴＰＳ（トヨタ生産方式）自主研」という名前で各社から選任された改善チームを作った。そこで、企画から開発・設計、生産準備に至る認証に関わる全てのプロセスを「現地・現物」で調査し、「物と情報の流れ図」を記して、手戻りや不具合が発生している工程に関して、原因追究と対策を実施した。

そこで各社と私自身が分かったことは、リードタイムが非常に長いということと、全ての工程を把握している人がいないという2点だ。

本来、トヨタ生産方式の「自働化」というと「品質は工程でつくり込む」、つまり、全ての工程にその工程でつくり込む品質の基準がある。ところが、この認証に関しては事技員の仕事で、非常に曖昧、もしくは属人的な技能に頼っているケースが多々ある。4社（トヨタ自動車と日野自動車、豊田自動織機、ダイハツ工業）を見ても、標準スケジュールというものが全くない。恐らく、全ての自動車メーカーが独自の解釈で、いろいろなやり方で行っている。そのため、現場の負担が非常に大きい（のだろう）と感じた。

この問題点についても、こうした活動によってようやく理解できたということを理解してほしい。（今まで）それが曖昧なままで、最終試験で問題が発覚し、短い納期で何度もやり直しをするということになって、最終工程である認証業務に関わる現場に大変な負担を強いてしまった。それが、このような結果を招いてしまった。

現在、それぞれの認証項目において各工程が為すべき作業を標準化すると同時に、保証すべき品質基準などを整理した段階だ。（２０２４年）1月、2月ごろから始めて、今は数カ月だが、やっとその段階に来た。

今後、遅れが発生したり、基準から外れたりした場合は、その工程で異常を感知し、私の言う「異常管理の仕組み」ができるようになるはずだが、まだその段階には至っていない。

認証プロセスの品質というのは、トヨタ自動車はもとより、ボディー（車体組み立て）メーカーやユニットメーカー、仕入れ先、複数のグループ企業と、多くの工程や組織が関与している。この抜本的な改善と変革に向けては、大変時間がかかり、しっかりと腰を据えてやっていく仕事でもあるので、私自身がリードしてやっていくことになると思う。

（２０２４年の）年末までには何とかもう少し分かった段階の報告ができると思うので、当面、地道な現地・現物における現状把握、「物と情報の流れ図」による仕事の全体把握にもう少し時間が欲しい。

開発における技術的な妥当性と認証試験に「ギャップ」

――自動車メーカーから見た認証制度に対する課題は何か？

豊田会長：認証制度がなぜあるかというと、量産するに当たり、特に安全面と環境面において、このクルマを量産してもよいという許しをもらう（ためにある）。これが認証制度だ。本来であれば、世の中の全てのクルマを検査した上で大丈夫だと言いたいが、それは現実には不可能だ。その現実不可能なことを当局と相談しながら、「この仕様でこの試験をしましょう」ということは決められているというが、そのやり方が非常に曖昧で、かつメーカーによって、もっと言えば担当者によって解釈の仕方が違ってくる場合がある。

また、仕向け地によってルールも変わる。後方からぶつけられた（場合の）北米基準では1800kgの質量（の衝突用台車）を後ろからぶつけることになっている。ところが日本の基準だと1100kgである。この場合をどう考えるかということだ。今の私が言うことではないが、日本の自動車メーカー、特にトヨタ自動車は世界中で、グローバルでやっている。「日本で認可できたクルマが世界で1番厳しいもの（認証試験）を通っているので大丈夫ですよ」となっていたほうが非常にシンプルになってくると思う。

各社もトヨタ自動車もまだ調査中だ。分かった段階で、自工会のほうにも今回分かった話を提出し、自工会の中でまとめる。そして当局との間で今後どういうことができるのかという議論のきっかけになればよいと思っている。今の段階では、それよりも、やったことを正すのが先だと思うので、そちらのほうに当分時間を割きたい。

――開発現場の試験と認証試験の手順（や基準）にギャップがあると感じているということか。

豊田会長：このタイミングで私の口からは言いにくいが、ギャップはあると思う。だが、それ故にこうした気づきを得られた。以前、車検不正が話題（問題）になり、販売店の車検項目が多岐にわたってルール化されていた（ことが分かった）。その時も販売店と共に改善活動を行ったところ、40年ほど前のクルマでは起きていたので車検の際にそうした整備項目は必要であろうと（思っていた）。しかし、顧客も整備担当者も今のクルマはそうではない、どれだけ経年変化してもこれは違うだろうという項目を省いてしまった。省いてしまったが故に整備不正（車検不正）になってしまった。ところがこれも、「私が言える話ではないですが……」と、当局に働きかけたところ（項目が減った）。

いろいろなクルマがモデルチェンジし、どんどん新しいものになったときに、どんどん新しい仕事（試験）が付加される。ところが、「これはもういい（要らない）のではないか」と整理整頓することをぜひ一緒にやっていきたいと思っている。
今日の会見でこうしたことをやるべきと、私が声を大にして言うべきではないと思ってはいるが、これをきっかけに国と自動車メーカーが擦り合わせをして何が顧客のためになるのか、何が日本の自動車業界の競争力向上につながるのか、制度自体をどうするのかという議論になっていくとよいと思っている。今日、この場で私が言うべきではないと思っているので、皆さんの記憶にとどめてもらいながら、ぜひとも、そうしたムードもつくってほしいと思っている。

――仕入れ先や販売店への影響は?

豊田会長:今回は認証試験のやり方を間違えてしまったという不正なので、それ(基準適合性)がOKにならない限り(クルマを)量産できない。量産できないので生産ラインを止めたということになる。当局に全面協力し、早い時期に了解を得て生産を開始できるように全力を尽くしたい。
現在、納期など様々な形で顧客に迷惑を掛けているが、クルマ(の安全性能や環境性能)としては問題ない。しかし、ルールというものがあるので、(今後は)それをしっかり守った上でやっていく。多くの人が関わることなので、トヨタ自動車だけの判断で納期などを決められないということを、顧客や仕入れ先などに少し理解してもらいたい。問題のマグニチュード(=影響の大きさ)が分かった段階で、執行のほうもしっかりと対策を立てていこうと思っている。その辺も時期が来たらきちんと説明しようと思っている。

２「パーパスの共有」に課題と佐藤社長

トヨタグループの不正が世間に与えた負のインパクトは、ダイハツ工業の不正によってクルマの出荷が停止された時に一段と大きくなった。トヨタ自動車はこの時、素早く動いた。ダイハツ工業がトヨタブランドを付けたクルマ（トヨタ車）を造っており、それを含めて国土交通省から出荷停止処分を受けたからだ。

ダイハツ工業の事業スキームを見直す――。トヨタ自動車の佐藤恒治社長がダイハツ工業による不正問題で取材に応じたのは、２０２４年1月16日のことだ（**図2**）。この日、国土交通省がダイハツ工業に対して是正命令を発出した。この事態を受け、同社の親会社として、ダイハツ工業の企業風土と経営を変革すると同社長は語った。

図2　トヨタ自動車の佐藤恒治社長

ダイハツ工業と豊田自動織機の不正について取材に応じた。トヨタグループでなぜ不正が起きるのかについて見解を語った。（写真：筆者）

報道陣からは厳しい質問も飛んだ。佐藤社長は言葉を選びながらそれらの1つひとつに丁寧に回答した。ダイハツ工業の経営陣の刷新はもちろん、事業や開発体制の見直しまでを含めて抜本的な改革を考えていることを示した。

2・1 ダイハツは「事業計画も開発体制も見直す」

――トヨタ自動車は親会社として、ダイハツ工業の経営のどこに問題があったと見ているか。

佐藤社長：（トヨタ自動車はダイハツ工業に対して）100%子会社として経営に関与しており、中でも事業面、すなわち小型車事業への関与を様々な場で行ってきた。そこで、クルマづくりの現場における関与が足りなかったと反省している。

現場経営（という面で）、我々はもっと（ダイハツ工業のクルマづくりの）現場に入り込んでやっていくべきだったと思う。両社の間で、それができない関係になっていたところがこの状態を生んでしまった要因の1つだと思う。

――経営の変革を支援するという話があった。ダイハツ工業の経営に関して、どのように関与の方法が変わっ

ていくのか。

佐藤社長：現場にかかった負荷が（不正の）根っこにあるのだとすれば、我々が小型車の開発についてダイハツ工業の「遠心力（リソース）」を期待した事業構造になっている（点が問題だ）。ある一定の自律性を持って小型車の開発をダイハツ工業がリードしていくこと（＝ダイハツ工業に任せること）が、トヨタ自動車にとっての遠心力になるのだという前提で進めてきた結果、この状態が生まれている。従って、まずダイハツ工業の事業スキームを見直していくことを検討している。

ダイハツ工業が本来守るべき同社の強みを生かして、あるいはダイハツ工業らしいクルマづくりをしっかりと地に足を着けてやっていける事業領域を定める必要がある。と同時に、その事業スキームが有効に機能するように経営体制も見直していくべきだろうと考えている。その体制づくりについても、我々は責任を持って取り組んでいきたいと思っている。

――第三者委員会は「ダイハツ工業には現地・現物がない」と指摘した。また、調査報告書からは同社において管理職が機能していないことが読み取れる。「現地・現物」と管理機能の強さは、トヨタ車の根幹を成す部分だと思う。こうした要素が欠けているダイハツ工業に「安全・安心」なトヨタ車を造れるのか。

佐藤社長：その指摘の通り、「現地・現物」、現場で経営をしていくというのはトヨタグループが最も大切にしていることだ。今回起きた不正は、まさにマネジメント層と現場の従業員との仕事のやり方の問題が原点にあると思う。

ダイハツ工業の現場にも、良いクルマを少しでも早く顧客に届けたいという思いで誠実に頑張っている従業員はたくさんいる。そうした人たちに不正をさせてしまった背景があるはずだ。その背景にしっかりと向き合い、それを改善していく。それが今、最も大事だと思っている。その点について、我々もしっかりと事実と向き合って対処していきたい。

――トヨタ自動車はスズキと資本提携を結んでいる。コスト競争力についても、スズキの方がダイハツ工業よりも高いという声も聞く。今後はダイハツ工業ではなく、スズキに小型車の開発を任せるという考えはないか。

佐藤社長：まず、ダイハツ工業が大変な不安や不便を顧客に与えている状況にしっかりと向き合う。そして、トヨタ自動車としても責任を持ってダイハツ工業と共にこの状態を1日も早く解消できるように最善の努力をしていくことに尽きると思っている。

再発を防ぐにはどうすべきか

――佐藤社長は技術者出身なので、今回ダイハツ工業の技術者が感じたプレッシャーを理解できると思う。ダイハツ工業の技術者は、トヨタ自動車の技術者とどのように違うためにこうした不正が起きたのか。

佐藤社長：2011年以降、ダイハツ工業の競争力を高めていくための様々な取り組みの中で、1つの手法論として「短期開発」が生まれていた。この短期開発は、魅力ある商品を届けるための手法論でしかない。ところが、いつしかそれが目的化してしまったところがあると思う。

ダイハツ工業のクルマ、特に軽自動車はコストをかけるのではなく、様々な高度な技術を使い、技術の根っこにあるような部分にしっかりと向き合って基盤を上げていくことによって、良品で廉価なクルマを造っていく手法になる。これは思っている以上に時間がかかる。ある完成度のものを、さらに良くしようと思ったときには、比例的にクルマが良くなっていくわけではなく、わずかな性能向上であってもそこにかかる労力というのはどんどんどん大きくなるというのが、実際の開発現場の状況だと思う。

翻って、短期開発という仕組みの中で難易度が高いプロジェクトに対し、成功体験が「型」になってしまった。そのため、仕事の原単位を見直すことがなく、ある一定の成功体験の下で、次の挑戦が繰り返されるようになった。こうした中で、現場の負担がどんどん増していったのではないかと、技術者であった自分の経験を基に考えている。

――再発を防ぐにはどのようにすればよいか。

佐藤社長：現場主義の経営を徹底することだと思う。クルマづくりというのは現場で様々なことが起こる。ところが、短期開発のスキームは、「企画を整理して図面化し、生産の準備をして生産する」というステップが順調にいく前提で組まれている。今の自動車の開発には様々な挑戦があるため、必ずしも成功するとは限らないはずだ。

（だからこそ）失敗を前提にした柔軟性を持った日程にしていくこと（が大切だ）。失敗が起きたときに、それがチャレンジによるものであれば前向きな失敗なので「アンドンが引ける（＝あえて仕事を止められる）」現場、すなわち前向きな挑戦がきちんと認められる環境をつくっていく必要がある。

そうした現場にするためには、仕組みやルールという次元ではなく、経営陣やマネジメント層が現場に行き、現場の人たちと一緒に汗をかいて悩みに向き合う（ことが大切だ）。現場に仕事を指示して投げるのではなく、マネジメント層が現場を支援する経営をしていかなければならないと思う。

マネジメント層だけではなく、実務を担う各層に対してもトヨタ自動車から期限を決めて人を送ることが大切だ。一緒に働くことにより、トヨタグループが本来目指すべきクルマづくりはこういうものだと現場で共有し、意識の面から変えていく必要があると思う。

軽自動車が「コア」、事業を整理する

――ダイハツ工業の事業領域を適切に見直していくという話があったが、具体的にどのような姿をイメージし、どのような改革を進めていくのか。

佐藤社長：トヨタグループ全体を俯《ふ》瞰《かん》し、ダイハツ工業の強みを生かしながらモビリティーカンパニーへの変革を実現しようとしたときに、ダイハツ工業のホームとすべきところはどこなのかをしっかりと議論していくべきだと考えている。

ダイハツ工業は「国民車」である軽自動車を、これまでしっかり守って顧客に届けてきた。その部分がダイハツ工業の「コア」であると思う。今後、ラストワンマイル（最後の１マイル）まで含めて、小型モビリティーは対応ニーズが非常に拡大していく。特に日本では、国土の７割くらいは軽自動車でなければ入っていけないような道が多い。

この国民車を守っていくところにしっかりと軸足を置く。少し事業が拡大して登録車、すなわちナンバー

付きのいわゆるＡセグメントやＢセグメントといわれるクルマ群の開発まで手掛けて、「身の丈」を超えた負担がかかっていたということであれば、本来のところにダイハツ工業のホームを置いて、それを確実に回していく。そして、それ以外の部分についてはグループ全体で補完していくという考え方を持って、事業を整理していく必要があると思っている。

――ダイハツ工業への是正命令は2例目で、1例目は日野自動車だった。いずれもトヨタ自動車のグループ会社だ。グループ全体のガバナンス（企業統治）についてどのように考えているか。また、今後どのように改善していくのか。

佐藤社長：豊田（章男）会長が陣頭指揮を執ってガバナンスについて議論を進めている。まずはグループが共有すべき価値観をもう一度、全関係者で学び直し、そこをスタートラインにしていく必要があると思う。

振り返ると、トヨタ自動車にも様々な間違いがあり、それを反省して真摯に改善してきた。トヨタ自動車もまた完璧な会社ではないので、間違いを犯したときには立ち止まる。そして反省し、しっかりそこに向き合って改善していく。このプロセスをしっかり回していくこと（が大切）だと思う。グループガバナンスについても豊田がしっかりとリードしているという状況だ。

型式指定取り消しは「極めて重い」

――佐藤社長は「型式認証は1丁目1番地」と語っていた。その認証の部分で型式指定取り消し処分を受けたことをどのように捉えているか。

佐藤社長：型式指定取り消しは極めて大きな出来事だ。これ（型式指定制度）があるからこそ、量産車両を世の中に届けられるからだ。型式認証制度は、国の定めた試験方法で、国の定めた基準をクリアすること。そして、クリアした車両は（品質の）均一性、量産性が担保されていることが大前提となって組まれている制度である。

今回、型式指定が取り消された内容は、開発が完了しているにもかかわらず量産性の証明において違うことをしてしまったのではない。開発段階のものを型式認証に持ち込んでいる。これは極めて重い。型式指定の取り消しという処分に対しては、本当に真摯に向き合わなければならない。そして、このことを全関係者が改めて理解しなければ、立ち直るきっかけさえつかめないと思うので、大変重く受け止めている。

――トヨタ車である「タウンエース トラック」の型式指定が取り消される。トヨタ自動車としてどのよう

に対応していくのか。

佐藤社長：販売店とも頻度高く連携を取り、まずはしっかりと情報を発信する。何が起きていて、乗り続けてよいのかいけないのかを含めた情報だ。また、困り事は個別の事情で異なるため、1件ずつ丁寧に寄り添う。販売店からトヨタブランドに対する問い合わせが既に500件来ている。それら1つひとつのケースごとに寄り添い、例えば車検のサポートや追加説明などについて個別に対応する。

――型式指定取り消し処分を受けたクルマ（ダイハツ工業の「グランマックス トラック」とトヨタ自動車のタウンエース トラック、マツダの「ボンゴ トラック」）は乗り続けられるのか。

佐藤社長：型式指定の取り消しは、販売済みのものには適用されない。従って、基本的にはそのまま乗り続けられる状況だと思っている。取り消された後は、全ての認証項目に対して改めて認可を取り直す必要がある。その作業がどれくらいの時間軸で進むのかは、国土交通省と相談しながら最善の対応をしていく。

――ダイハツ工業は軽自動車事業を軸にしていくという説明があった。一方で、トヨタ自動車の新興国向け小型車はダイハツ工業が担っている。こうした小型車事業は今後、トヨタ自動車に移管されるということか。

佐藤社長：細部についてはまだ議論が必要だ。だが、トヨタ自動車とダイハツ工業の壁を少し壊すところまで、いわゆる事業領域の垣根を壊して血を入れ替えることまで含めて視野に入れる。これを本気で進めていきたいと思っている。

――トヨタ自動車から開発現場に人を送り込むというのは、技術者を派遣してダイハツ工業と一緒にクルマの開発を進めるということか。

佐藤社長：その通りだ。そこまでやろうとしている。既に40人以上のトヨタ自動車のメンバーがダイハツ工業の現場に支援に入り、不正の原因追究や解析についてダイハツ工場と一緒になって取り組んでいる。

今後、ダイハツ工業が正しい仕事をしていけるようになるためには、同じ現象に向き合ったときに、違った見方をする仲間が現場にいて、「こういうときには、こうするよ」といったやり取りができる環境が必要だと思っている。それを進めていくには、（トヨタ自動車の）実務メンバーがある一定の期間、ダイハツ工業と一緒に現場でクルマづくりにおいて目線合わせをする必要がある。ここは意志を持って進めていきたいと思っている。

トヨタの責任は？

――現場主義が徹底されておらず、ダイハツ工業に対して踏み込みが足りなかったという説明があった。だが、ダイハツ工業の歴代の社長はトヨタ自動車出身だ。何が現場主義の徹底を阻んだのか。

佐藤社長：ダイハツ工業に対するトヨタ自動車の関与は事業とクルマづくりの両面がある。このうち、トヨタ自動車が踏み込みきれなかったのはクルマづくりの現場での関与だと思っている。なぜそのような状態を生んでいるのか。私自身の理解はこうだ。

（トヨタ自動車は）ダイハツ工業に対し、軽自動車を中心とする良品廉価なクルマづくりに関して一定の敬意がある。その部分はトヨタ自動車が不得意とする領域だ。我々は「遠心力」という言葉で表現していたのだが、ダイハツ工業が自律的に独立性を持って「ダイハツらしい」クルマづくりを進めることが、間接的にトヨタ自動車に刺激を与えることになり、それがトヨタ自動車のクルマづくりを良くしていく原動力になるという思いもあった。

「ダイハツ工業から学べ」と同社の取り組みを敬意をもって見ていたタイミングもある。トヨタ自動車ができないそうしたクルマづくりをしっかりと学びたいという思いが（あれば）あるほど、現場に対してトヨタ自動車が関与してリードしていくことがためらわれた部分があるのではないかと思っている。

――トヨタ自動車グループで不祥事が続いている。トヨタ自動車自身に問題があるのではないか。

佐藤社長：トヨタグループ全体の能力や適性、強み弱みを理解してグループ全体が総合力を出せるように経営をしていくのが大切なことだと思う。その観点で今、課題があると捉えている。

その時々の会社への期待値に対し、どのような取り組みをすべきかについては会話をしてきている。だが、（課題があるというのは）その会話がまだ現場レベルまで下りきっていないことの表れだと思う。現場の1人ひとりにまでトヨタ自動車のフィロソフィー（哲学）がしっかりと浸透するような取り組みがまだまだ足りていないということだ。そうした面でトヨタ自動車がもっと責任を果たさなければならないと強く思っている。

――過去に遡ってトヨタ自動車の経営責任を追及するのか。

佐藤社長：経営責任についてはグループガバナンスに対する責任をしっかり果たしていく。加えて、こうした事業スキームになっていることに対し、不正が2度と起きないような体制づくりをしていく責任が我々にはあると思っている。ここでしっかりと親会社の責任を果たしていく。

「パーパスの共有が欠けていた」

――トヨタ自動車は「仲間づくり」という戦略を掲げてきた。だが、仲間を増やしていく中でガバナンスが利くのか。この戦略に変更はないのか。

佐藤社長：トヨタグループという概念と、モビリティー産業に関わる550万人の仲間づくりという2つの側面があると思う。会長の豊田（章男）が言い続けてきたように、550万人で自動車産業をしっかりと発展させていくことが、我々にとって非常に大きな優先順位だ。それを実現していくためのトヨタ自動車のあり方を改めて考えるべきだと理解している。

トヨタグループもそれぞれに守られているというのではなく、グループでいる強みを発揮すること、すなわち、それぞれが専門性を発揮して総合力で自動車産業の発展に寄与できる企業集団であることが大事だ。

今、何よりも手段ではなく、パーパス（企業の存在意義）の共有が欠けていると思う。我々は何のために、誰のために仕事をしているのかを改めて（考えて、それを）徹底することが必要だ。そして、その向かう先は550万人のためであり、日本のためだと考えている。

――短い期間でダイハツ工業の風土を変えるには、何がポイントになるのか。

佐藤社長：風土改革まで進めなければ改善はできないと思っている。人の価値観や慣れ親しんだ仕事の仕方を変えるのは本当に時間がかかる。特にダイハツ工業のクルマのように、基盤技術に真摯に向き合って改善を生み出し、良品廉価なクルマを造っていくにはすごく労力と時間がかかる。これが地に足を着けてできるようになるには、数年ぐらいの単位で見ていく必要があると思う。

その仕事をできるようにしていくための環境づくりは、1つひとつやっていく必要がある。大きなフレームワーク（枠組み）である事業領域を確定させること、将来に向けてダイハツ工業が正しい仕事ができるように具体的かつ未来志向のプロジェクトを定義すること、そこにトヨタ自動車も一緒に関わって現場で汗をかくこと（が必要だ）。

特定の部署が非難されるようなことは絶対にあってはならない。これは会社全体でこうした（不正を生む）構造をつくってしまったということだ。経営の問題という指摘もあるが、経営層だけが悪いというわけではなく、会社全体がこうした状態になっているのを全従業員で理解し、それぞれが自分にできる改善をしていく必要があると思う。

ただ、本当に真摯にクルマづくりに向き合っている多くの従業員がいる。彼ら彼女らのやりがい、すなわち未来に向けた希望をしっかりとつくっていくためにも、事業のスキームとプロジェクト、そして、現場での会話を進めていくこと、それをリードできる体制をつくっていくこと、そこに我々トヨタ自動車も入っていくこと（が大切だ）。

（改革が）スタートすると、出てくる課題はたくさんあると思う。いろいろとやり始めると、実はうまくいかないことがたくさん出てくる。そのたびに向き合って改善項目に加えていく。（そのためにも）まずは動くことが大事だと思っている。（こうした内容について）1カ月後に説明したい。

2・2 なぜトヨタグループで不正が続くのか？佐藤社長に集中した質問

豊田自動織機が開発した自動車用ディーゼルエンジンの3機種で不正が発覚し、同社はエンジンの出荷を停止。トヨタ自動車はグローバルで計10車種の出荷の停止を決定した。この事態を受けてトヨタ自動車の佐藤社長が2024年1月29日に報道陣の取材に応じた。世界最大の自動車メーカーである上に、足元の業績も極めて好調なトヨタ自動車のグループ企業で不正の連鎖が起きた。それはなぜなのか。報道陣の疑問にトヨタ自動車の佐藤社長が答えた。

――トヨタグループで認証不正が起こるのはなぜか。他社と何が違うのか。

佐藤社長：まずは組織的な問題があると思う。今回共通するのは、認証制度というものに対する組織的な手当て、例えば、開発部署と認証業務を遂行する部署が同一部署内にあり、牽制力が効かずに不正に走ってしまったというような背景が共通してある。そうした組織上の課題に手を打ててこなかったというのが、大きな要因の１つとしてあると思う。

　さらに、技術の高度化が非常に速く進み、業務の負荷が高まっている中で、足元でしっかりと正しい仕事をすることの大切さに関してバランスを崩していったところがあると思う。

　今回起きていることはあってはならないことだ。従って、１回立ち止まってしっかりと反省し、問題に向き合って、改めて前に進んでいく。これが今、トヨタグループとして進めていかなければならないことだと思う。そこに我々も一緒に汗をかいていく。

――トヨタ自動車がグループ企業に対してプレッシャーを与えているのではないか。

佐藤社長：これはトヨタ自動車のプレッシャーというよりも、自動車の開発が１００年に１度の変革期にあり、従来の仕事のプロセスややり方が通用しない時代に入っている（ことの影響が大きい）。こうした中、新しい取り組みを行い、新たな技術をどんどん開発していかなければならない。商品力の強化や、安全・安心（の価値）を高めていくための技術開発が進んでいる。

不確実なところに挑戦しているので、これはトヨタ自動車のプレッシャーという前に、そもそも自動車産業が抱えている課題だと思う。この難しさにどう向き合っていくのか、失敗に対してどう柔軟性を持つのか。そうしたところの心理的安全性を、もう少し担保した開発の仕組みづくりが全般に必要なのだろうと思っている。

――日野自動車とダイハツ工業、豊田自動織機の3社の不正は共通する部分があるか。それとも個別の問題か。

佐藤社長：共通する部分と個別の部分とがそれぞれ存在しており、一言で回答するのは難しい状態だ。根っこにある共通する部分は、認証制度に対する理解と順守に対する意識（の低さ）だと思う。その部分は個別の案件によらず全体を見て取り組んでいく必要がある。

不正が起きた背景にある要因はそれぞれ異なっているため、1つひとつ丁寧に向き合っていく必要がある。豊田自動織機でいえば、事業部ごとの連携のあり方やパワーバランス、コミュニケーションの質などにしっかりと向き合っていかなければならない。ダイハツ工業でいえば、クルマづくりに対してもう一度あり方を見直していく必要がある。ケースごとに違う部分もあるというのが私の理解だ。

コミュニケーションに問題は？

――トヨタ自動車と豊田自動織機との間でコミュニケーションは十分だったのか。

佐藤社長：豊田自動織機の伊藤（浩一）社長からも説明があったように、両社のコミュニケーションに改善すべき課題があったという同じ認識を持っている。

今回、自動車のエンジンにおいて起きた不正は、いわゆる届け出の諸元値と言われるもので、エンジンの出力とトルクに対する改ざんが行われた。この出力・トルクの届け出値に関しては、エンジン単体での性能を測ることになる。そのため、豊田自動織機に委託して測定してもらったデータを受け取り、トヨタ自動車が車両認証として届け出るというプロセスだ。

豊田自動織機に測定を委託するに当たって、どのような手順で出力・トルクを測定するかという手順書のようなものをトヨタ自動車から提示してコミュニケーションを取っているつもりでいた。だが、最前線の現場では、そうした手順書だけではなかなか実際の業務が進まなかった。何か質問があったときに、気軽に対話できるような状態になかった現場の状況があったのだろうと思う。

認証に関わる非常に大事なデータであり、当然、確認には慎重を期すべきものだ。そのため、トヨタ自動車はしっかりと確認し、その内容について自分たちもしっかりと入り込んで見ていくという意識を持って取り組んでいる。その一生懸命さが、逆にコミュニケーションに対して両社の立ち位置の違い（コミュニケーションのしにくさ）を生んでしまったのかもしれない。（トヨタ自動車から）何も言われないようにしておきたいという心理が（豊田自動織機側に）働いているコミュニケーションの状態だったと思う。それを改善していくために、両社でもう少し踏み込んで、実際に業務の中でやり取りをするようなコミュニケーションを取るようにしていこうと伊藤社長と話している。そういった取り組みを我々も入りながら続けていきたいと思っている。

――グループ企業全体でコミュニケーションを見直すのか。

佐藤社長：大変難しいところがある。今回のように委託しているケースでは、委託している業務内容に対してどこまで両社ですり合わせながら業務を遂行するのかということについて、委託先と委託元の責任分担がある。

一方で、ディーゼルエンジンの開発については、２０１５年くらいからトヨタ自動車と豊田自動織機との間で連携しながら技術を移管していくコミュニケーションを図り、随時、両社の理解を深めて完全に事業を渡すという段階的なプロセスを経ている。

しかし、実際の業務移管の中でのやり方が、今回あまりうまく機能していなかったということであれば、その他の事業会社とも協業している内容について現場レベルの対話ができるように、もっと草の根のコミュニケーションを増やしていく努力が必要だろう。

――グループ各社とのコミュニケーションについて難しさを感じている点は何か。

佐藤社長：自律と尊重のバランスだと思う。専門性を持った企業集団だから、それぞれの会社の専門性を持って自律的に経営していくことが尊重されるべきだ。その中で、協力する、あるいはサポートすることが、どの程度のバランスで行われると健全なコミュニケーションになるのかは案件ごとに違う。それらについて1個ずつ丁寧に向き合いながらバランスをとっていくことになるのだと思う。

今回については、特に自動車向けディーゼルエンジンのところで、我々からもっと現場に寄り添ったサポートが必要だったと思うし、（一方で豊田自動織機からも）もっと声を上げてもらえれば、できたこともあったのではないか。

「受託体質」への改善策は？

——豊田自動織機は「受託体質（下請け体質）」が問題との指摘が調査報告書にあった。どうすれば改善できると思うか。

佐藤社長：トヨタ自動車が持っている技術を関係会社に移転していくに当たり、技術をスムーズに移転していくためのコミュニケーションであったり業務のやり取りであったりが過剰に行われると、その領域に対して自律的に考えて行動することを阻害する要因になっていくのかもしれない。そのため、丁寧なコミュニケーションをしながら技術移転していくことの大切さを改めて強く認識している。

グループという概念で考えたときに、それぞれがしっかりと専門性を持ちつつ、総合的には（自動車産業の550万人のために）みんなで未来を創っていくという関係をつくっていきたいと思っている。それぞれが技術的に専門性を生かしながら、根っこのところでは価値観を共有しながら行動できる集団であることが非常に大切なことだと思う。従って、現場レベルのコミュニケーションの改善と、より高次元な価値観、あるいはフィロソフィー（哲学）レベルの共有をもっとしていく必要があると思っている。

――具体的な改善策はあるか。

佐藤社長：当然ある。豊田自動織機の会見の中でも議論になったが、トヨタ自動車とのコミュニケーションの在り方、これは伊藤社長ともしっかり相談しながら、現場レベルでの改善を図れるような取り組みを具体化していく。

（自動車用）ディーゼルエンジン事業に関しては豊田自動織機に事業移管しているが、トヨタ自動車の中にもしっかりとディーゼルエンジンに対して物を言える人をつくり、一緒に対話しながらディーゼルエンジン事業に対してより安全・安心なものづくりを進めていけるような取り組みをしていく必要がある。トヨタ自動車の中でもエンジンに対する体制についても改めて考えていきたいと思っている。

現場に経営層が寄り添えていない

――トヨタ自動車の源流企業である豊田自動織機でトヨタ的な企業風土や価値観が共有されていないのはなぜか。

佐藤社長：産業車両用エンジンで起きた不正で言うと、事業部間のパワーバランスが背景にあり、産業車両用エンジンの規制強化がいかに難しいかという根本の理解が会社横断的にされていなかった。これは非常に根が深い課題だと思う。

自動車産業の技術開発は高度化している。その中で、できないことをできるようにしていくのが、エンジニア（技術者）のモチベーションの源泉でもある。だからこそ、エンジニアリングに従事しているのだと。自分自身もエンジニアとしてそうであった。簡単にできないとは言えない、言いたくないというメンタリティーがエンジニアにはあると思う。高度化していく技術に対しては、挑戦していくことを大切にしているという感覚を持っていると思う。

例えば、ダイハツ工業でも現場のエンジニアは本当に誠実に一生懸命努力していたが、どこからか方法を間違ってしまった。これは、エンジニアの前向きな気持ちに経営層が向き合えていないということだ。経営層が自分たちのやり方を押し付けたというよりも、現場との間に乖離《かいり》が生まれており、現場の変化や難易度が上がっていることに対して、経営層が寄り添えていない。干渉して現場を押さえ付けたというよりも、干渉のなさが現場をそんな思いにさせて（＝不正に導いて）しまったのではないか。

なぜ干渉できなかったのか。現場で経営するという基本ができていなかったということだろう。現場の変化に経営層がついて行けていなかったのだと思う。

――これから先に進んでいくために最も大切なことは何か。

佐藤社長：現場を第一にした経営を徹底すること、これに尽きると思っている。どれほど理想的な経営計画を立てたとしても、現場の1人ひとりがクルマを造って顧客に届けなければならないのだから。

我々が現場に下りていき、現場で一緒になって悩みを見て、考えて、前に進む。（今は）不確実な時代になっているため、ある手順を決めたらその手順通りに進むということは（めったに）ない。ある目標を持ち、仮の基準を置いて、まず進んでみる。しかし、思う通りにはいかない。こうした思う通りにいかないことを想定した、現場に寄り添った経営をどれだけできるか（が大切）だと思う。その部分を全力でやっていくことだと思う。

おわりに

物心がついた頃から将来は技術者になろうと漠然と考えていた。亡き父が大手化学メーカーの技術者だった影響もあると思う。決して親の言うことを素直に聞くような子供ではなかったが、「理系なら食いっぱぐれない」という言葉には妙に説得力を覚え、忘れられなかった。大学は理工学部の機械工学科に進んだ。ロボットの研究室に入り、大学院を修了。仕事として選んだのは、技術系の記者だった。

学生時代はなんとなくある総合電機メーカーに就職しようと考えていた。ちょうど年上のいとこが技術者としてその企業で働いており、話を聞いてみたのだが、ぴんとこなかった。一方で、大学1年生の時にある講義で教授から聞いた言葉が頭の片隅に残っていた。「これからは良いものを造れば売れる時代ではなく、何を造るかが重要になってくる」というものだ。この言葉を思い出し、「何を造ればよいかを判断するには情報が大切になる。そうだ、技術情報を扱う記者になろう」。そう考えて日経ＢＰに入社した。

入社して配属された職場で、筆者はこうあいさつした。「日本経済の屋台骨は製造業が支えています。中でも貢献しているのは技術者だと確信しています。だから、私は1日でも早く一人前になって、読者である技術者の方に役立つ記事を書きたいと思います」と。筆者は製造業と技術者をリスペクトしてきた。それは記者歴27年目を迎えた今でも変わらない。

トヨタ自動車は日本の製造業の代表であり、トヨタグループは日本のものづくりの強みとなっている企業連携の象徴だ。だからこそ、そこに「不正」があってはならないと筆者は考えている。

不正は、日本企業が大切にしてきた顧客はもちろん、技術者自身をも裏切る行為だ。新たな技術を生み出して社会を便利で豊かにし、人々の幸せに貢献できるはずの技術者が、最も大切な自分自身を傷付けてどうするのか。日本の製造業からそんな不幸の素はなくしてしまわなければならない。

日本の技術者がいきいきと働けて、世界中の人々から尊敬される不正とは無縁の企業であふれる世の中に変わることを期待して、ここに筆を置く。

2024年7月

近岡 裕

著者紹介

近岡 裕（ちかおか・ゆたか）

1997年3月早稲田大学大学院理工学研究科機械工学専攻修士課程修了、同年4月日経BP入社。日経メカニカル編集、2004年日経ものづくり編集、2014年日経ものづくり副編集長、2018年日経クロステック副編集長などを経て、2021年より日経クロステック編集委員。入社以来、27年間一貫して日本の製造業を強化するための記事を執筆し続けている。日経クロステックおよび日本経済新聞電子版で高ランキング記事を多数執筆。

検証 トヨタグループ不正問題

技術者主導の悲劇と再生の条件

2024年7月16日　第1版第1刷発行

著 者　　近岡 裕

発行者　　浅野 祐一

発 行　　株式会社日経BP

発 売　　株式会社日経BPマーケティング
〒105-8308 東京都港区虎ノ門4-3-12

ブックデザイン　　Oruha Design（新川春男）

制作・印刷・製本　　株式会社大應

ISBN978-4-296-20531-8

本書籍に関するお問い合わせ、ご連絡は下記にて承ります。
https://nkbp.jp/booksQA